2017"一流应用技术大学"建设系列规划教材

汽车自动变速器原理及诊断维修

主　编　姜绍忠　吕冬慧

副主编　魏明江　王　毓

李　欣　汪　磊

西安电子科技大学出版社

内 容 简 介

本书采用项目引导的编写方法,通过对典型实例的分析,对现代汽车自动变速器(包括 AT、CVT、DSG)的结构原理及检测维修进行了系统讲解。全书的主要教学单元有:电控液力自动变速器认知、液力变矩器检修、自动变速器行星齿轮机构检修、自动变速器液压控制系统检修、自动变速器电控系统检修、自动变速器检查调整及性能测试、自动变速器故障诊断与维修、无级变速器诊断维修、双离合器变速器诊断维修。

本书内容新颖、图文并茂、实用性强,既可作为职业院校、应用技术大学汽车类专业的理论及实践教材,也可作为成人高等教育、汽车技术培训方面相关课程的教材,同时还可作为汽车维修技术人员和相关行业技术人员的业务参考书。

本书配有电子教案、教学 PPT、学生工作页等教学资源。如有需要,请登录出版社网站,在“本书详情”处下载。

图书在版编目(CIP)数据

汽车自动变速器原理及诊断维修 / 姜绍忠,吕冬慧主编. —西安:西安电子科技大学出版社,2019.7
ISBN 978-7-5606-5194-1

Ⅰ. ① 汽… Ⅱ. ① 姜… ② 吕… Ⅲ. ① 汽车—自动变速装置—理论 ② 汽车—自动变速装置—车辆检修 Ⅳ. ① U463.212 ② U472.41

中国版本图书馆 CIP 数据核字(2018)第 278329 号

策划编辑 毛红兵 秦志峰
责任编辑 文瑞英 秦志峰
出版发行 西安电子科技大学出版社(西安市太白南路 2 号)
电 话 (029)88242885 88201467 邮 编 710071
网 址 www.xduph.com 电子邮箱 xdupfxb001@163.com
经 销 新华书店
印刷单位 陕西天意印务有限责任公司
版 次 2019 年 7 月第 1 版 2019 年 7 月第 1 次印刷
开 本 787 毫米×1092 毫米 1/16 印 张 15.5
字 数 364 千字
印 数 1~2000 册
定 价 36.00 元

ISBN 978-7-5606-5194-1 / U

XDUP 5496001-1

如有印装问题可调换

前　言

当前，随着我国汽车产销量和保有量的飞速增加，汽车已经成为人们生活工作中不可缺少的交通工具。与此同时，人们对降低驾驶车辆的劳动强度、提高道路行驶安全性的要求越来越高。因此，在城市行驶的乘用车辆中自动变速器的应用也越来越多。

随着自动变速器的广泛应用，汽车维修工作中自动变速器的维修诊断工作量逐渐加大，这就要求汽车维修技术人员应熟悉自动变速器原理并掌握其维修技术。自动变速器是机电液一体化的总成部件，维修自动变速器不仅要有机电液等方面的维修技能，还要有较高的理论知识和比较全面的综合诊断分析能力。因此，汽车自动变速器维修技术是汽车院校师生以及企业维修人员公认的重点中的难点技术。

"汽车自动变速器原理及诊断维修"是职业院校及应用技术类大学汽车类专业的一门重要课程。为了更好地满足现代汽车服务行业对于应用型人才培养的需求，我们依据当前汽车市场发展实际，并结合多年的培训及教学工作经验，将理论与实践紧密结合，融"教、学、做"为一体，编写了本书。

本书采用"理实"一体的编写思路，理论部分体现了汽车自动变速器系统的基础性和原理性，实践部分体现了企业实际工作过程的实用性和可操作性。

本书具有以下特点：

第一，强调学生要知其然，更要知其所以然，因此本书对当前主流汽车自动变速器的结构原理、检查维修描述得比较详尽，同时注重知识技能的实用性和有效性，以学生就业所需专业知识和操作技能为着眼点，紧跟最新的技术发展和技术应用；第二，为配合本书学习，编者独立开发了多媒体教学资源，包括电子课件、教学微课、学生工作页等；第三，本书参照《中华人民共和国交通行业标准汽车自动变速器维修通用技术条件(JT/T720—2008)》进行编写。

本书在编写过程中参考了国内出版的同类教材和图书,以及相关车型的维修手册,并对许多技术数据和维修方法进行了实际测量和试验验证,在此向原作者表示崇高的敬意。

本书内容结合汽车维修企业以及职业院校实际,突出职业岗位高级技能人才的培养;内容由浅入深,由易到难,技术难点问题分析透彻;理论与实践结合紧密,易于读者系统地学习和掌握。

天津中德应用技术大学姜绍忠、吕冬慧担任本书主编;天津中德应用技术大学魏明江、王毓、李欣、汪磊担任副主编;全书由吕冬慧统稿。

由于编者水平有限,书中难免存在不妥之处,恳请广大读者批评指正并提出宝贵意见。

编 者
2019 年 4 月

目 录

学习单元 1　电控液力自动变速器认知

学习任务 1　电控液力自动变速器的基本认知

▼ 任务目标

(1) 了解电控自动变速器的基本组成。

(2) 能够对手动变速器与电控自动变速器进行比较。

▼ 任务描述

对比手动变速器、自动变速器，并对其结构、性能、使用等进行解释说明。

▼ 相关知识

一、手动变速器

汽车作为一种交通工具，会有起步、爬坡、高速行驶等驾驶需要，而在起步、爬坡、高速行驶时驱动汽车所需的扭力都是不同的，光靠发动机是无法应付的。如果直接用发动机的动力来驱动汽车，很难实现汽车的起步、爬坡。

在汽车行驶过程中，变速器可以在发动机和车轮之间产生不同的变速比，从而使发动机工作在最佳的动力性能状态。

1. 手动变速器的工作原理

手动变速器(Manual Transmission，MT)又称机械式变速器，必须用手扳动变速杆(俗称"挡把")才能改变变速器内的齿轮啮合位置，以及改变传动比，从而达到变速的目的。齿轮变速原理如图 1-1 所示。

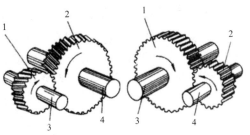

(a) 减速运动　　　　(b) 增速运动

1—主动齿轮；2—从动齿轮；

3—输入轴；4—输出轴

图 1-1　齿轮变速原理

1）变速器的齿轮传动比

变速器的齿轮传动比为

$$变速器的齿轮传动比 = \frac{主动齿轮转速}{从动齿轮转速} = \frac{从动齿轮的齿数}{主动齿轮的齿数}$$

2）不同齿轮传动比与汽车运行状态

若主动齿轮小，从动齿轮大，则变速器输入轴对输出轴是减速运动，为转矩增加传递动力状态，即汽车变速器为低速挡运行状态，此时的传动比大于 1；若主动齿轮与从动齿轮一样大，则输入轴对输出轴是等速传递，即汽车变速器为直接挡运行状态，此时的传动比等于 1；若主动齿轮大，从动齿轮小，则输入轴对输出轴是增速运动，为转矩减小传递动力状态，即汽车变速器为超速挡运动状态，此时的传动比小于 1。

例如，大众 CBS 手动变速器(匹配车型捷达、高尔夫)各挡传动比分别为：一挡 3.455、二挡 1.944、三挡 1.286、四挡 0.909、倒挡 3.167。

2. 手动变速器的组成

手动变速器的组成主要包括变速器外壳、换挡及选挡轴总成、各挡挡位齿轮、倒挡中间齿轮、同步器、换挡拨叉轴、换挡拨叉、轴承、油封、油槽、放油孔与螺栓、加油孔与螺栓。上海大众桑塔纳 2000 系列轿车五挡手动变速器的结构如图 1-2 所示。

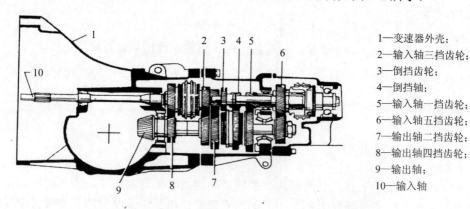

1—变速器外壳；
2—输入轴三挡齿轮；
3—倒挡齿轮；
4—倒挡轴；
5—输入轴一挡齿轮；
6—输入轴五挡齿轮；
7—输出轴二挡齿轮；
8—输出轴四挡齿轮；
9—输出轴；
10—输入轴

图 1-2　桑塔纳 2000 系列轿车五挡手动变速器的结构

3. 手动变速器的优缺点

手动变速器的优点主要体现在：结构简单，性能可靠，制造和维护成本低廉，且传动效率高(理论上会更省油)；由于手动变速器是纯机械控制，换挡反应快，可以更直接地表现驾驶者的意愿，因此也更有驾驶乐趣。

手动变速器的缺点主要体现在：操作繁琐，增加了驾驶者的劳动强度，驾驶者易产生疲劳感，影响行车安全；如果操作不熟练，那么在挡位切换时驾驶员会有明显的顿挫感。

二、自动变速器

自动变速器可以理解为自动换挡变速器，驾驶自动变速器汽车的驾驶员不必手动换挡。目前自动变速器的换挡过程都是由电子控制单元控制的，因此又称其为电控自动变速器。

　　自动变速器的核心是实现自动换挡。所谓自动换挡，是指汽车在行驶的过程中，驾驶员按行驶过程的需要操控加速踏板(俗称油门)，自动变速器即可根据发动机负荷和汽车的运行工况(如车速)自动换入不同挡位。

　　由于自动变速器具有许多优点，因此它在汽车上的应用越来越广泛。目前，自动变速器在日本、美国的装车率分别约为 98%、95%。我国自动变速器在轿车、城市客车、高级旅游客车、军用车、重型载货汽车及矿用车上已呈现出越来越旺盛的需求。

1. 自动变速器的主要类型

　　目前在轿车上使用的自动变速器主要有液力自动变速器、有级式机械自动变速器、有级式双离合器机械自动变速器、机械式无级自动变速器。

1) 液力自动变速器

　　液力自动变速器(Automatic Transmission，AT)采用的是液力传动与机械传动相结合的传动方式。液力传动以液体为介质，其利用工作轮叶片与工作液体的相互作用，引起机械能与液压能的相互转换，以此来传递动力，并通过液体动量矩的变化来改变转矩。液力传动既具有离合器的功能，又使发动机与传动系之间实现了"柔性"连接和传动，减轻了车辆的振动，提高了车辆的乘坐舒适性，使车辆起步平稳，加速均匀、柔和。

　　液力自动变速器也存在缺点：首先是传动效率较低(液力传动的效率一般只有 82%～86%)，因此其动力性及经济性较差；其次是相对于手动变速器，其结构复杂，制造成本高，维修技术要求高。

　　不过随着电子控制技术的应用，其传动效率较低的缺点将大有改善，因此液力自动变速器在绝大部分轿车中被采用。通常人们所说的自动变速器就是特指液力自动变速器，如图 1-3 所示。

图 1-3　液力自动变速器

2) 有级式机械自动变速器

　　有级式机械自动变速器(Automated Manual Transmission，AMT)是在手动变速器的基础上进行改造的自动变速器，主要改变了手动换挡操纵部分，即在总体传动结构不变的情况下，通过加装微机控制的自动换挡操纵系统来实现换挡的自动化。手动变速器与有级式机械自动变速器的原理如图 1-4 所示。

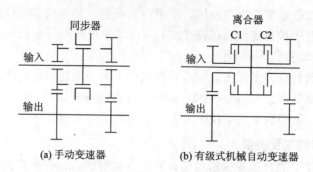

(a) 手动变速器　　　　　(b) 有级式机械自动变速器

图 1-4　手动变速器与有级式机械自动变速器的原理

AMT 实际上是一种由微机控制系统来完成操作离合器和选挡两个动作的变速器。由于 AMT 能在手动变速器的基础上进行改造，因而其生产继承性好，投入费用低，容易被生产厂商接受。

AMT 不仅具有自动变速的优点，还保留了齿轮式机械变速器传动效率高(有级式机械自动变速器汽车比液力机械自动变速器汽车节油 10%～30%)、价廉、易于制造的优点。

与液力自动变速器相比，ATM 自动换挡控制的难度更大，要求很高的控制精度，同时其舒适性、平顺性有待改善，目前在轿车上很少应用，主要应用在少部分微型轿车和跑车上。

3) 有级式双离合器机械自动变速器

有级式双离合器机械自动变速器结构如图 1-5 所示。

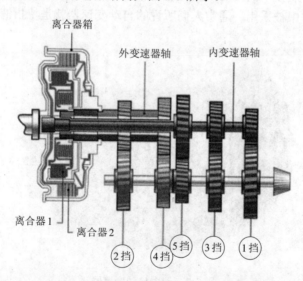

图 1-5　有级式双离合器机械自动变速器结构

有级式双离合器(Double Shift Gearbox，DSG)机械自动变速器属于有级式机械自动变速器的一种，其结构主要包括：一个由两组离合器片集合而成的双离合器装置，一个由实心轴及其外套筒组合而成的双传动轴机构，以及控制奇数和偶数挡位的两组齿轮。

有级式双离合器机械自动变速器中离合器 1 负责控制奇数挡位齿轮和倒挡齿轮的接合，离合器 2 负责控制偶数挡位齿轮的接合。例如在挂入 2 挡时，离合器 2 接合，2 挡齿轮啮合输出动力，而 3 挡的齿轮也进入啮合状态，只是与之相联的离合器 1 仍处于分离状态，等待换挡命令；当进行换挡时，电子控制系统控制处于接合状态的离合器 2 分离，使动力脱离；与此同时，离合器 1 接合已被预选的 3 挡齿轮，进入 3 挡，同时离合器 2 控制的 4 挡齿轮完成啮合动作，等待换挡命令，以此类推。在整个换挡过程中，当一组齿轮在输出动力时，另一组齿轮已经待命，变速器总是保持有一组齿轮在输出动力，不会出现动力传递的间断，使换挡过程更加快捷、顺畅，使加速更为迅猛，同时大幅度降低了车辆的燃油消耗。有级式双离合器机械自动变速器早期在技术上还存在耐用性不佳和成本较高的问题，应用较少。由于其动力性、经济性突出，近年来随着汽车变速器研发技术的成熟和成本的降低，在大众汽车公司的轿车(如迈腾、速腾及高尔夫等)上已开始普遍使用，其他汽车公司也开始逐渐采用这种变速器。

4) 机械式无级自动变速器

机械式无级自动变速器(Continuously Variable Transmission，CVT)与有级式机械变速器的区别在于它的变速比不是间断的，而是连续变化的。

CVT 的主要结构和工作原理，如图 1-6 所示。

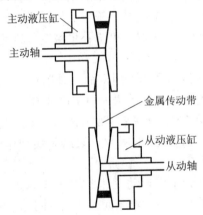

图 1-6　CVT 的主要结构和工作原理

CVT 的主要结构包括主动液压缸及轮组、从动液压缸及轮组、金属传动带等基本部件。金属传动带由两束金属环和几百个金属片构成。主动轮组和从动轮组都由可动盘和固定盘组成，与液压缸靠近的一侧带轮可以在轴上滑动，另一侧则固定。可动盘与固定盘都是锥面结构，它们的锥面所形成的 V 形槽与 V 形金属传动带啮合。

发动机输出轴输出的动力首先传递到 CVT 的主动轮组，然后通过 V 形金属传动带传递到从动轮组，最后经主减速器、差速器传递给车轮来驱动汽车。工作时，通过轴向移动主动轮组与从动轮组的可动盘来改变主动轮、从动轮锥面与 V 形金属传动带啮合的工作半径，从而改变传动比。当其中一个带轮凹槽逐渐变宽时，另一个带轮凹槽就会逐渐变窄。可动盘的轴向移动量是由控制系统调节主动轮、从动轮液压缸压力米实现的。由于主动轮组和从动轮组的工作半径可以实现连续调节，因而实现了无级变速。

CVT 变速器的优点主要体现在以下几个方面：① 由于没有了一般自动挡变速器的传动齿轮，也就没有了手动挡变速器的换挡过程，由此带来的换挡顿挫感也随之消失，因此CVT 变速器的动力输出是连续的，在实际驾驶中非常平顺；② 由于 CVT 可以实现传动比的连续改变，因而得到传动系与发动机工况的最佳匹配，提高了整车的燃油经济性和动力性；③ 改善了驾驶员的操纵方便性和乘员的乘坐舒适性。

CVT变速器的缺点是传动的钢带能够承受的力有限。不过随着电子技术、新材料、自动控制技术的不断采用，其缺陷已被逐一克服，目前CVT在汽车上被普遍应用。例如日产、本田、丰田、斯巴鲁、雷诺、大众、福特、克莱斯勒等很多车型都采用CVT变速器。我国自主品牌中不少车型也搭载了CVT产品，比如海马、长城、东风风神、江淮以及北汽的部分车型。

2. 自动变速器的优缺点

机械齿轮变速器具有效率高、工作可靠、结构简单等优点，故被广泛应用在各种汽车上。但是对于诸如轿车、重型自卸汽车、要求通过性高的军用越野汽车以及城市大型公共汽车等车型而言，由于特殊的使用条件和要求，单纯采用机械齿轮变速器仍存在不足之处。

机械变速器由若干组齿轮构成。齿轮的不同组合可得到不同的挡位。由于齿轮组数目有限，所能得到的挡位也就有限，故普通机械变速器是有级式变速器。机械变速器的挡位愈多，愈能充分地利用发动机功率，提高汽车的动力性能。事实上，机械变速器的挡位不可能增加得很多，否则将会导致结构复杂、笨重。挡位增多，换挡次数也就增多，这就增加了换挡操纵的困难。采用自动变速器，可弥补机械变速器的某些不足。使用自动变速器的汽车具有下列显著的优点：

(1) 大大提高了发动机和传动系的使用寿命。采用自动变速器的汽车与采用机械变速器的汽车的对比试验表明：前者发动机的寿命可提高85%，变速器的寿命可提高12倍，传动轴和驱动半轴的寿命可提高75%～100%。液力传动汽车的发动机与传动系统由液体工作介质"软"性连接，液力传动起一定的吸收、衰减和缓冲作用，大大减少了传动系统的动载荷。

(2) 提高了汽车的通过性。采用自动变速器的汽车在起步时，驱动轮上的驱动转矩是逐渐增加的，能够减少车轮的打滑，使汽车起步平稳。同时它的稳定车速可以降低到最低。举例来说，当汽车行驶阻力很大时(如爬陡坡)，发动机也不至于熄火，汽车仍能以极低速度行驶。在特别困难路面行驶时，汽车不会出现动力中断的现象。

(3) 具有良好的自适应性。目前，液力传动的汽车大都采用液力变矩器，它能自动适应汽车驱动轮负荷的变化。当行驶阻力增大时，汽车自动降低速度，使驱动轮动力矩增加；当行驶阻力减小时，汽车自动增加车速，使驱动力矩减小。总之液力变矩器能在一定范围内实现无级变速，这大大减少了行驶过程中的换挡次数，有利于提高汽车的动力性和燃油经济性。

(4) 操纵轻便，行车安全性较好。装备自动变速器的汽车，采用液压操纵或电子控制，使变速器换挡实现了自动化。而且，它的换挡齿轮一般都采用常啮合的行星齿轮组，降低或消除了换挡时的齿轮冲击，提高了变速器的使用寿命。同时，自动换挡大大减轻了驾驶员的劳动强度，提高了行车安全性。

(5) 降低废气排放。发动机在怠速和高速运行时，尾气中的一氧化碳和碳氢化合物的浓度较高，而自动变速器的应用，可以使发动机经常处于经济转速区域内运转，即在较小的污染排放转速范围内工作，从而降低了排放污染。

(6) 故障自诊断。电控自动变速器具有失效保护、故障自诊断功能。

综上所述，电控自动变速器不但能与汽车行驶要求相适应，而且具有单纯机械变速器所不具备的一些显著优点，这是电控自动变速器的主要优势，也是汽车采用自动变速器的理由。

不过，与单纯机械变速器相比，电控自动变速器也存在某些缺点，例如结构复杂、制造成本较高、传动效率较低等。对液力变矩器而言，最高效率一般只有 82%～86%。由于传动效率低，因此汽车的燃油经济性有所降低；由于自动变速器的结构复杂，因此相应的维修技术也较复杂，要求有专门的维修人员，要具有较高的修理水平和故障检查分析能力。

这些缺点是相对的，由于采用自动变速器的汽车大大延长了发动机和传动系统的使用寿命，提高了发动机功率的平均利用率，降低了驾驶人员的劳动强度，增加了驾驶平顺性，提高了行车安全，因此虽然燃油经济性有所降低，却提高了汽车的整体使用性能。此外，采用带锁止离合器的液力变矩器，在一定的行驶条件下，当锁止离合器结合时，使液力变矩器失去作用，输入轴与输出轴是直接传动的，传动效率接近百分之百，燃油经济性会变得更好。

3. 自动变速器的基本组成

电控自动变速器主要由液力变矩器、齿轮变速机构、换挡执行机构、液压控制系统、自动变速器冷却系统、电子控制系统等部分组成。电控自动变速器的结构，如图 1-7 所示。

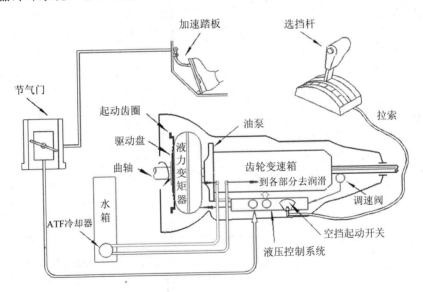

图 1-7　自动变速器的结构

(1) 液力变矩器。液力变矩器安装在发动机与变速器之间，作用是将发动机转矩传给变速器输入轴，同时，液力变矩器可改变发动机转矩，并能实现一定的无级变速。

(2) 齿轮变速机构。齿轮变速机构可形成不同的传动比，组合成电控自动变速器不同的挡位。目前绝大多数电控自动变速器采用行星齿轮机构进行变速，但也有个别车型(如本田雅阁轿车)采用普通齿轮机构进行变速。

(3) 换挡执行机构。电控自动变速器的换挡执行机构的功用与普通变速器的换挡执行机构有相似之处，但电控自动变速器的换挡执行机构是由电子及液压系统控制的，而普通变速器的同步器是由人工控制的。电控自动变速器的换挡执行机构包括离合器、制动器、单向离合器。

(4) 液压控制系统。电控自动变速器中的液压控制系统主要控制换挡执行机构的工作情况，它由油泵及各种液压控制阀和液压管路等组成。

(5) 自动变速器冷却系统。自动变速器冷却系统是控制自动变速器 ATF(自动变速器油液)温度的，它是自动变速器系统组成中不可缺少的一部分，该系统直接影响着变速器的工作。

(6) 电子控制系统。电控自动变速器中的电子控制系统是和液压控制系统配合起来使用的，通常把它们合称为电液控制系统。电子控制系统主要包括电子控制单元(ECU)、各类传感器、执行器及控制电路等。电子控制系统中的传感器及各种控制开关将发动机工况、车速等信号传递给变速器 ECU，ECU 发出指令给执行器，执行器和液压系统按一定的规律控制换挡执行机构工作，实现电控自动变速器自动换挡。

4. 自动变速器的基本控制原理

电控自动变速器通过传感器和开关监测汽车的运行状态，接收驾驶员的指令，将发动机转速、节气门开度、车速、发动机冷却液温度、自动变速器液压油温等参数转变为电信号，并输入 ECU。ECU 根据这些信号，按照设定的换挡规律，向换挡电磁阀、油压电磁阀等发出电子控制信号，换挡电磁阀和油压电磁阀再将 ECU 发出的控制信号转变为液压控制信号。阀板中的各个控制阀根据这些液压控制信号，控制换挡执行机构的动作，从而实现自动换挡，如图 1-8 所示。

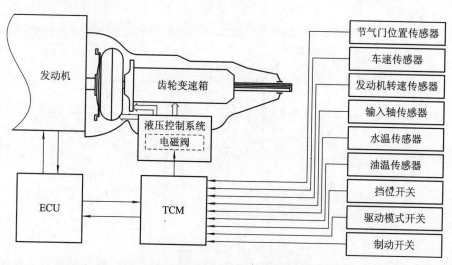

图 1-8　自动变速器的基本控制原理

三、几种典型变速器性能比较

实际上，依据汽车的级别和用途的不同，其所采用的变速器类型也不一样，表 1-1 为几种典型变速器的性能比较。

表 1-1　几种典型变速器的性能比较

类　型		特　点	应　用
手 动 挡		操作：脚踩离合，手动换挡 组成：离合器 + 机械变速器 性能：基本配置，技术成熟	广泛采用
自 动 换 挡 变 速 器	AT	操作：自动离合，自动换挡 组成：液力变矩器 + 行星齿轮变速器 + 控制装置 性能：技术成熟；传动比有限；对制造设备要求高，返修成本高；油耗最高；成本高	广泛采用
	CVT	操作：无级变速 组成：钢带或链条传动 + 变速控制装置 性能：技术成熟，体积小重量轻，承载能力差，可靠性低，返修率高，油耗高，成本最高	本田、丰田、日产等
	AMT	操作：自动离合，自动换挡 组成：单离合器 + 手动变速器 + 自动换挡控制 性能：技术成熟；有转矩中断的顿挫感；油耗略高；成本低	奇瑞QQ等车型
	DSG	操作：自动离合，自动换挡 组成：双离合器 + 手动变速器 + 自动换挡控制 性能：转矩连续，无顿挫感，既保留了手动变速器结构简单、传动效率高的优点，又具有电液控制方式的优点，并且比手动变速器换挡更快	大众、奥迪、沃尔沃、宝马等车型
手自一体式 变速器		操作：既可自动换挡，又可手动换挡 组成：与 AT 类似，变速杆上有显著的 +/− 标志 性能：可提升驾驶乐趣，但响应速度比手动变速器差	大众、奥迪、现代、马自达、福特等车型

▼任务准备

(1) 安全、整洁的汽车维修车间或模拟汽车维修车间。

(2) 齐全的消防用具及个人防护用具。

(3) 能正常使用的实训用整车(自动变速器)。

(4) 汽车举升设备、常用工具、量具。

(5) 专用工具、检测仪器，车型、设备使用手册或作业指导手册。

▼任务实施

(1) 自动变速器在汽车上的安装位置认知。

(2) 自动变速器与手动变速器的区别认知。

(3) 各种类型自动变速器的区别认知。

▼ 检查评价

对任务实施过程以及结果进行检查、评价，评价指标建议如下：

① 工作的参与度情况	② 工作的规范性情况	③ 工作的效率情况	④ 工作的质量情况
⑤ 5S 工作制遵守情况	⑥ 工作态度情况	⑦ 工作创意创新情况	⑧ 团队协作情况

学习任务 2　电控自动变速器的类型及型号认知

▼ 任务目标

(1) 了解电控自动变速器的基本类型。

(2) 了解典型电控自动变速器的型号含义。

▼ 任务描述

在自动变速器的维修过程中，必须准确识别变速器的类型及型号。根据实际工作需要，对自动变速器的基本类型、型号含义进行解释说明。

▼ 相关知识

一、自动变速器的类型

不同车型所装用的自动变速器在形式、结构上往往有很大的差异，常见分类方法和类型如下：

1. 按汽车驱动方式分类

自动变速器按照汽车驱动方式的不同，可分为发动机前置后驱动自动变速器和发动机前置前驱动自动变速器两种。这两种自动变速器在结构和布置上有很大的不同。

发动机前置后驱动自动变速器的变矩器和齿轮变速器的输入轴及输出轴在同一轴线上，发动机的动力经变矩器、自动变速器、传动轴、后驱动桥的主减速器、差速器和半轴传给左右两个后轮。这种发动机前置、后轮驱动的布置形式，其发动机和自动变速器都是纵置的，因此轴向尺寸较大，在小型客车上布置比较困难，如图 1-9 所示。

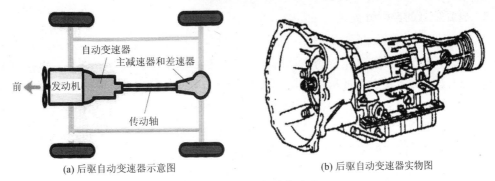

(a) 后驱自动变速器示意图　　　　　　　(b) 后驱自动变速器实物图

图 1-9　后驱动自动变速器

　　发动机前置前驱动自动变速器除了具有与后驱动自动变速器相同的组成部分外，在自动变速器的壳体内还装有差速器，如图 1-10 所示。

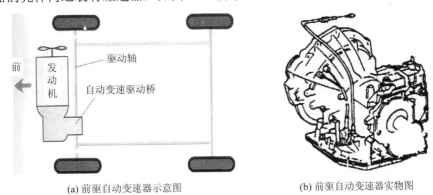

(a) 前驱自动变速器示意图　　　　　　　(b) 前驱自动变速器实物图

图 1-10　前驱动自动变速器

　　前驱动汽车的发动机有纵置和横置两种。纵置发动机的前驱动自动变速器的结构和布置与后驱动自动变速器的基本相同，只是在后端增加了一个差速器。横置发动机前驱动自动变速器由于汽车横向尺寸的限制，要求有较小的轴向尺寸，因此通常将输入轴和输出轴设计成两个轴线的方式，变矩器和齿轮变速器输入轴布置在上方，输出轴布置在下方。这样的布置虽减少了变速器总体的轴向尺寸，但增加了变速器的高度，因此常将阀板总成布置在变速器的侧面或上方，以保证汽车有足够的最小离地间隙。

2. 按自动变速器前进挡的挡位数不同分类

　　自动变速器按前进挡挡位数的不同，可分为 4 个前进挡、5 个前进挡等类型。早期的自动变速器通常为 3 个前进挡或 4 个前进挡。这两种自动变速器都没有超速挡，其最高挡为直接挡。目前新型轿车装用的自动变速器基本上是 4 个或 4 个以上前进挡，同时设有超速挡。这种设计虽然使自动变速器的构造更加复杂，但由于设有超速挡，因此大大改善了汽车的燃油经济性。

3. 按齿轮变速器的类型分类

　　自动变速器按齿轮变速器类型的不同，可分为普通齿轮式和行星齿轮式两种。普通齿轮式自动变速器体积较大，最大传动比较小，使用较少。行星齿轮式自动变速器结构紧凑，能获得较大的传动比，被绝大多数轿车采用。

4. 按变矩器的类型分类

轿车自动变速器基本上都采用结构简单的单级三元件综合式液力变矩器。这种变矩器又分为有锁止离合器和无锁止离合器两种。早期的变矩器中没有锁止离合器，在任何工况下都是以液力的方式传递发动机动力的，因此传动效率较低。新型轿车自动变速器大都采用了带锁止离合器的液力变矩器，这样当汽车达到一定车速时，控制系统使锁止离合器接合，液力变矩器输入部分和输出部分连成一体，发动机动力以机械传递的方式直接传入变速器，从而提高了传动效率，降低了汽车的燃油消耗量。

5. 按控制方式分类

自动变速器按控制方式的不同，可分为液力控制自动变速器和电子控制自动变速器两种。液力控制自动变速器通过机械的手段，将汽车行驶时的车速及节气门开度两个参数转变为液压控制信号；阀板中的各个控制阀根据这些液压控制信号的大小，按照设定的换挡规律，通过控制换挡执行机构动作，实现自动换挡，现在使用较少。电子控制自动变速器通过各种传感器，将发动机转速、节气门开度、车速、发动机水温、自动变速器液压油温度等参数转变为电信号，并输入电脑；电脑根据这些电信号，按照设定的换挡规律，向换挡电磁阀、油压电磁阀等发出电子控制信号；换挡电磁阀和油压电磁阀再将电脑的电子控制信号转变为液压控制信号，阀板中的各个控制阀根据这些液压控制信号，控制换挡执行机构的动作，从而实现自动换挡。

二、自动变速器型号的含义

1. 自动变速器型号代表的含义

(1) 变速器的性质：A 表示自动变速器，M 表示手动变速器。

(2) 自动变速器的生产厂家：例如，ZF 公司生产的自动变速器，其型号前面大多标有 ZF。

(3) 驱动方式：一般用 F 表示前驱动，用 R 表示后驱动。

(4) 前进挡位数：表示自动变速器前进挡位的个数，用数字表示。

(5) 控制类型：主要说明变速器的控制方式，包括电控、液控或电液控制。电控一般用 E 表示，液控一般用 L 表示，电液控制一般用 EH 表示。

(6) 改进序号：自动变速器是在原变速器的基础上改进的顺序号。

(7) 额定驱动转矩：在通用、宝马公司的自动变速器型号中有此参数。

2. 主要公司的自动变速器具体型号的含义

1) 通用公司的自动变速器型号

该公司自动变速器的型号主要有 4T60E、4L60E 等。左起第一位的阿拉伯数字表示前进挡的个数，4 表示有 4 个前进挡。第二位的字母表示驱动方式，T 表示自动变速器横置 (Transverse)；L 表示后驱动。第三位、第四位的数字 60，表示自动变速器的额定驱动转矩为 60 N·m。第五位的字母表示控制类型，E 表示电子控制。

2) 宝马 ZF4HP22-EH

ZF 表示德国 ZF 公司生产；4 表示前进挡位的个数为 4；H 表示控制类型为液压控制；

P 表示齿轮类型为行星齿轮机构；数字 22 表示额定驱动转矩为 22 N·m；EH 表示电液控制的类型。

3) 丰田汽车自动变速器型号

(1) 型号中有两位数字的自动变速器的型号有 A40、A41、A55、A55F、A40D、A44DL 等。左起第一位字母 A 代表自动变速器。左起第一位数字表示汽车的驱动方式。若左起第一位数字为 1、2 或 5，则表示该自动变速器为前驱动车辆用，即自动变速器内有主减速器与差速器；若左起第一位数字为 3 或 4，则表示该自动变速器适用于后驱动车辆。左起第二位数字代表生产序号。

数字后附字母的含义分别为：H 或 F 表示该自动变速器用于四轮驱动车辆；D 表示该自动变速器有超速挡；L 表示该自动变速器有锁止离合器；E 表示该自动变速器为电控式，同时带有锁止离合器。若无 E，则表示该变速器为全液压控制自动变速器。

(2) 型号中有三位数字的自动变速器的型号有 A130L、A240L、A440F、A340E、A340F、A141E、A241E、A540H 等。左起第一位字母 A 表示自动变速器，左起第一位数字以及后附字母的含义同上。左起第二位数字代表该自动变速器前进挡的个数。左起第三位数字代表生产序号。注意：A340H、A340F、A540H 型自动变速器型号后省略了 E，均为带有锁止离合器的电控自动变速器；A241H、A440F、A45DF 型自动变速器型号后省略了 L，但都带有锁止离合器。

▼ 任务准备

(1) 安全、整洁的汽车维修车间或模拟汽车维修车间。
(2) 齐全的消防用具及个人防护用具。
(3) 能正常使用的实训用整车(自动变速器)。
(4) 汽车举升设备、常用工具、量具。
(5) 专用工具、检测仪器。
(6) 车型、设备使用手册或作业指导手册。

▼ 任务实施

(1) 不同型号自动变速器驱动方式的认知。
(2) 自动变速器型号位置、标识的认知。
(3) 自动变速器型号的解读。

▼ 检查评价

对任务实施过程以及结果进行检查、评价，评价指标建议如下：

① 工作的参与度情况	② 工作的规范性情况	③ 工作的效率情况	④ 工作的质量情况
⑤ 5S 工作制遵守情况	⑥ 工作态度情况	⑦ 工作创意创新情况	⑧ 团队协作情况

▼ 知识拓展

一、国外自动变速器生产厂家

1. 采埃孚变速器

采埃孚(ZF)是全球三大变速器厂商之一，全球 500 强，是全球汽车行业的合作伙伴和零配件供应商，其变速器技术造诣非常深。采埃孚变速器不仅换挡十分灵敏，而且质量非常稳定，采埃孚集团的汽车动力传动系统和底盘技术在世界上处于领先地位。作为跨国企业，采埃孚集团在全球 20 多个国家设有 100 多家分支机构。配套车型包括奥迪系列、宝马全系列、大众系列、保时捷、捷豹、陆虎、劳斯莱斯、沃尔沃等。

2. 爱信变速器

爱信(Aisin)是全球三大自动变速器厂商之一，总部位于日本，同样是世界 500 强企业。除了享誉全球的变速器产品之外，爱信还生产车身、底盘、制动系统的零部件。爱信自动变速器的产品非常丰富，对 4AT、6AT、8AT 以及 CVT 变速器均有涵盖。爱信变速器的优点在于换挡速度快、换挡逻辑聪明、燃油经济性好等，是值得信赖的高级变速器，从几万元的廉价小车到百万级的豪车都有使用。因为丰田还占有 22.2% 的股份，所以丰田旗下的绝大部分车型搭载的都是爱信自动变速器，比如皇冠、锐志、凯美瑞等。宝马、奔驰和奥迪也有采用爱信变速器。

爱信在中国天津等地建有工厂。在国内，吉利、长城、比亚迪、上汽、奇瑞、长安、广汽等自主品牌都采用了爱信变速器。

3. 加特可变速器

加特可(Jatco)是全球三大自动变速器厂商之一，成立于 1943 年，总部位于日本，其前身是日产的 AT/CVT 分部，1999 年才独立出来，并与同样独立出来的三菱 AT/CVT 分部进行合并。其业务遍及欧洲、亚洲和美洲，主要为日产、三菱、马自达、宝马、大众、路虎、捷豹、起亚、现代、大宇、长安福特、华晨等大多数主流整车制造厂提供自动变速器。目前，加特可在广州设有分厂，专门生产中型前驱车所用的皮带式 CVT 变速器。

4. DSI 变速器

DSI 是全球知名的高端汽车自动变速器厂商，拥有完整的汽车自动变速器系列产品，在排量为 1 升至 2.5 升的汽车自动变速器领域具有世界领先地位。DSI 公司于 1928 年在澳大利亚成立，主要配套客户有吉利汽车、韩国双龙汽车、东南汽车、力帆汽车、斯威汽车、比亚迪汽车。

5. 麦格纳

麦格纳(Magna)是全球最大的汽车零部件制造商之一，总部位于加拿大，旗下的格特拉克是全球最大的自动变速器供应商之一，其生产和研发基地遍布世界 20 多个国家。麦格纳在中国的主要配套对象为福特、江铃、一汽、北汽、广汽、柳汽、东风、东南、中华、海马、观致、吉利、奇瑞等。2013 年格特拉克与东风合作，在武汉建立生产基地，主要生产低转矩的双离合器变速器。除此之外，一汽和江铃等自主品牌也同样是格特拉克的重要合作伙伴。

6. 艾里逊变速器

艾里逊(Allison)是通用旗下的自动变速器供应商，成立于 1915 年，总部位于美国，在中国、荷兰、巴西、印度和匈牙利都设有工厂和产品改造中心。不过与前面提到的品牌不同，艾里逊主要为特种车辆设计变速器，比如客车、卡车、摆渡车和救援车等。在国内与其配套的汽车生产企业主要有宇通、金龙、安凯、青年尼奥普兰、申龙、北汽福田、黄海、申沃、江淮、东风、五洲龙、一汽客车、依维柯、万象等。

7. 大众&博格华纳 DSG 变速器

博格华纳研发的双离合器变速器是目前世界上公认的最先进、最节能、性能最好的自动变速器。目前大众的 DSG 双离合变速器能作为双离合变速器的标杆，离不开博格华纳的大力支持。

大众&博格华纳 DSG 变速器在中国大连、天津都设有工厂。目前大众主打的是 7 速干式或湿式两种类型的变速器，并在这两种类型下不断衍生出多种型号。

8. 摩比斯变速器

作为韩国汽车品牌的御用变速器制造商，摩比斯(Mobis)在 2002 年跟随北京现代等韩国汽车品牌进入中国，主要产品有横置 6AT、6MT 等，用在韩系旗下的索纳塔、ix35、K5 等车型上。在韩国本土的雅科仕等中高级车型上还使用纵置 8AT 产品。

在中国，摩比斯变速器拥有年产 30 万辆以上产能的工厂，主要满足现代和起亚两个汽车品牌的需求，性能比不上爱信，但性价比较高。

9. 本田、奔驰变速器

本田旗下比较出色的变速器有 8DCT 和 10AT。奔驰主要以 7AT 和 9AT 变速器为主，除了极个别车型使用的是外供变速器，其余车型采用的都是其自主生产的变速。

二、国内自动变速器生产厂家

1. 陕西法士特集团公司

陕西法士特集团公司是我国最大的以重型汽车变速器、汽车齿轮及其锻、铸件，以及汽车离合器、液力缓速器、减速机为主要产品的专业化生产企业和出口基地。其生产的重型变速器产销量居世界第一。目前，国产的宇通、金龙等自动挡车型搭载的就是法士特公司最新的 5DS90T 自动变速器。在纯电动客车方面法士特公司也拥有周全的产品布局，例如 4E50、4E100 等大转矩产品可以为国内新能源客车提供足够的零部件支撑。

2. 山东盛瑞传动股份有限公司

该公司位于山东省潍坊(国家)高新技术产业开发区，是国家高新技术企业、国家技术创新示范企业，拥有国家乘用车自动变速器工程技术研究中心和国家认定企业技术中心。该公司主要从事汽车自动变速器、发动机零部件的研发制造。

该公司基本掌握了自动变速器正向研发能力，形成了从概念设计到仿真分析、硬件设计、软件开发及匹配标定，再到产业化的完整创新链条，具备国际前沿自动变速器技术的持续创新能力。公司自主研发的世界首款前置前驱 8 挡自动变速器(8AT)填补了国内空白，已批量投放市场，形成了年产 25 万台的生产能力，荣获 2016 年度国家科学技术进步一等奖。

学习任务3　自动变速器的使用

▼任务目标

(1) 了解电控自动变速器的挡位。
(2) 了解电控自动变速器的使用常识。

▼任务描述

对自动变速器使用常识、使用过程中存在的疑问进行解释说明。

▼相关知识

一、自动变速器换挡杆及挡位认知

自动变速器换挡元件有按钮式和拉杆式两种，如图 1-11 所示。自动变速器的换挡操纵手柄通常有 4～7 个位置，如图 1-12 所示。

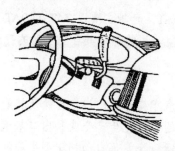

图 1-11　自动变速器换挡杆位置

(a) 换挡杆挡位标识

(b) 换挡杆挡位标识

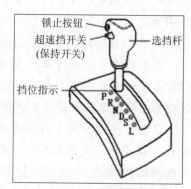

(c) 换挡杆各部位名称

图 1-12　自动变速器换挡杆挡位

二、自动变速器的挡位及使用

一般的自动变速器有 4～7 个挡位，它们从前到后依次排列，分别为 P(停车挡位)、R(倒挡位)、N(空挡位)、D(前进挡位)，有的还包括 3、2、1(或 L)挡位。

1．P(停车挡位)

当手柄在此挡位时，变速器输出轴锁止，车轮不能转动，防止汽车移动。同时，换挡执行机构使变速器处于空挡位，此挡位可起动发动机。

2．R(倒车挡位)

当手柄在此挡位时，变速器的输入轴转动方向与输出轴转向相反，实现倒车。

3．N(空挡位)

当手柄在此挡位时，变速器处于空挡位，与 P 挡时相同，但输出轴不锁止，汽车可移动，此挡位可起动发动机。

> **注意**　P 挡和 N 挡的作用都是使发动机和车轮传动系统脱离运转，所不同的是在发动机停止运转的时候，挂 N 挡可以随意推动车辆，挂 P 挡时，利用机械锁销把传动轴锁在变速器壳上。因此，若在 P 挡状态下强行拖动车辆，必然造成自动变速器外壳损坏，导致重大损失。

4．D(前进挡位)

当手柄在此挡位时，变速器可从 1 挡到最高挡自动变换。自动变速器主要根据车速、节气门开度等因素变化，按照计算机程序设定的换挡规则自动换挡。平常使用时，一般多用此挡位。

5．S(运动挡位)

S(Sport)是运动挡位。在此挡位时，汽车将延迟升挡，其动力性将会提高。

6．3 挡位或 2 挡位

当手柄在此挡位时，变速器控制系统将限制前进挡位的变换范围。比如丰田 A340E 变速器在 3 挡位时，变速器最高只能升至 3 挡，这样可防止汽车在长坡道或城市道路行驶时出现"循环跳挡"，从而使变速器的摩擦片加速磨损。此挡适用于在长坡道、城市拥堵路面以及易打滑路面行驶。

7．1 挡位或 L 挡位(前进低挡)

当手柄在此挡位时，自动变速器将限制前进挡位的范围，驾驶员只能在 1 挡与 2 挡之间变换或只能在 1 挡(被称为强制 1 挡)。此挡位具有发动机制动作用，适用于在陡坡或差路面状况下行驶。

8．B 挡位

B 挡位的全称是 Engine Braking，多出现在丰田的混合动力车型上，使用环境是长距离滑行和下坡,此挡位能提供额外的制动效果并进行能量回收,给车载的动力电池充电,使续航里程增加。目前的车型在 D 挡时就能实现动能回收,因此 B 挡也就没有存在的必要了。

三、不同工况下自动变速器的使用

1. 起动

(1) 正常起动:起动发动机时,应拉紧手刹或踩住制动踏板,将自动变速器的操纵手柄置于 P 挡或 N 挡,此时将点火开关转至起动位置,才能使马达转动。在操纵手柄位于 P 挡或 N 挡之外的任何挡位上,将点火开关转至起动位置,起动马达都不会转动。

(2) 汽车途中熄火后起动:装有自动变速器的汽车在行驶途中突然熄火时,操纵手柄仍处于行驶挡位,此时若转动点火开关起动,起动马达将不会转动。必须先将操纵手柄移到 P 挡或 N 挡后,才能起动发动机。在起动时应踩住制踏板或拉紧手刹,以防汽车在起动过程中溜车。

2. 起步

(1) 发动机起动后,必须停留几秒才能挂挡起步。

(2) 起步时应先踩住制动踏板,然后进行挂挡,并查看所挂挡位是否正确,最后松开手刹,抬起制动踏板,缓慢踩下油门踏板加速起步。

(3) 必须先挂挡,后踩油门踏板。不允许边踩油门踏板边挂挡,或先踩油门后挂挡,或挂挡后踩着制动踏板,或还未松开手刹就加大油门。

3. 一般道路行驶

(1) 装有自动变速器的汽车在一般道路上向前行驶时,应将操纵手柄置于 D 挡。这样自动变速器就能根据车速行驶阻力、节气门开度等因素,在 1 挡、2 挡、3 挡及更高挡之中自动升挡或降挡,以选择最适合汽车行驶的挡位。

(2) 为了节省燃油,可以将模式开关(如果有的话)设置在经济模式或标准模式位置上。加速时,应平稳缓慢加大油门,并尽量让油门开度保持在小于 1/2 开度的范围内。也可以采用"提前升挡"的操作方法,即汽车起步后,先以较大的油门将汽车迅速加速至 20~30 km/h,然后将油门踏板很快松开,并持续 2~3 s,这时自动变速器就能立即从 1 挡升至 2 挡,当感觉到升挡后,再将油门踏板踩下,继续加速。从 2 挡升至 3 挡也可以用这种方法。这种方法能让自动变速器较早地升入高一挡,从而提高了发动机的负荷率,降低了发动机的转速,在一定程度上节省了燃油,同时还能降低发动机的磨损程度,减少噪音。

(3) 为了提高汽车的动力性,可将模式开关(如果有的话)设置在动力模式位置上。在急加速时,还可以采用"强制低挡"的操作方法,即将油门踏板迅速踩到全开位置,此时,自动变速器会自动下降 1 个挡位,获得猛烈的加速效果,当加速要求得到了满足之后,应立即松开发动机油门踏板,以防止发动机转速超过极限转速造成损坏。"强制低挡"旨在高速超车,在这种工况下,自动变速器中的摩擦片磨损、发热现象均严重,很容易造成碎裂或粘接,如果没有特殊需要,不宜经常使用。

4. 倒车

(1) 在汽车完全停稳后，将操纵手柄移至 R 挡。

(2) 在平路上倒车时，可完全放松油门踏板，以怠速缓慢倒车。

(3) 如果倒车中要越过台阶或突起物，应缓加油门，在越过台阶之后及时制动。

▼任务准备

(1) 安全、整洁的汽车维修车间或模拟汽车维修车间。

(2) 齐全的消防用具及个人防护用具。

(3) 能正常使用的实训用整车(自动变速器)。

(4) 汽车举升设备、常用工具、量具。

(5) 专用工具、检测仪器。

(6) 车型、设备使用手册或作业指导手册。

▼任务实施

在自动变速器使用过程中，用户会对以下问题存在疑问，解答如下。

1. 自动变速器有 P 挡，为什么手动变速器没有？P 挡能否代替手刹？

目前，大多数自动变速器都是通过锁止输出轴来实现驻车(停车)的。停车锁止机构的结构如图 1-13 所示，主要由停车棘爪、停车齿圈和锁止杆等组成。停车棘爪上制作有一个锁止凸齿，一端支承在变速器壳体的支承销上，且可以绕支承销转动。锁止杆的一端制作成直径大小不同的圆柱杆，另一端经连杆机构与选挡操作手柄连接。

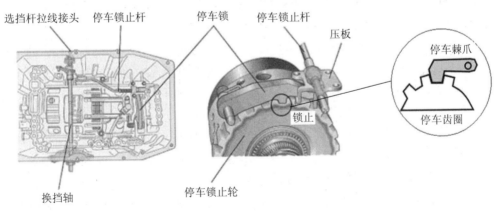

图 1-13　P 挡停车制动器结构图

MT 车型在陡坡停车时，一般需将挡位挂入低速挡，以辅助手刹的制动效果。AT(自动变速器)的特殊情况是，停车时是无法通过挡位来限制车辆移动的，所以 AT 车型设计了一个彻底的方案，直接将其与车轮相连的变速器输出轴固定，这样就完全锁止了车轮。

P 挡是不能代替手刹的。在陡坡的情况下，如果仅仅使用 P 挡驻车的话，那么锁止机构会承担一个非常大的力，有可能导致 P 挡换出困难以及变速器机械部分受力过大。

所以在停车时，如果是平路，则是 P 挡锁止为主，手刹为辅(甚至可以不用)；如果是坡道停车，则是手刹为主，P 挡锁止为辅。另外要注意一点：绝不可以在车辆未停稳的情况下挂入 P 挡，否则锁止机构可能会损坏。

2. 等红灯的时候，要不要从 D 挡挂入 N 挡？

观点 1：临时停车要挂 N 挡。D 挡时，液力变矩器中泵轮转动，涡轮不动，这种情况下变矩器壳体内 ATF 会不停地被搅动，温度会上升，油液质量会下降。另外，油耗也会上升。

分析：这个观点中，大部分都是客观存在的，在这种情况下，ATF 确实会升温。但短时间内升温并不太明显，并不会对 ATF 的质量造成影响，因为这种程度下的负荷，要比正常加速情况下的负荷小得多。

观点 2：临时停车不要挂入 N 挡。从 D 挡挂入 N 挡，变速器内部离合器会进行一次换挡操作，频繁切换挡位，会缩短变速器的使用寿命。

分析：理论上这种说法属实，这种情况确实增加一次离合器以及电磁阀的动作。但是，AT 车型在使用过程中，执行机构的工作是非常频繁的，每一次换挡都有两三处离合器完成离合的变换，在路况不好的情况下，也许开 1 km 的路程，变速器中的离合器等执行机构就进行了上百次操作，因此，正常情况下的 D 挡切 N 挡没有太大影响。

建议：停车 30 秒以内，D 挡踩刹车；停车 1 分钟以内，N 挡拉手刹；1 分钟以上，熄火拉手刹。

3. 临时停车不要挂入 P 挡？

有人说，停车 1 分钟以上，要挂入 P 挡，熄火拉手刹。

分析：理论上这种说法没有任何问题，但是有一点，当车辆被后车追尾时，由于车轮与变速器刚性连接，会使 AT 受到损坏，导致维修成本大大增加。

4. 装备自动变速器的车辆能否拖车？

这种情况和 N 挡滑行比较相似，不过有个至关重要的环节：发动机不工作，液力变矩器不转，ATF 油泵不工作，ATF 循环也就停止了，这样的话 ATF 油液的散热无法保证，所以很多车辆的说明书上指出，拖车速度不应超过 50 km/h(有些车型设定为 30 km/h)，距离不超过 50 km(有些车型设定为 30 km)。出于对变速箱的保护，这种规章还是应该遵守的。如果距离真的超过 50 km 的话，那么就应该放慢拖车的速度，并且中途休息一定时间，以待散热降温。

5. 装备自动变速器车辆能不能空挡滑行？

自动变速器与手动变速器不一样，它采用的是压力润滑，即使用变速箱油泵来带动润滑油润滑齿轮。在 N 挡的时候，发动机属于怠速状态，所以泵的压力很小；在 N 挡滑行的时候，车轮的转速很快，也就是输出轴的转速也很高，而此时没有足够的压力泵出充足的润滑油进行润滑，齿轮容易因为得不到充分的润滑而烧蚀，也容易使自动变速器中的油温过高而影响使用寿命，所以加剧了变速箱的磨损。因此自动挡车型切忌空挡滑行。

6. 自动变速器换挡杆为什么会有直排挡形式和阶梯排挡形式呢？它们有什么区别吗？

在本质上，两种形式都可以防止误操作，只是实际操作的方式不同。直排挡形式在换挡杆上有一个按钮，当需要换挡的时候，必须在按下这个按钮的同时进行拨换，这个按钮就是为了防止驾驶员在行驶的过程中误操作而设计的。而阶梯挡形式则是通过各个阶梯曲线来挡住换挡杆行进的路线，必须通过变换方向来实现挡位的拨换。这样的设计同样也是为了防止驾驶员在行驶过程中的误操作。但是无论是直排挡还是阶梯挡，在 N 挡和 D 挡之间的拨换是很简单的，既不需要按按钮，也不需要变换换挡杆方向，只要拨动一下挡把就可以实现了。这两种形式之间并没有什么优劣之分，只是风格不同而已，它们都是为了防止误操作而进行的设计。例如，大众汽车都采用直排挡的形式；丰田花冠汽车采用阶梯挡的形式；捷豹汽车采用 J 型换挡的形式。

7. 在冬天刚起动发动机就立即急加速进行自动变速器的操作合适吗？

不合适。因为冬季自动变速器油液的流动性较差，包括一些密封元件的密封性能也有所减弱，长此以往会对自动变速器的机械元件造成伤害。

8. 手自动一体式变速器的手动模式和手动变速器是一样的吗？

M 是英文 Manual(手动模式)的缩写。当前不少电控式自动变速器采用了手动/自动(MT/AT)全速式五挡自动变速器，如本田、奥迪 A6、帕萨特等。

手动模式代表了自动变速器发展的新潮流，但是它与手动变速器的换挡机理不同。

(1) 手动模式扩大了动力挡的控制范围。例如某些变速器在 D 挡位时，2、3、4、5 挡锁止(省油)；在 M 挡时，3、4、5 挡才锁止(费油)。

(2) 它不仅是为了应急使用(变速器控制单元失效)，更是为了方便驾驶员根据行驶条件和自己的意图驾驶车辆。固定在某一挡位，变速器维持动力性能稳定行驶，防止频繁跳挡，减小了离合器和制动器之间的无谓磨损。手自动一体式变速器结构及工作原理，如图 1-14 所示。

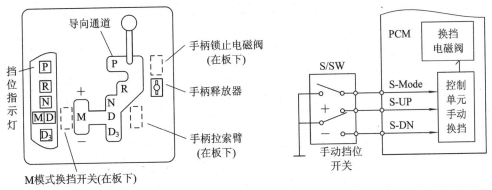

(a) 手自动一体式变速器换挡部位名称　　　(b) 手自动一体式变速器换挡控制原理

图 1-14　手自动一体式变速器结构及工作原理

(3) 手动模式换挡开关为三线式触发开关，它与 PCM(变速器控制单元)联通。PCM 中配有递增、递减电路，其触点信号为：动力模式 S－Mode，升挡(＋)S－UP，降挡(－)S－DN。因此，当手柄在 M 通道向上拨动(即升挡)时，点动依次触发递增为 1、2、3、4、5 挡；当向下拨动(即降挡)时，点动依次触发递减为 5、4、3、2、1 挡。

(4) 点动换挡信号送至 PCM，其手动换挡控制单元中，编制有 1～5 挡的控制程序，发令使各换挡电磁阀动作，换入所需要的挡位(电磁阀的通断组合同 D 挡)。同时，仪表盘上的数码管指示灯显示所换的挡位。

9. 什么时候手自一体的车应该使用手动挡？

首先就是一些商超、办公楼的屋顶或地下停车库，这些停车库的坡道都比较陡，如果使用自动挡变速箱会自动升挡，对变速箱造成过多的损耗，这个时候切换到手动模式既能防止溜坡，同时也可以更稳定地行驶。其次就是在一些盘山公路上，手动挡能够有效地限制车速，避免事故的发生，同时也能避免变速箱因为频繁换挡导致的过热，还能起到有效保护变速箱的作用。最后是在雨雪天的湿滑路面，由于需要比较慢的车速，手动挡的优势此时就很明显了，这个时候使用手动挡可以让车主更加安全地行驶。同时，在一些积水比较深的路段，需要低挡位高转速的技巧，手动挡可以更好地控制，避免车辆在积水中抛锚。

合理运用手动模式不仅能够有效地保护发动机，同时也能有效地保证安全行驶。

10. 当仪表盘上的自动变速器故障指示灯点亮时，还能够继续行驶吗？

不能。不能够带着故障使用，应该立即检查维修，否则会加快自动变速器的损坏。

11. 自动变速器油液需要更换吗？

应该严格按照生产厂家的使用要求，在规定时间(或规定里程)内进行保养维护。

12. 双离合变速箱问题那么多，为什么还有很多汽车生产企业在用？

1) AT 变速箱的专利壁垒和生产能力

目前 AT 变速箱的相关专利都掌握在采埃孚、爱信、博格华纳等少数几个变速箱巨头手中，但这几个厂商的变速箱生产能力有限。另外，很多车企都有交叉控股的股份，即使有生产能力，也会优先供给自己的车型，而其最先进的变速箱也往往不提供给国内的一些厂家。

2) 高端的 AT 变速箱价格偏高，车企考虑成本不划算

目前市场化的 AT 变速箱已经发展到 8AT、9AT，但是采用 8AT、9AT 变速箱的车型还很少。对于高端的 8AT、9AT 变速箱来说，由于其设计、生产的复杂性，供货量很少，导致成本偏高。

3) 众多车企采用双离合是为了降低成本和完善产品线

双离合在二战时就被发明出来了，但是受限于当时的电控技术以及材料水平，并没有被广泛普及，在德国大众公司经过国内市场广大大众车友多年的"测试"以后，其产品逐渐成熟，早期的"死亡闪烁"故障历经多次召回已经彻底解决。目前双离合器变速器在完善的控制程序下，故障率大大降低，使用寿命大大延长，已经成为独立于 AT 和 CVT 之外的第三大变速箱。其结构原理，如图 1-15 所示。

但是，受限于双离合变速箱的"预选挂挡"理论，在低速急加速时换挡顿挫的问题一直是无法彻底解决的。当然，这种顿挫不影响双离合的使用寿命。实际上，在道路通畅的

情况下驾驶，双离合换挡迅速、省油、动力不中断，这些优点也是有目共睹的。

图 1-15　双离合器变速器结构原理

总之，随着自动变速器技术的不断完善，AT、CVT、双离合变速器在汽车上的应用仍然会三剑客并行发展。

▼ **检查评价**

对任务实施过程以及结果进行检查、评价，评价指标建议如下：

① 工作的参与度情况	② 工作的规范性情况	③ 工作的效率情况	④ 工作的质量情况
⑤ 5S 工作制遵守情况	⑥ 工作态度情况	⑦ 工作创意创新情况	⑧ 团队协作情况

学习单元 2　液力变矩器检修

学习任务 1　液力变矩器认知

▼ 任务目标

(1) 了解液力变矩器的作用。
(2) 掌握液力变矩器的结构及工作原理。

▼ 任务描述

装备自动变速器的汽车不能行驶时，通常需要对液力变矩器进行专业拆解检修。请根据实际需要，制定液力变矩器原理学习、维护保养工作计划并实施。

▼ 相关知识

一、液力变矩器的安装位置及作用

1. 液力变矩器的安装位置

在手动变速器的汽车驾驶室里有三个踏板，它们分别是加速踏板、刹车踏板、离合器踏板。但是在自动变速器的汽车中只有两个踏板，分别是加速踏板和刹车踏板。换而言之就是在自动变速器的汽车中没有离合器。那么在自动变速器的汽车上，发动机与变速器是通过什么连接起来的呢？那就是液力变矩器。液力变矩器的安装位置与离合器一样，介于发动机与变速器之间，其作用与手动变速器汽车上的离合器相似。变矩器在变速器上的安装位置，如图 2-1 所示。

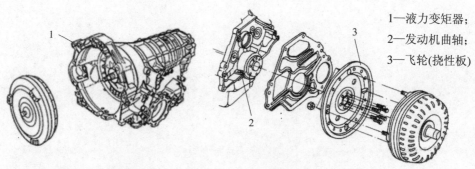

1—液力变矩器；
2—发动机曲轴；
3—飞轮(挠性板)

(a) 变速器的安装位置　　　　(b) 变速器的安装方法

图 2-1　变矩器在变速器上的安装位置

2. 液力变矩器的作用

既然液力变矩器替代了离合器，但是它又不需要像离合器那样靠人力操纵，那么它是怎样工作的呢？液力变矩器是连接发动机曲轴和变速器输入轴的动力传递装置，液力变矩器和液力耦合器一样，可以平稳地把发动机的动力传给变速器。液力变速器允许发动机曲轴与变速器输入轴之间有一定的相对滑转，从而在停车时即使不脱开行驶挡也能维持发动机怠速运转。

液力变矩器的作用总结如下。

(1) 起自动离合器的作用：自动适时切断或连接发动机至变速器的输出转矩(软连接功能)。

(2) 放大发动机的输出转矩：发动机输出转矩经过液力变矩器变矩后可以被成倍放大。

(3) 无级变速：在小范围内靠液力传递效率的改变实现无级变速的效果。

(4) 缓冲振动：液力变矩器的软连接可以缓冲发动机传给传动系的振动。

(5) 机械连接功能(硬连接)：在必要的时候，可将发动机输出轴与变速器的输入轴刚性连接起来，实现 100%的传动效率，从而提高发动机的燃油经济性并降低变速器的工作温度。

(6) 起到飞轮动平衡的作用，使发动机运转平稳：装有液力变矩器的车辆，可用液力变矩器自身重量旋转产生的转动惯量来平稳因活塞做功间隔造成的发动机转速不均匀现象，有些发动机启动用的飞轮齿圈固定在液力变矩器壳体上。

(7) 驱动自动变速器的液压油泵，为自动变速器提供压力源。

二、液力变矩器的工作原理

图 2-2 为风扇耦合的模型。电风扇 A 和 B 面对面放置，当电风扇 A 接通电源工作时，风扇正面吹风，背面吸风，吹出的气流会驱动电风扇 B(不插电源)的风叶旋转，这是由于风叶的特有形状决定的，空气在其中充当了传递动力的介质，这便是液力耦合器的工作模型。

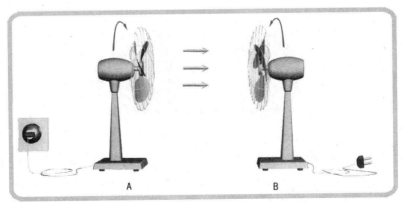

图 2-2 风扇耦合的模型图

如果在两个风扇之间加一个导管，如图 2-3 所示，就成了带有导管的风扇耦合模型。电风扇 A 的背面与电风扇 B 的背面连通，电风扇 A 的正面与电风扇 B 的正面连通，即干预气流的循环流动方向，则前吹后吸，对于实现电风扇 B 的高速旋转是有利的。

图 2-3　带有导管的风扇耦合模型

1. 液力耦合器的结构

液力耦合器是利用液体的动能而进行能量传递的一种液力传动装置。我们常称液力耦合器为液力联轴器，图 2-4 为液力耦合器的结构示意图。耦合器的主要元件是两个直径相同的盆状的叶轮(泵轮与涡轮，相当于电风扇 A、B 的风叶)，统称为工作轮，其形状如图 2-5 所示。

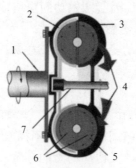

1—输入轴；
2—涡轮；
3—泵轮；
4—油液旋转运动；
5—油液环流运动；
6—叶片；
7—输出轴

图 2-4　液力耦合器结构示意图

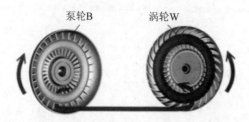

图 2-5　耦合器油液循环

在图 2-4 中，由发动机曲轴通过输入轴 1 驱动的叶轮称为泵轮 3(相当于电风扇 A 的风叶)，另一端与输出轴 7 装在一起的叶轮称为涡轮 2(相当于电风扇 B 的风叶)。工作轮里有许多半圆形的径向叶片，在各叶片之间充满了工作液。两个轮装配好以后，相对端面之间约有 3~4 mm 的间隙，之间没有机械连接。

通常液力耦合器泵轮与涡轮的叶片数是不相等的，目的是为了避免液流脉动对工作轮周期性的冲击而引起的共振，使耦合器工作更为平稳。

2. 液力耦合器的工作原理

如图 2-4 所示，发动机通过曲轴驱动泵轮旋转，通过泵轮叶片带动工作油液一起旋转。此时油液既绕泵轮作圆周运动，同时又在离心力的作用下从泵轮叶片半径较小的内缘向半径较大的外缘流动。此时外缘的压力较高，而内缘的压力较低，其压力差取决于泵轮的半径和转速。由于两个工作轮封闭在一个壳体内，所以这时被甩到泵轮外缘的工作油液直接冲击到涡轮外缘，沿着涡轮叶片向内缘流动，接着工作液又返回泵轮内缘，并再次被甩到外缘，工作液就这样从泵轮 3 流向涡轮 2，又返回泵轮不断循环。在循环过程中，发动机通过曲轴给泵轮旋转力矩，泵轮使原来静止的工作油液获得动能。在冲击涡轮时，将工作流液的一部分动能传递给涡轮，使涡轮带动输出轴 7 旋转。

图 2-6 是透视液力耦合器壳体后，工作油液流动的路线。泵轮内的工作油液，除了沿循环圆作环流外，还要绕泵轮轴线作圆周运动，故液流绝对运动是以上两者的合成，运动方向是斜对着涡轮 2 冲击涡轮的叶片，然后顺着涡轮叶片再流回泵轮 3。于是，油液质点的流线就成了一条首尾相接的环形螺旋线，如图 2-7 所示。

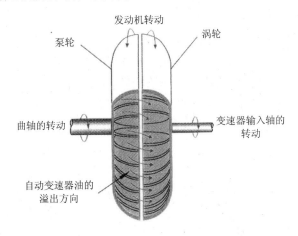

图 2-6　液力耦合器工作油液流动路线

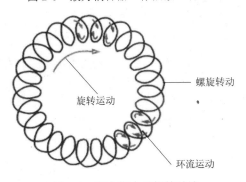

图 2-7　液力耦合器螺旋油流

因此为了使液力耦合器能够传递动力，必须使工作油液在泵轮和涡轮之间造成环流运动。为了能形成环流运动，两个工作轮之间必须存在转速差。转速差越大，工作轮之间油液的压力越大，工作油液所传递的动能也越大(例如汽车起步瞬间)。当然工作油液所传递给涡轮的转矩，最大只能等于泵轮从发动机那里所获得的转矩，而且这种情况只是发生在涡轮开始旋转的瞬间。

液力耦合器的上述特点，对汽车起步十分有利。因为汽车起步时需要克服相当大的起步阻力，所以此时传给涡轮的动能是很大的。当克服起步阻力后，汽车开始行驶，此后，发动机继续加速，泵轮继续增速，涡轮和整车也逐渐加速。当涡轮的转速与泵轮转速相等时，涡轮与泵轮外缘处的能量差消失，循环圆内工作油液的循环流动停止，此时液力耦合器无法传递动力。

由上面分析得知，液力耦合器要实现传动，必须在泵轮和涡轮之间有油液的循环流动。而油液循环流动的产生，是由于泵轮和涡轮之间存在的转速差使两轮叶片的外缘处产生压力差所致。如果泵轮和涡轮的转速相等，则液力耦合器不起传动作用。因此，液力耦合器工作时，发动机的动能通过泵轮传给液压油，液压油在循环流动的过程中又将动能传给涡轮输出。由于在液力耦合器内只有泵轮和涡轮两个工作轮，因此根据作用力与反作用力相等的原理，液压油作用在涡轮上的转矩应等于泵轮作用在液压油上的转矩，即发动机传给泵轮的转矩与涡轮上输出的转矩相等，这就是液力耦合器的传动特点。

3. 液力变矩器的结构与原理

1) 一般形式液力变矩器的结构与工作原理

与液力耦合器输出转矩最大只能等于泵轮从发动机那里所获得的转矩相比，液力变矩器可以使输出转矩增大。液力变矩器有 3 个工作轮即泵轮、涡轮和导轮。泵轮和涡轮的构造与液力耦合器相同；导轮则位于泵轮和涡轮之间，并与泵轮和涡轮保持一定的轴向间隙。导轮通过导轮套固定于变速器壳体上，如图 2-8 所示。

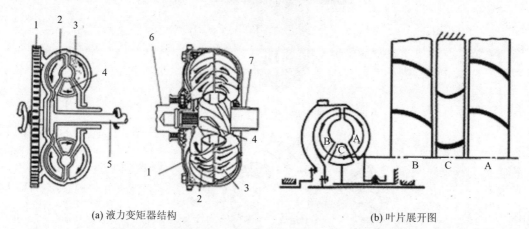

(a) 液力变矩器结构　　　　　　　　　　(b) 叶片展开图

1—飞轮；2—涡轮；3—泵轮；4—导轮；5—变矩器输出轴；6—曲轴；7—导轮轴；A—泵轮；B—涡轮；C—导轮

图 2-8　液力变矩器结构及叶片展开图

发动机运转时带动液力变矩器的壳体和泵轮与之一同旋转，泵轮内的液压油在离心力的作用下，由泵轮叶片外缘冲向涡轮，并沿涡轮叶片流向导轮，再经导轮叶片内缘，形成循环的液流。导轮的作用是改变涡轮上的输出转矩。为说明这一原理，假设在液力变矩器工作中，发动机转速和负荷都不变，即液力变矩器泵轮的转速和转矩为常数。可以假想地将液力变矩器的 3 个工作轮叶片从循环流动的液流中心线处剖开并展平，得到如图 2-8 所示的叶片展开示意图。

在汽车起步之前，涡轮转速为 0，发动机通过液力变矩器壳体带动泵轮转动，并对液压油产生一个转矩，该转矩即为液力变矩器的输入转矩。液压油在泵轮叶片的推动下，以一定的速度，按图 2-9 中箭头 1 所示方向冲向涡轮上缘处的叶片，对涡轮产生冲击转矩，该转矩即为液力变矩器的输出转矩。此时涡轮静止不动，冲向涡轮的液压油沿叶片流向涡轮下缘，在涡轮下缘以一定的速度，沿着与涡轮下缘出口处叶片相同的方向冲向导轮，对导轮也产生一个冲击力矩，并沿固定不动的导轮叶片流回泵轮。因此可知，液力变矩器的输出转矩在数值上等于输入转矩与导轮对液压油的反作用转矩之和，即液力变矩器具有增大转矩的作用。一般液力变矩器的最大输出转矩可达输入转矩的 2.6 倍。

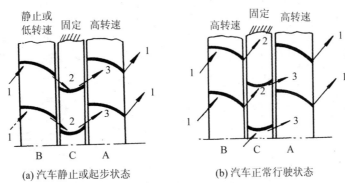

1—由泵轮冲向涡轮的液压油方向；2—由涡轮冲向导轮的液压油方向；3—由导轮流回泵轮的液压油方向；
A—泵轮；B—涡轮；C—导轮

图 2-9　液力变矩器工作原理图

当汽车在液力变矩器输出转矩的作用下起步后，与驱动轮相连接的涡轮也开始转动，其转速随着汽车的加速不断增加。这时由泵轮冲向涡轮的液压油除了沿着涡轮叶片流动之外，还要随着涡轮一同转动，使得由涡轮下缘出口处冲向导轮的液压油的方向发生变化，不再与涡轮出口处叶片的方向相同，而是顺着涡轮转动的方向向上偏斜了一个角度，使冲向导轮的液流方向与导轮叶片之间的夹角变小，导轮上所受到的冲击力矩也减小，液力变矩器的增扭作用也随之减小。车速越高，涡轮转速越大，冲向导轮的液压油方向与导轮叶片的夹角就越小，液力变矩器的增扭作用也越小；反之，车速越低，液力变矩器的增矩作用就越大。因此，与液力耦合器相比，液力变矩器在汽车低速行驶时有较大的输出转矩，在汽车起步，上坡或遇到较大行驶阻力时，能使驱动轮获得较大的驱动力矩。

当涡轮转速随车速的提高而增大到某一数值时，冲向导轮的液压油的方向与导轮叶片之间的夹角减小为 0，这时导轮将不受液压油的冲击作用，液力变矩器失去增矩作用，其输出转矩等于输入转矩。

若涡轮转速进一步增大，冲向导轮的液压油方向继续向前斜，使液压油冲击在导轮叶片的背面，如果导轮不动，此时液力变矩器的输出转矩反而比输入转矩小，其传动效率也随之减小。当涡轮转速较低时，液力变矩器的传动效率高于液力耦合器的传动效率；当涡轮的转速增加到某一数值时，液力变矩器的传动效率等于液力耦合器的传动效率；当涡轮转速继续增大后，液力变矩器的传动效率将小于液力耦合器的传动效率，其输出转矩也随之下降。因此，上述这种液力变矩器是不适合实际使用的，而综合式液力变矩器能很好地解决上述问题。

　　2) 综合式液力变矩器的结构与工作原理

　　目前在装用自动变速器的汽车上使用的变矩器大多是综合式液力变矩器，如图 2-10 所示，它和一般形式液力变矩器的不同之处在于它的导轮不是完全固定不动的，而是通过单向离合器支承在固定于变速器壳体的导轮固定套上。

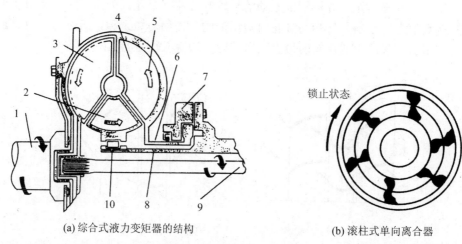

(a) 综合式液力变矩器的结构　　　　　　　　(b) 滚柱式单向离合器

1—曲轴；2—导轮；3—涡轮；4—泵轮；5—液流；6—变矩器轴套；7—油泵；8—导轮固定套；
9—变矩器输出轴；10—单向离合器

图 2-10　综合式液力变矩器的结构及滚柱式单向离合器

　　当涡轮转速较低时，从涡轮流出的液压油从正面冲击导轮叶片，如图 2-11 所示，对导轮施加一个朝逆时针(向下)方向旋转的力矩。单向离合器在逆时针具有单向锁止功能，将导轮锁止在导轮固定套上(与变速器壳体连接)固定不动，因此这时该变矩器的工作特性和液力变矩器相同，涡轮上的输出转矩大于泵轮上的输入转矩，即具有一定的增矩作用。图中，B 代表泵轮，W 代表涡轮；D 代表导轮(下同)。

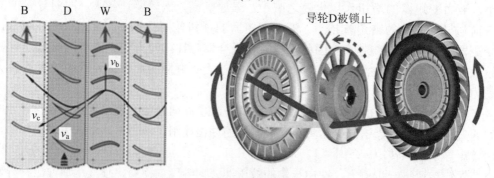

图 2-11　综合式液力变矩器增矩过程

综合式液力变矩器增矩过程可用公式表示为

$$M_W = M_B + M_D$$

　　当涡轮转速增大到某一数值时，液压油对导轮的冲击方向与导轮叶片之间的夹角为 0，此时涡轮上的输出转矩等于泵轮上的输入转矩，如图 2-12 所示。

图 2-12 综合式液力变矩器耦合过程

综合式液力变矩器耦合过程可用公式表示为

$$M_W = M_B$$

若涡轮转速继续增大，液压油将从反面冲击导轮，对导轮产生一个顺时针方向的转矩。由于单向离合器在顺时针方向没有锁止，所以导轮在液压油的冲击作用下开始朝顺时针方向旋转。由于自由转动的导轮对液压油没有反作用力矩，液压油只受到泵轮和涡轮的反作用力矩的作用，如图 2-13 所示。此时变矩器不能起增矩作用，其工作特性和液力耦合器相同。这时涡轮转速较高，该变矩器亦处于高效率的工作范围。导轮开始空转的工作点称为偶合点。由上述分析可知，综合式液力变矩器在涡轮转速由 0 至偶合点的工作范围内按液力变矩器的特性工作，在涡轮转速超过偶合点转速之后按液力耦合器的特性工作。因此，这种变矩器既利用了液力变矩器在涡轮转速较低时所具有的增矩特性，又利用了液力耦合器涡轮转速较高时所具有的高传动效率的特性。

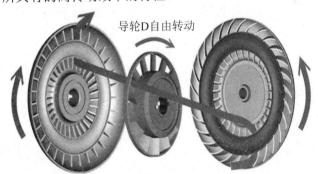

导轮D自由转动

图 2-13 综合式液力变矩器减矩过程

综合式液力变矩器减矩过程可用公式表示为

$$M_W = M_B + M_D \quad (导轮不动)$$
$$M_W = M_B \quad (加装单向离合器后，导轮自由转动)$$

3) 带锁止离合器的综合液力变矩器的结构与工作原理

一般情况下，装配自动变速器的汽车装配比手动变速器的汽车燃油消耗要大一些，这是因为液力变矩器是用液力来传递汽车动力的，而液压油的内部摩擦会造成一定的能量损失，因此带有液力变矩器的自动变速器汽车传动效率较低。为提高汽车的传动效率，减少燃油消耗，现在很多轿车的自动变速器采用一种带锁止离合器的综合式液力变矩器。这种综合式液力变矩器可以在特定条件下使泵轮与涡轮刚性连接在一起，进而提高了汽车的传动效率，如图 2-14 所示。

图 2-14　带锁止离合器的综合式液力变矩器

自动变速器控制电脑根据车速、节气门开度、发动机转速、变速器液压油温度、控制模式等因素，按照设定的锁止控制程序向锁止电磁阀发出控制信号，操纵锁止控制阀，以改变锁止离合器压盘两侧的油压，从而控制锁止离合器的工作。当汽车在良好道路上高速行驶，且车速、节气门开度、变速器液压油温度等因素符合一定要求时，电脑即操纵锁止控制阀，使锁止离合器锁止，如图 2-15(a)所示。这时输入变矩器的动力通过锁止离合器的机械连接，由压盘直接传至涡轮输出，传动效率为 100%。当车速较低时，锁止离合器处于分离状态，这时输入变矩器的动力完全通过液压油传至涡轮，如图 2-15(b)所示。另外，锁止离合器在结合时还能减少变矩器中的液压油因液体摩擦而产生的热量，有利于降低液压油的温度。有些车型的液力变矩器的锁止离合器盘上还装有扭转减振弹簧，如图 2-16 所示，用以减小锁止离合器在结合瞬间产生的冲击力。

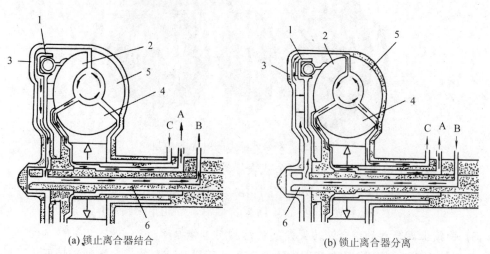

(a) 锁止离合器结合　　　　　　　　　　(b) 锁止离合器分离

1—锁止离合器压盘；2—涡轮；3—变矩器壳；4—导轮；5—泵轮；6—变矩器输出轴；
A、B—变矩器出油道；C—锁止离合器控制油道

图 2-15　锁止离合器工作原理示意图

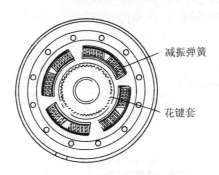

图 2-16　带扭转减振弹簧的压盘

三、液力变矩器锁止离合器锁止控制原理说明

1. 液控锁止(车速或挡位油压信号控制)

液控锁止离合器控制原理，如图 2-17、图 2-18 所示。

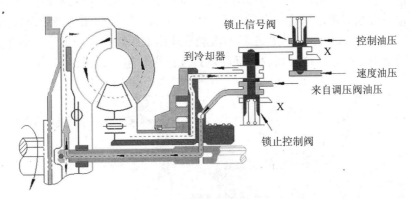

图 2-17　液控锁止离合器的分离控制原理

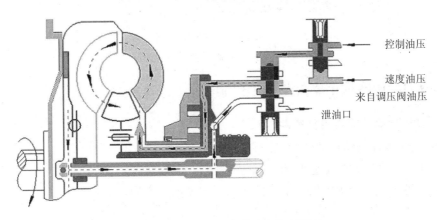

图 2-18　锁止离合器的结合控制原理

2. 电控锁止(开关型电磁阀控制)

　　自动变速器根据车速、节气门开度、发动机转速、变速器液压油温度、操纵手柄位置、控制模式等因素，按照设定的锁止控制程序向锁止电磁阀发出控制信号，操纵锁止控制阀，

以改变锁止离合器压盘两侧的油压，从而控制锁止离合器的工作。其分离控制原理，如图 2-19 所示。

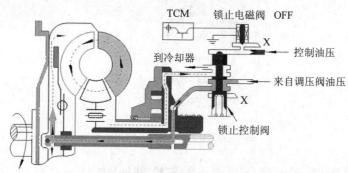

图 2-19   电控锁止离合器的分离控制

当车速较低时，锁止电磁阀断电泄油，锁止控制阀处于上位，来自调压阀的压力油通过输出轴中心油道进入锁止离合器压盘左腔(解锁腔)，压盘右腔经节流通冷却器，锁止离合器处于分离状态，这时输入变矩器的动力完全通过液压油传至涡轮，如图 2-19。当车速较高时，锁止电磁阀通电，锁止控制阀处于下位，来自调压阀的压力油通过外围油道进入锁止离合器压盘右侧(锁止腔)，压盘左腔油液经变速器输入轴中心油道流回变速器油底壳，锁止离合器处于锁止状态，这时泵轮与涡轮刚性连接在一起，如图 2-20 所示。

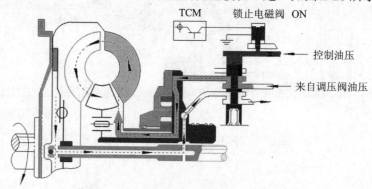

图 2-20   电控锁止离合器的结合控制

四、液力变矩器锁止离合器锁止控制举例

1. A340E 自动变速器锁止条件

A340E 自动变速器锁止条件如下：

(1) 汽车以 2 挡、3 挡或超速挡(D 挡位)行驶。

(2) 车速等于或高于规定值，节气门开启度等于或高于规定值。

(3) ECU 没有收到锁止系统的强制取消信号。

2. A340E 自动变速器解除锁止条件

A340E 自动变速器解除锁止条件如下：

(1) 制动灯开关接通(制动时)。

(2) 节气门位置传感器的 IDL(怠速)触点闭合。

(3) 冷却液温度低于 60℃(仅限于某些车型)。

(4) 当巡航控制系统工作时，车速降至设定速度以下至少 10 km/h。

上述(1)和(2)的目的是在后轮被抱死时可防止发动机熄火。(3)的目的是改善车辆的行驶性能，加速变速器油的预热。(4)的目的是液力变矩器工作，起增矩作用。

▼ 任务准备

(1) 安全、整洁的汽车维修车间或模拟汽车维修车间。

(2) 齐全的消防用具及个人防护用具。

(3) 能正常使用的实训用整车(自动变速器)。

(4) 汽车举升设备、常用工具、量具。

(5) 专用工具、检测仪器。

(6) 车型、设备使用手册或作业指导手册。

▼ 任务实施

(1) 对给定液力变矩器总成进行整体、外观认知。

(2) 对给定经过解剖的液力变矩器部件进行结构认知。

▼ 检查评价

对任务实施过程以及结果进行检查、评价，评价指标建议如下：

① 工作的参与度情况	② 工作的规范性情况	③ 工作的效率情况	④ 工作的质量情况
⑤ 5S 工作制遵守情况	⑥ 工作态度情况	⑦ 工作创意创新情况	⑧ 团队协作情况

▼ 知识拓展

1. 失速点

失速点是指泵轮正常运转，而涡轮不运动的情况。此时泵轮和涡轮之间的转速差最大。液力变矩器的最大转矩比位于失速点(一般在 1.7～2.5)，传递效率为 0。

2. 耦合点

在涡轮开始转动和转速增加时，涡轮和泵轮之间的转速差开始减小，但在此时，传动效率开始增加。传动效率在刚到耦合点之前为最大(约为 1)。当转速比达到一定时，转矩比也几乎成为 1∶1。换言之，导轮在耦合开始旋转而液力变矩器如同液力耦合器一样开始工作在耦合点，以防转矩比降至 1 以下。

3. 液力变矩器中锁止离合器的半联动

当前绝大部分自动变速器中液力变矩器的锁止离合器控制均实现了半液压半机械连接

控制，这主要是当变矩器由液力传递到机械传递时，为避免出现过大的震动影响换挡品质。因为新型自动变速器的锁止离合器工作点提前了，部分车型已经允许在前进一挡锁止离合器就可以工作，所以在换挡点上液力变矩器锁止离合器应该尽可能处于脱开状态。但如果是传统的开关油路，势必会带来冲击感，同时从控制上很难保证锁止离合器活塞在规定的时间能够迅速地完全脱开，所以半液压半机械传动就出现了。

学习任务2　液力变矩器的检修

任务目标

(1) 掌握自动变速器的拆解过程。
(2) 了解液力变矩器的检修方法。

任务描述

装有自动变速器的汽车不能行驶时，需经专业检查，需要从车上拆下液力变矩器并对液力变矩器进行拆解检修。请根据实际需要，制定液力变矩器检修工作计划并实施。

任务准备

(1) 安全、整洁的汽车维修车间或模拟汽车维修车间。
(2) 齐全的消防用具及个人防护用具。
(3) 能正常使用的实训用整车(自动变速器)。
(4) 汽车举升设备、常用工具、量具。
(5) 专用工具、检测仪器。

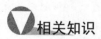

相关知识

一、从车上拆卸自动变速器的步骤

(1) 做好车辆的检查(例如服务顾问与客户一起对车辆外观环检、内饰检查、性能检查、附件检查并记录等)以及防护工作(车漆及内饰等保护)。
(2) 用诊断仪对汽车电控系统进行故障代码读取并记录。
(3) 对有密码的收音机，先取得密码。
(4) 关闭点火开关，脱开蓄电池的搭铁线(负极)。
(5) 打开或拆下发动机室盖，拆卸发动机舱内与自动变速器相连接的附件。
(6) 将汽车移动到举升机上，正确、可靠举升汽车。

(7) 拆除自动变速器下方的护罩、护板等。

(8) 拆卸底盘部分的附件，放掉自动变速器油液。

(9) 将传动轴各凸缘做好装配标记，松开传动轴与自动变速器输出轴的连接螺栓，拆下传动轴。

(10) 拆开发动机后部的检修孔盖，转动曲轴，逐个拆卸飞轮与液力变矩器的连接螺栓。

(11) 拆下自动变速器与车架的连接支架，用举升小车顶托住自动变速器。

(12) 拆下自动变速器和飞轮壳的连接螺栓，将液力变矩器和自动变速器一同抬下。

(13) 将变速器放在固定架或工作台上。

(14) 清洗、清洁自动变速器。

(15) 自动变速器的分解。

按照车型维修手册的要求进行分解。在分解自动变速器时，应将所有组件和零件按分解顺序依次摆放，以便于检修和组装，要特别注意各个止推垫片、止推轴承的位置，不可装错。

(16) 将修复的自动变速器安装到汽车上的顺序与拆卸的顺序相反，但要注意以下事项：

① 应该保持 ATF(自动变速器油液)冷却器和 ATF 加注管清洁。

② 保证变矩器正确地安装在变速器内。

③ 检查并调整变速杆与空挡开关的状态。

④ 检查 ATF 油液液位，必要时调整。

⑤ 注意变速器总成螺栓的扭紧力矩。

二、液力变矩器的检修——以丰田 A341E 自动变速器液力变矩器为例

1. 外观检查

(1) 检查液力变矩器外部有无损坏和裂纹，如有异常，应更换液力变矩器。

(2) 检查液力变矩器轴套外径有无磨损、驱动油泵的轴套缺口有无损伤，如有异常，应更换液力变矩器。

2. 检测单向离合器

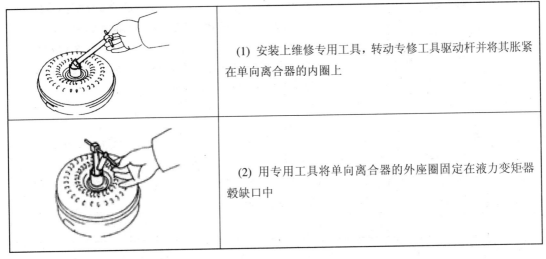

	(1) 安装上维修专用工具，转动专修工具驱动杆并将其胀紧在单向离合器的内圈上
	(2) 用专用工具将单向离合器的外座圈固定在液力变矩器毂缺口中

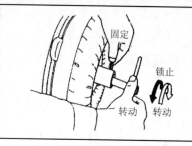

(3) 转动驱动杆

(4) 检查单向离合器工作是否正常。若正常，则在逆时针方向转动时应锁住，而在顺时针方向应能自由转动

(5) 如有异常，说明单向离合器损坏，应更换液力变矩器

3. 测量传动板偏摆并检测齿圈

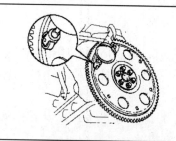

(1) 安装百分表，检查驱动盘(飞轮)的偏摆

(2) 最大偏摆量不能超过 0.20 mm

4. 测量液力变矩器轴套的偏摆

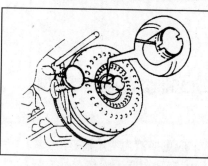

(1) 将液力变矩器装在驱动盘上

(2) 检查轴套外径有无磨损

(3) 安装百分表进行测量液力变矩器轴套

(4) 最大偏摆量不超过 0.30 mm

注意：轴套磨损、偏摆量超差会引起液力变矩器漏油

5. 液力变矩器安装情况检查

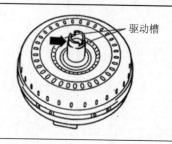

(1) 先装入轮毂，然后将液力变矩器轻轻向里旋转，直到液力变矩器轮毂的驱动槽进入到泵轮的接合杆中，再将变矩器向里推，安装到位后驱动槽的结构如左图所示

(2) 特别提醒：如果液力变矩器安装错误会造成液力变矩器的接合杆及自动变速器油泵损坏，所以安装变矩器后一定要按照上述要求进行检查

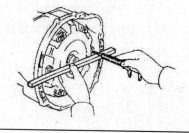

(1) 用直尺测量液力变矩器安装面至自动变速器壳体正面的距离

(2) 若测量距离小于标准值(17.1 mm)，则应检查是否是由安装不当所致

6. 液力变矩器的清洗

1) 不拆解清洗

在更换自动变速器中的自动变速器油(Automatic Transimation Fuel，ATF)时，由于液力变矩器中的 ATF 是无法全部排出来的，因此可以采用"循环换油"的方式更换 ATF。自动变速器循环换油机是一种利用机器产生压力，把自动变速箱油进行动态更换的机器，换油率可以达到 80% 以上，更换得比较彻底，它可以避免新油被旧油污染的危险。但是，这种方法操作比较复杂，消耗的变速箱油液也比较多，一般是正常油量的一倍。

2) 拆解清洗

将液力变矩器从车上拆下，倒出液力变矩器中残余的液压油，然后向液力变矩器内加入 2L 干净的液压油。摇动液力变矩器，以便清洗其内部，然后将液压油倒出。再次向液力变矩器内加入 2L 干净的液压油，清洗后将其倒出。

7. 液力变矩器油封拆装、更换工具举例

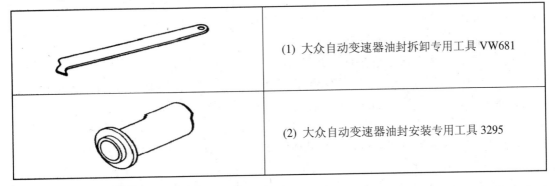

	(1) 大众自动变速器油封拆卸专用工具 VW681
	(2) 大众自动变速器油封安装专用工具 3295

8. 液力变矩器油封的拆卸

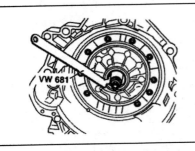	拆下变速器，将变速器固定到装配支架上。将油封拆卸专用工具 VW681 放到密封环上，拆下油封，如左图所示。这样可避免损坏下面的轴承环

9. 液力变矩器油封的安装

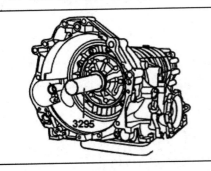	安装密封圈之前应当在密封环外沿和唇口涂抹一些自动变速器油，用油封安装专用工具 3295 压入密封环，如左图所示。安装液力变矩器油封时，密封环的开口侧应当指向变速器一侧，切不可装反

三、液力变矩器常见故障分析

(1) 故障现象：汽车燃油消耗明显增加，当自动变速器位于 D 挡位，车速 80 km/h 以上时，突然加速，发动机转速会明显上升。

① 故障原因：液力变矩器中锁止离合器出现故障。

② 故障分析：锁止离合器结合后，液力变矩器的泵轮和涡轮就机械地连接在一起了，即发动机的曲轴跟变速器的输入轴机械地连接在了一起。所以，当锁止离合器锁止后，如果突然快速将加速踏板踩下至 2/3 开度，由于发动机曲轴与变速器输入轴连接在一起，且由于惯性原因，汽车速度短时间不会有明显变化。如果变化明显，则说明锁止离合器打滑或者没有结合。

③ 维修方法：维修或更换液力变矩器。

(2) 故障现象：起动发动机以后挂挡熄火；行驶过程中紧急制动熄火。

① 故障原因：锁止离合器系统故障。

② 故障分析：液力变矩器具有自动离合器的功能，也就是软连接的功能，因此在挂挡或紧急制动时发动机是不应该出现熄火的(在挂挡或紧急制动时锁止离合器自动分离)，只有液力变矩器锁止离合器在结合时(机械连接)才会出现此种情况。

③ 维修方法：首先检查变矩器锁止离合器控制系统，包括控制单元、线路、锁止控制电磁阀、液压控制阀体、液压锁止控制油路；其次检查锁止离合器机械系统是否不能够分离。

(3) 故障现象：汽车在中高速行驶中急剧改变车速时液力变矩器内发出剧烈的金属撞击声，严重时就像紧急制动一样使汽车立即停驶，在重新起动后又可以正常行驶。

① 故障原因：导轮与涡轮或泵轮发生运动干涉故障。

② 故障分析：失速试验时液力变矩器涡轮处于静止状态，只有油泵和变矩器的泵轮随发动机同步旋转时，发动机内部或油泵内部如果发生运动干涉，发出金属撞击声，那么汽车肯定无法行驶。发生金属撞击声响的原因是导轮叶片与泵轮或涡轮的叶片连接到一起产生运动干涉所致，重新起动时在离心力的作用下泵轮与涡轮又分离开，所以重新起动后又可以正常行驶。

③ 维修方法：通过失速实验(在后面章节会有详细说明)可检测该故障，做失速试验时如听到发动机处传出金属撞击声，则说明导轮与涡轮或泵轮发生运动干涉。维修或更换液力变矩器。

(4) 故障现象：事先没有任何预兆，汽车正常行驶时突然发出剧烈而又短促的金属撞击声，随后发动机虽然正常运转，但汽车却不能行驶。此类故障多发生在汽车行驶里程达到 10 万公里以上时，最容易出现。

① 故障原因：液力变矩器内涡轮的花键毂磨损。

② 故障分析：做主油压检测并用故障诊断仪调取故障码。如果自动变速器油压检测正常，电控系统也没有故障码，应拆下变矩器检查变矩器里端的花键毂是否发生磨损。涡轮负责驱动变速器输入轴，如果涡轮花键毂发生磨损，那么变速器将变成空挡，所以汽车无法行驶。

造成涡轮花键毂发生磨损的主要原因：一是材质问题。个别型号的变速器在车辆行驶 8 万～10 万公里后就可能发生此类故障。二是变速器输入轴轴向位移量过大。变速器输入轴轴向位移量是由输入轴上的止推垫和止推轴承的数量决定的，若在维修过程中漏装了止推垫或止推轴承，就会导致输入轴轴向位移量过大，输入轴轴向位移量过大就会使输入轴花键和涡轮花键毂间的冲击载荷和啮合区减小，造成其过早磨损。

③ 维修方法：维修或更换液力变矩器。

(5) 故障现象：车辆起步无力。

① 故障原因：液力变矩器内单向离合器打滑。

② 故障分析：一开始诊断很容易误诊为发动机问题，例如空气滤清器堵塞、发动机积碳、节气门故障、喷油嘴堵塞、点火线圈故障等，结果更换了所有怀疑与发动机有关的部件后还是没有解决问题。

如果导轮中的单向离合器打滑，就会造成车辆在起步时没有增矩的效果，只相当于耦合器的效果，自然表现为车辆起步无力。

在实际工作中，如何区分是发动机的问题，还是变矩器的问题呢？如果是发动机的故障，会造成起步无力，同时在高速时也会无力；而如果是液力变矩器单向离合器打滑，那么仅仅在起步和急加速时汽车才会表现出无力，而车辆在高速时一切正常。因为车辆在中高速之后，液力变矩器内的锁止离合器就会结合，此时单向离合器已经不起作用了。

③ 维修方法：维修或更换液力变矩。

(6) 故障现象：变速器经常高温，变速器油液容易变质。

① 故障原因：变矩器锁止离合器不能够正常工作。

② 故障分析：发动机以及自动变速器冷却系统工作正常，目视检查液力变矩器外部颜色改变(经过高温变成青蓝色)，仪器检测自动变速器油液温度过高。

③ 维修方法：首先检查变矩器锁止离合器控制系统，包括变速器控制单元、线路、锁止控制电磁阀、液压控制阀体、液压锁止控制油路；其次检查锁止离合器摩擦片是否损坏；同时注意自动变速器油液是否变质(或使用了劣质的油液)。

(7) 故障现象：自动变速器与发动机结合处渗油或漏油。

① 故障原因：液力变矩器与变速器油泵结合处的密封有问题。

② 故障分析：造成液力变矩器与变速器油泵结合的密封问题原因很多，例如与液力变矩器结合的油封损坏；变矩器轴颈拉伤或磨损；变矩器与发动机曲轴的结合盘的摆动偏差超出限制等。

③ 维修方法：更换油封；维修变矩器轴颈；调整发动机曲轴结合盘(或飞轮)。

提示：可以采取线切割液力变矩器、更换单向离合器、更换锁止离合器压盘、更换压盘摩擦片、更换锁止离合器扭转减震弹簧、车削加工工作面等方法对损坏的液力变矩器进行修复。

注
意　焊接修复后的液力变矩器，必须对其做动平衡检测实验以及密封性检测实验

四、液力变矩器维修设备

液力变矩器维修设备介绍，如表2-1所示。

表 2-1　液力变矩器维修设备介绍

名　称	作　用
液力变矩器切割焊接机	用于液力变矩器切割及焊接
液力变矩器贴片机	用于对变矩器内部的锁止离合器摩擦片进行重新粘合
液力变矩器测漏仪	对切割焊接好的液力变矩器进行打压试漏实验
液力变矩器清洗机	以煤油作为清洗液，利用压力将清洗液注入液力变矩器中，再由另外一根导管将废液导出，如此循环，直至将变矩器内部清洗干净
液力变矩器动平衡机	对切割焊接好的液力变矩器进行动平衡实验

检查评价

对任务实施过程以及结果进行检查、评价，评价指标建议如下：

① 工作的参与度情况	② 工作的规范性情况	③ 工作的效率情况	④ 工作的质量情况
⑤ 5S 工作制遵守情况	⑥ 工作态度情况	⑦ 工作创意创新情况	⑧ 团队协作情况

学习单元 3　自动变速器行星齿轮机构检修

学习任务 1　自动变速器行星齿轮机构检修

▼任务目标

(1) 了解单排行星齿轮的结构及变速原理。

(2) 能够完成单排行星齿轮的检修。

▼任务描述

装备自动变速器的汽车行驶时有异响，经专业检查，需要对变速器齿轮机构进行拆解检修。请根据实际需要，制定单排行星齿轮的学习、检修工作计划并实施。

▼相关知识

自动变速器中采用的齿轮变速器有平行轴式和行星齿轮式两种。目前绝大多数轿车自动变速器中的齿轮变速器为行星齿轮式，只有少数车型采用平行轴式普通齿轮式(即直接从手动变速器的基础上演变而来的自动变速器，例如本田公司的平行轴式齿轮自动变速器)。

由于行星齿轮变速器具有体积小、结构简单、操作容易、变速比大等优点，故在汽车自动变速器中应用较为广泛。

一、平行轴齿轮变速机构

平行轴式齿轮变速机构利用两平行轴间不同齿数的齿轮啮合，在两轴间进行动力传递。这一点与传统的手动变速器无异，如图 3-1 所示。

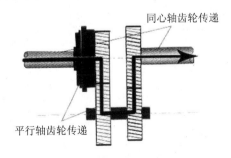

图 3-1　平行轴式齿轮变速机构

　　若驱动齿轮小，被驱动齿轮大，则输入轴对输出轴是减速增矩传递，即汽车变速器的低挡运行状态；若驱动齿轮与被驱动齿轮一样大，则输入轴对输出轴是等速传递，即汽车变速器的直接挡运行状态；若驱动齿轮大，被驱动齿轮小，则输入轴对输出轴是增速减扭传递，即汽车变速器的超速挡运动状态。

　　在液力自动变速器中采用的平行轴式齿轮变速机构与手动变速器的平行轴式齿轮变速机构相比，最大的差别在于自动变速器的齿轮与轴是通过多片式离合器连接的，而手动变速器中的齿轮与轴是通过花键或齿套连接的，因此手动变速器要通过齿轮在轴上的滑动或齿套啮合来实现换挡，而自动变速器则通过液压控制的多片式离合器的接合与分离来实现换挡，如图 3-2 所示。

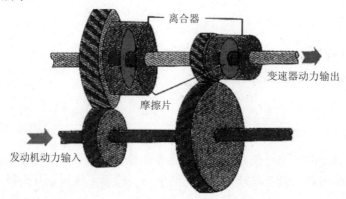

图 3-2　平行轴式齿轮变速机构原理图

二、行星齿轮机构

1. 行星齿轮机构的基本结构

　　行星齿轮机构有很多类型，其中最简单的机构是由 1 个太阳轮、1 个齿圈、1 个行星架和支承在行星架上的多个行星齿轮组成的，称为 1 个行星排，如图 3-3 所示。

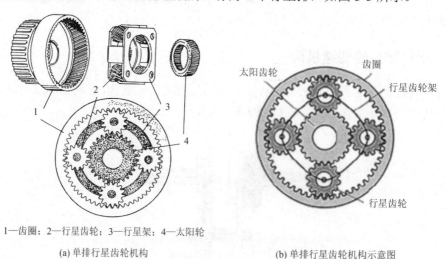

1—齿圈；2—行星齿轮；3—行星架；4—太阳轮

(a) 单排行星齿轮机构　　　　　　　　(b) 单排行星齿轮机构示意图

图 3-3　行星齿轮机构

行星齿轮机构中的太阳轮、齿圈及行星架有一个共同的固定轴线，行星齿轮支承在固定于行星架的行星齿轮轴上，并同时与太阳轮和齿圈啮合。当行星齿轮机构运转时，空套在行星齿轮轴上的几个行星齿轮一方面可以绕着自己的轴线旋转，另一方面又可以随着行星架一起绕着太阳轮回转，在行星排中，具有固定轴线的太阳轮、齿圈和行星架是行星排的 3 个基本元件。

2. 行星齿轮机构的分类

(1) 按太阳轮和齿圈之间的行星齿轮组数的不同，行星齿轮结构可以分为单排行星齿轮机构，如图 3-4(a)和双排行星齿轮机构，如图 3-4(b)所示。

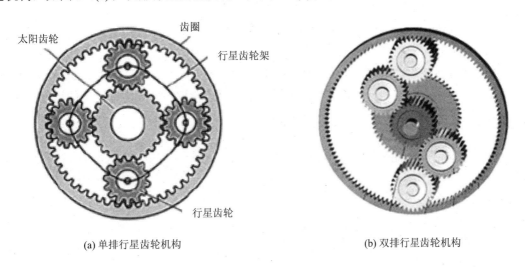

(a) 单排行星齿轮机构   (b) 双排行星齿轮机构

图 3-4 行星齿轮机构

(2) 按行星齿轮的排数不同，行星齿轮机构可以分为单排和多排两种。多排行星齿轮机构是由几个单排单级行星齿轮机构组成的。在汽车自动变速器中通常采用由二个或三个单排单级行星齿轮机构组成多排行星齿轮机构，如图 3-5 所示。

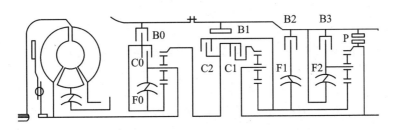

图 3-5 典型多排行星齿轮机构

3. 单排单级行星齿轮机构的运动方程

由于单排行星齿轮机构有两个自由度，因此它没有固定的传动比，不能直接用于变速传动。为了组成具有一定传动比的传动机构，必须将太阳轮、齿圈和行星架这三个基本元件中的一个加以固定(即使其转速为 0，或使其运动受到一定的约束，也称为制动)，或将某两个基本元件互相连接在一起(即两者转速相同)，使行星排变为只有一个自由度的机构，获得确定的传动化，如图 3-6 所示。

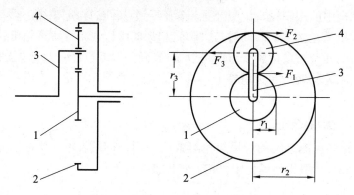

1—中心轮；2—齿圈；3—行星架；4—行星轮

图3-6 单排行星齿轮机构及作用力

设齿圈与太阳轮的齿数比为 α，则 $\alpha = Z_2 / Z_1 > 1$，其中：Z_1 为太阳轮的齿数；Z_2 为齿圈的齿数。根据能量守恒定律，可推导单行单级星排行星齿轮机构一般运动规律的特性方程式：

作用于太阳轮 1 上的力矩

$$M_1 = F_1 r_1$$

作用于齿圈 2 上的力矩

$$M_2 = F_2 r_2$$

作用于行星架 3 上的力矩

$$M_3 = F_3 r_3$$

设齿圈与太阳轮的齿数比为 α，则

$$\alpha = \frac{Z_2}{Z_1} = \frac{r_2}{r_1}$$

因而 $r_2 = \alpha r_1$，又

$$r_3 = \frac{r_1 + r_2}{2} = \frac{1 + \alpha}{2} r_1$$

式中：r_1 为太阳轮的节圆半径；r_2 为齿圈的节圆半径；r_3 为行星齿轮与太阳轮的中心矩；Z_1 为太阳轮的齿数；Z_2 为齿圈的齿数。

由行星轮 4 的受力平衡条件可得：$F_1 = F_2$；$F_3 = -2F_1$。

因此，太阳轮、齿圈和行星架上的力矩分别为：

$$\left. \begin{array}{l} M_1 = F_1 r_1 \\ M_2 = \alpha F_1 r_1 \\ M_3 = -(1 + \alpha) F_1 r_1 \end{array} \right\} \tag{3-1}$$

根据能量守恒定律，三个元件上输入和输出功率的代数和应等于零，即

$$M_1 \omega_1 + M_2 \omega_2 + M_3 \omega_3 = 0 \tag{3-2}$$

式中：ω_1、ω_2、ω_3 分别为太阳轮、齿圈和行星架的角速度。

将式(3-1)代入式(3-2)中，即可得到表示单行星排行星齿轮机构一般运动规律的特性方程式：$\omega_1 + \alpha\omega_2 - (1 + \alpha)\omega_3 = 0$，若以转速代替角速度，则上式可写成：$n_1 + \alpha n_2 - (1 + \alpha)n_3 = 0$ 或 $n_1 Z_1 + n_2 Z_2 = (Z_1 + Z_3)n_3$，此为单排单级行星齿轮的运动方程。此时 $Z_1 < Z_2 < Z_3$。

4. 单排单级行星齿轮机构的变速原理

通过对行星排三个基本元件的不同约束，可得到不同的传动输出。其中 Z_1、Z_2、Z_3 分别代表太阳轮、齿圈、行星架的齿数，其中 Z_3 为行星架假想齿数，且 $Z_1 < Z_2 < Z_3$；B 为制动器，使原件与壳体连接；C 为离合器，连接两个运动原件。

(1) 减速挡传动(行星架为输出元件)，如图 3-7 所示。

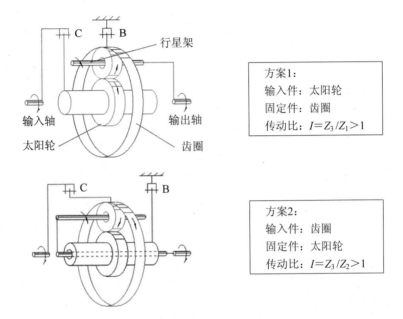

图 3-7 行星排的减速挡传动

(2) 直接挡传动(任意两个元件连接为一体)，如图 3-8 所示。

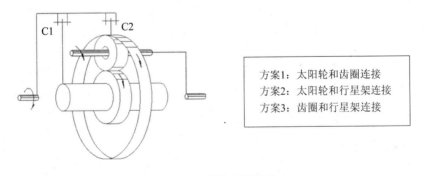

图 3-8 行星排的直接挡传动

当太阳轮、齿圈和行星架三元件中，任意两个元件连成一体，同速转动时，则第三元件必然与前两元件转速相等，即行星齿轮连接接成一体，所有元件无相对运动，形成直接挡传动。传动比 $i = 1$。

(3) 超速挡传动(行星架为输入元件)，如图 3-9 所示。

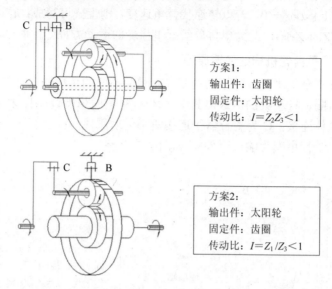

> 方案1:
> 输出件：齿圈
> 固定件：太阳轮
> 传动比：$I=Z_2Z_3<1$

> 方案2:
> 输出件：太阳轮
> 固定件：齿圈
> 传动比：$I=Z_1/Z_3<1$

图 3-9　超速挡传动

(4) 倒挡传动(行星架固定)，如图 3-10 所示。

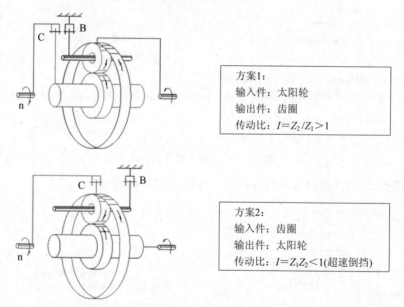

> 方案1:
> 输入件：太阳轮
> 输出件：齿圈
> 传动比：$I=Z_2/Z_1>1$

> 方案2:
> 输入件：齿圈
> 输出件：太阳轮
> 传动比：$I=Z_1Z_2<1$(超速倒挡)

图 3-10　倒挡传动

(5) 空挡(无元件被约束或无动力输入)。太阳轮、齿圈和行星架三元件中，在只有输入、输出元件而第三元件无约束或无动力输入的情况下，行星机构则无法传递动力，从而能得到空挡。

如上所述，简单的行星齿轮机构通过不同的组合可得到五种不同的传动，似乎自动变速器只要有一排行星轮系就可以实现各种挡位的传动了，但作为一个实用的多挡变速器，其输入元件和输出元件应相应不变，否则将会使执行机构过于复杂也难于安置，故实用的自动变速器中使用了多排的行星齿轮机构的组合轮系。由此可见，当行星齿轮机构工作时，将太阳轮、齿圈和行星架这三者任一元件作为主动件，使它与输入轴相连；将另一元件作为被动元件，使它与输出轴相连；再将第三个元件加以约束。这样，整个行星齿轮机构即以一定的传动比传递动力。单排行星齿轮机构可实现 5 个前进挡、两个倒挡及 1 个空挡，如表 3-1 所示。

表 3-1 单排单级行星齿轮机构的传递模式

序号	固定件	主动件	从动件	传动比	输出转速	转矩	一般应用挡位
1	齿圈	太阳轮	行星架	$1 + a > 1$	下降	增大	1 挡
2		行星架	太阳轮	$1/(1 + a) < 1$	上升	减小	不采用
3	太阳轮	齿圈	行星架	$(1 + a)/a > 1$	下降	增大	2 挡
4		行星架	齿圈	$a/(1 + a) < 1$	上升	减小	超速挡
5	行星架	太阳轮	齿圈	$-a < 0$	下降	增大	倒挡
6		齿圈	太阳轮	$-1/a$	上升	减小	不采用
7	任意两个元件互相连接成一体			1	相等	相等	直接挡
8	所有元件不固定也不连接			无法传递动力			空挡

5. 单排双级行星齿轮变速机构

对于单排双级行星齿轮机构，如图 3-11 所示，在太阳轮和齿圈之间有两组互相啮合的行星齿轮，其中外面的一组行星齿轮和齿圈啮合，里面的一组行星齿轮和太阳轮啮合。

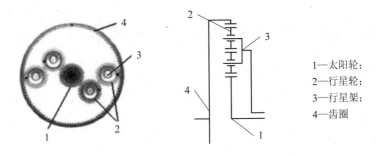

1—太阳轮；
2—行星轮；
3—行星架；
4—齿圈

图 3-11 双行星齿轮机构

6. 单排双级行星齿轮变速机构运动方程

按前面单行星齿轮机构的计算方法(过程不再赘述)，单排双级行星齿轮变速机构运动特性方程为：

$$n_1 + a n_2 - (1 - a)n_3 = 0 \quad 或 \quad n_1 Z_1 + n_3(Z_2 - Z_1) = Z_2 n_3$$

式中：n_1 为太阳轮转速；n_2 为齿圈转速；n_3 为行星架转速；$a = Z_2/Z_1 > 1$；其中 Z_1、Z_2、Z_3 分别代表太阳轮、齿圈、行星架的齿数，且 $Z_1 < Z_3 < Z_2$。

7. 单排双级行星齿轮变速机构传动比组合方式

与单排单级行星齿轮变速机构的传动比组合方式类似，单排双级行星齿轮变速机构组合出的结果如表 3-2 所示。其分析方法与单排单级的分析方法相同，不再赘述。

表 3-2　单排双级行星齿轮变速机构的传递模式

方案	主动件	从动件	锁定件	传动比	备　注
1	太阳齿轮	行星架	齿圈	$1-\alpha$	反向增减速不确定
2	行星架	太阳齿轮	齿圈	$\dfrac{1}{1-\alpha}$	反向增减速不确定
3	行星架齿轮	齿圈	太阳齿轮	$\dfrac{\alpha}{-(1-\alpha)}$	减速同向
4	齿圈	行星架齿轮	太阳齿轮	$1-\dfrac{1}{\alpha}$	增速同向
5	太阳齿轮	齿圈	行星架齿轮	α	减速同向
6	齿圈	太阳齿轮	行星架齿轮	$\dfrac{1}{\alpha}$	增速同向
7	任意两元件连成一体			1	直接传动
8	既无任一元件锁定又无任二元件连成一体			元件自由转动	不传递动力

　　通过以上分析我们可以发现，在单排单级行星齿轮系统中，当行星架作为主动件时，传动比肯定小于 1；当其作为从动件时，传动比肯定大于 1。所以在单排单级行星齿轮传动分析中，我们可以把行星架假想成一个齿轮，它的齿数在行星排中最多，因此直径也最大，所以只要它作为主动件则整个行星排肯定是升速传动，反之则是降速传动。

　　在单排双级行星齿轮系统中，当齿圈作为主动件时，传动比肯定小于 1；当其作为从动件时，传动比肯定大于 1。所以在单排双级行星齿轮传动分析中，齿圈的齿数在行星排中最多，因此直径也最大，所以只要它作为主动件则整个行星排中肯定是升速传动，反之则是降速传动。

　　在计算各种行星齿轮机构的传动比时，我们可以先从分析最简单的单排行星齿轮机构传动比的计算方法入手，其他各种形式的行星齿轮机构传动比可以用同样的方法导出。

▼任务准备

　　(1) 安全、整洁的汽车维修车间或模拟汽车维修车间。
　　(2) 齐全的消防用具及个人防护用具。
　　(3) 能正常使用的实训用整车(自动变速器)。
　　(4) 汽车举升设备、常用工具、量具。
　　(5) 专用工具、检测仪器。
　　(6) 车型、设备使用手册或作业指导手册。

▼任务实施

　　自动变速器行星齿轮机构的检修包括外观检查；行星排组件的检查；太阳轮、行星架、齿圈等零件的检查。

(1) 外观检查。检查太阳轮、行星齿轮、齿圈的外观及工作齿面，如有烧蚀、磨损、疲劳剥落以及损坏，应更换整个行星排。

(2) 行星排组件的检查。检查行星齿轮与行星架之间的间隙，如图 3-12 所示。

标准间隙：0.2 mm～0.6 mm；最大间隙：1.0 mm，如果间隙超过最大值，应更换止推垫片或行星排总成。

图 3-12　行星排组件的检查

(3) 太阳轮、行星架、齿圈等零件的检查。检查其轴颈或滑动轴承处有无磨损，如有异常，应更换新件。图 3-13 为 A340E 前行星排齿圈衬套内经的检查：最大内经为 24.08 mm，超差更换。

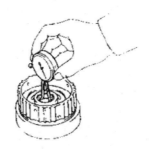

图 3-13　衬套的检查

注意｜在自动变速器实际维修工作中，因行星齿轮机构引起的故障比较多见，例如大众自动变速器电控单元经常会记录传动比错误的故障代码，还有就是烧毁行星排的故障。前一种故障大多是换错行星排或行星排本身损坏所致，而行星排烧毁大部分为自动变速器润滑不良所致。

润滑不良除了与自动变速器本身的润滑系统有关，还与自动变速器的冷却系统有关。当遇到此类故障时，一定要找出其原因所在。所以在自动变速器的日常维护过程中要注意对自动变速器润滑系统以及冷却系统的检查。

▼ 检查评价

对任务实施过程以及结果进行检查、评价，评价指标建议如下：

① 工作的参与度情况	② 工作的规范性情况	③ 工作的效率情况	④ 工作的质量情况
⑤ 5S 工作制遵守情况	⑥ 工作态度情况	⑦ 工作创意创新情况	⑧ 团队协作情况

学习任务2 自动变速器行星齿轮变速器换挡执行元件检修

▼任务目标

(1) 了解换挡执行元件的结构原理。
(2) 能够进行换挡执行元件的检修。

▼任务描述

装备自动变速器的汽车行驶时部分挡位缺失，经专业检查，需要对变速器换挡执行机构进行拆解检修。请根据实际需要，制定学习、检修工作计划并实施。

▼相关知识

下面介绍行星齿轮变速器换挡执行元件的相关知识。

行星齿轮变速器的换挡执行机构和传统的手动齿轮变速器不同，行星齿轮变速器中的所有齿轮都处于常啮合状态，它的挡位变换不是通过移动齿轮使之进入啮合或脱离啮合进行的，而是通过变换行星齿轮机构中动力输入件、输出件、固定件来实现的，即通过适当的选择主动件、被动件和被约束件，就可以使该机构具有不同的传动比，从而组成不同的挡位。

所谓执行机构，就是指完成这些约束的操纵元件。在液力自动变速器中，执行机构包括离合器、制动器和单向离合器。其中，单向离合器的工作情况是由运动条件所决定的，而离合器的接合和分离及制动器的制动和释放是由液压控制系统自动控制的。图3-14是离合器和制动器的原理示意图。

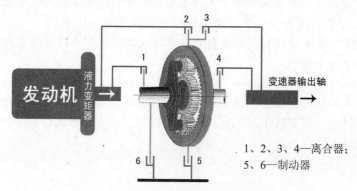

1、2、3、4—离合器；
5、6—制动器

图 3-14 离合器与制动器原理示意图

由图可看出，离合器与制动器工作原理基本是相同的——都是依靠由钢片与摩擦片夹紧力产生的摩擦力来实现两部分物体的连接；离合器与制动器的区别在于——离合器连接的两部分都是可动部分，而制动器连接的两部分则分别为可动部分与不可动部分(通常为壳体)。

1. 离合器的功用

(1) 连接作用——即将行星齿轮机构中某一元件与主动部分(从动部分)相连，使该元件成为主动件(从动件)。

(2) 连锁作用——即将行星排中的某两个基本元件连接在一起，使之成为一个整体，实现同速直接传动。离合器部件实物，如图 3-15 所示。

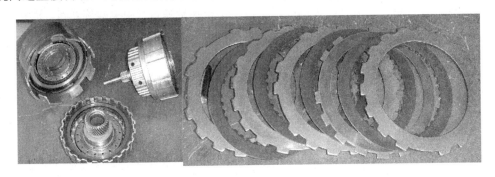

图 3-15　离合器部件实物

2. 离合器的结构

在自动变速器换挡执行机构中，目前普遍采用的离合器是圆盘式多片湿式离合器，特点如下：

(1) 圆盘式湿式离合器表面积较大，故传递的转矩也大，且通过增减片数和改变施加压力的大小，即可按要求容量调节工作转矩，便于系列化和通用化。

(2) 离合器片表面单位面积压力分布均匀，摩擦材料磨损均匀。主、被动片间的运动间隙，不需要因磨损或相配衬面的啮合不良而进行调整。但分离时，空转摩擦功率较大是其缺点。

多片湿式离合器通常是由离合器鼓、离合器活塞、回位弹簧、弹簧座、钢片、摩擦片、调整垫片、离合器毂及密封圈组成，如图 3-16 所示。离合器鼓和离合器毂分别以一定的方式和变速器输入轴或行星排的某个基本元件连接，一般离合器鼓为主动件，离合器毂为从动件。离合器活塞安装在离合器鼓内，它是一种环状活塞，由活塞内外圈的密封圈保证密封，从而和离合器鼓一起形成一个密封的环状液压缸，并通过离合器鼓内圆轴颈上的进油孔和控制油道相通。

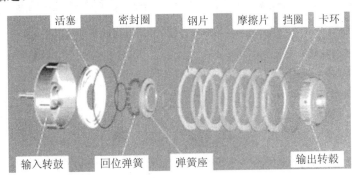

图 3-16　离合器构造

　　钢片和摩擦片交错排列，两者统称为离合器片。钢片的外花键齿安装在离合器毂的内花键齿圈上，可沿齿圈键槽做轴向移动；摩擦片由其内花键齿与离合器毂的外花键齿连接，也可沿键槽做轴向移动。摩擦片两面均为摩擦系数较大的铜基粉末冶金层或合成纤维层，受压力和温度变化影响很小，并且在摩擦衬面表面上都带有油槽。其作用是：一是破坏油膜，提高滑动摩擦时的摩擦系数；二是保证液流通过，以冷却摩擦表面。

　　离合器活塞的回位弹簧有四种形式，即圆周均布螺旋弹簧、中央螺旋弹簧、波形弹簧、膜片弹簧。圆周均布螺旋弹簧具有压力分布均匀、轴向尺寸小、成本低等优点，为绝大多数自动变速器的离合器所采用，其缺点是占据较大的径向空间。中央螺旋弹簧的轴向尺寸较大，而且压力分布不够均匀，因此较少采用，如图 3-17(a) 所示。

　　膜片弹簧采用一个由薄弹簧钢板制成的碟形膜片弹簧作为活塞回位弹簧，如图 3-17(b) 所示。膜片弹簧的外圆被卡环固定在离合器毂上，以此作为膜片弹簧的工作支点，并依靠自身的弹力使内圆端面压在离合器活塞上，从而使活塞靠向离合器毂液压缸的底部，此时离合器处于分离状态。当液压油进入液压缸推动活塞时，膜片弹簧的内圆端面被活塞压向离合器压盘，使膜片弹簧变形，并通过膜片弹簧内外圆之间的一个环形部分推动离合器压盘，将离合器片压紧在一起。由于活塞的推力是通过膜片弹簧传给离合器压盘的，因此此时的膜片弹簧相当于一个支点位于离合器毂上的杠杆。根据杠杆原理，作用在离合器压盘上的压力将大于液压油作用在离合器活塞上的压力，因此膜片弹簧可以允许活塞有较小尺寸。此外，膜片弹簧还具有理想的非线性弹性特性，液压油在推动活塞移动时要克服的回位弹簧弹力较小，而且随着活塞的移动，回位弹簧的弹力基本保持不变，使工作液压力得以充分利用。

(a) 中央螺旋弹簧

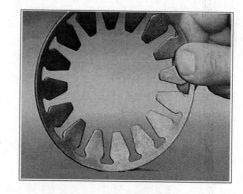

(b) 膜片弹簧

图 3-17　中央螺旋弹簧及膜片弹簧

3. 离合器的工作原理

　　离合器接合：当压力油经油道进入活塞左面的液压缸时，液压力克服弹簧力使活塞右移，将所有离合器片压紧，如图 3-18 所示。离合器分离：当控制阀将作用在离合器液压缸的油压力撤除后，离合器活塞在回位弹簧的作用下回复原位，并将缸内的变速器油从进油孔排出，如图 3-19 所示。

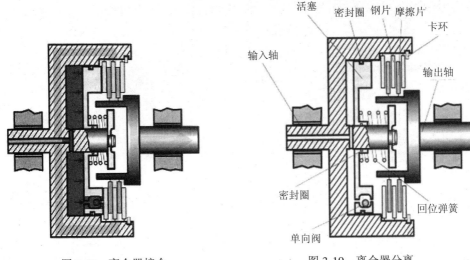

图 3-18　离合器接合　　　　　　　　图 3-19　离合器分离

4.离合器中单向阀的作用

压力油进入液压缸时,钢球在油压作用下被压紧在安全阀座上,安全阀处于关闭状态,保证液压缸的密封。压力油排出时,缸体内的压力下降,安全阀在离心力作用下离开阀座处于开启状态,残留在缸内的液压油因离心力的作用而排出,使离合器分离彻底,如图 3-20所示。

图 3-20　离合器单向阀

5.制动器功用和种类

制动器在自动变速器中起制动约束的作用,它将行星齿轮机构中某一元件与变速器的壳体相连,使该元件因被约束制动而固定。在液力自动变速器中,制动器主要有两种形式:一种是圆盘式多片湿式制动器;另一种是带式制动器。由于带式制动器占有空间尺寸小,容易布置,过去常被采用。但由于片式制动器的接合平稳性比带式高且易于控制,因此片式制动器在自动变速器中应用较多。

6.制动器的结构及工作原理

1) 圆盘式多片湿式制动器

圆盘式多片湿式制动器与多片式离合器具有相同的结构,其主要的区别在于离合器的壳体是一个主动件,而制动器的壳体和油缸是固定不转动的。当多片式制动器的压板和摩擦片处于接合状态时，就会对摩擦片所连接的构件起制动约束的作用，如图3-21所示。

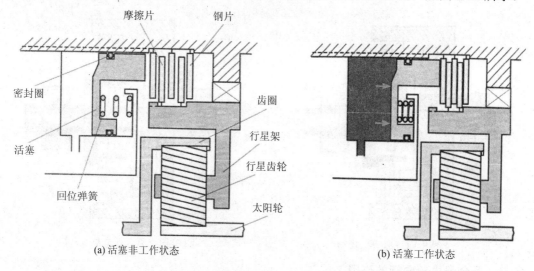

(a) 活塞非工作状态　　　　　　　　　(b) 活塞工作状态

图3-21　圆盘式多片湿式制动器结构

多片湿式制动器由制动毂、制动器活塞、回位弹簧、制动器摩擦片、制动器钢片等组成。制动器摩擦片通过内花键齿与制动器毂的外花键齿相连，是主动件；而制动器的钢片则通过花键齿安装在变速器壳体上的制动器毂内花键齿上，或直接安装在变速器壳体上的内花键齿圈中，是固定不动的元件。

2) 带式制动器

带式制动器是将内侧粘有摩擦材料的制动带卷绕在制动毂上，又称制动带，如图3-22所示。它主要由制动毂、制动带、液压缸及活塞组成。制动带绕在制动毂的圆周上，制动鼓与行星机构一同旋转。制动带的一端用销钉固定在变速器壳体上，而另一端与制动缸活塞接触。

带式制动器的工作过程状态如图3-23所示。当液压油施加于活塞时，活塞在缸体内移至左端，压缩外弹簧，带动连杆移动，推动制动带的一端，因为制动带的另一端固定在变速器壳体上，制动带的直径即减小，对制动毂产生制动力。

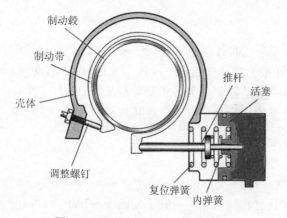

图3-22　带式制动器非工作状态

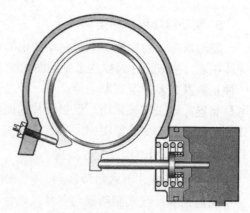

图3-23　带式制动器工作状态

带式制动器的优点是：结构简单易于安装，带式制动器的轴向尺寸较小，可缩短变速器的长度。其缺点是：使变速器壳体上产生局部的高应力区；制动带磨损后需要调整间隙；工作的平顺性差，控制油路中多配有缓冲阀。

7. 单向离合器

单向离合器被广泛用于行星齿轮变速器及综合式液力变矩器，其作用和离合器、制动器相同，也是用于固定或连接行星排中的某些太阳轮、行星架、齿圈等基本元件。不同之处在于，它是依靠其单向锁止的原理来发挥固定或连接作用的，无需其他控制机构，其连接和固定也只能是单方向的。当与之相连接的元件受力方向与锁止方向相同时，该元件即被固定或连接；当受力方向与锁止方向相反时，该元件即释放或脱离连接。它能随着行星齿轮变速器挡位的变化，在与之相连接的基本元件受力方向发生变化的瞬间产生接合或脱离，可保证平顺无换挡冲击，同时还能大大简化液压控制系统。常见的单向离合器有滚柱斜槽式和楔块式。通常用大写字母 F 来表示单向离合器。

1) 滚柱斜槽式单向超越离合器

该单向超越离合器由外环、内环、滚柱、滚柱回位弹簧等组成，如图 3-24 所示。

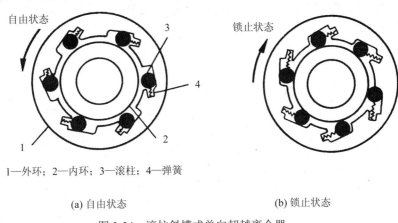

1—外环；2—内环；3—滚柱；4—弹簧

(a) 自由状态　　　　　　　(b) 锁止状态

图 3-24　滚柱斜槽式单向超越离合器

内环通常用内花键和行星齿轮排的某个基本元件或者和变速器壳体连接，外环则通过外花键和行星排的另一侧基本元件连接或者和变速器外壳连接。在外环的内表面制有与滚柱相同数目的楔形槽。内外环之间的楔形槽内装有滚柱和弹簧。弹簧的弹力将各滚柱推向楔形槽较窄的一端。当外环相对于内环朝顺时针方向转动时，在刚刚开始转动的瞬间，滚柱便在摩擦力和弹簧弹力的作用下被卡死在楔形较窄的一端，于是内外环互相连接成一个整体，不能相对转动，此时单向超越离合器处于锁止状态，与外环连接的基本元件被固定住或者和与内环相连接的元件连成一整体。当外环相对于内环朝逆时针方向转动时，滚柱在摩擦力的作用下，克服弹簧的弹力，滚向楔形槽较宽的一端，外环相对于内环可以作自由滑转，此时单向离合器脱离锁止而处于自由状态。

单向超越离合器的锁止方向取决于外环上楔形槽的方向。在装配时不得装反，否则，会改变其锁止方向，使行星齿轮变速器不能正常工作。有些单向超越离合器的楔形槽开在内环上，其工作原理和楔形槽开在外环上相同。

2) 楔块式单向超越离合器

楔块式单向超越离合器的结构和滚柱斜槽式单向超越离合器的结构基本相似，也有外环、内环、滚子(楔块)等，如图 3-25 所示。不同之处在于，它的外环或内环上都没有楔形槽，其滚子不是圆柱形的，而是特殊形状的楔块。楔块在 A 方向上的尺寸略大于内外环之间的距离 B，而在 C 方向上的尺寸略小于 B。当外环相对于内环朝顺时针方向转动时，楔块在摩擦力的作用下立起，因自锁作用而被卡死在内外环之间，使内环与外环无法相对滑转，此时单向超越离合器处于锁止状态。当外环相对于内环朝逆时针方向旋转时，楔块在摩擦力的作用下倾斜，脱离自锁状态，内环与外环可以相对滑动，此时单向超越离合器处于自由状态。

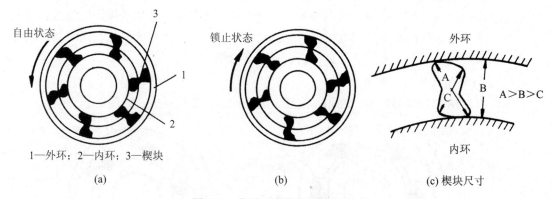

1—外环；2—内环；3—楔块

(a)　　　　　　　　　　　(b)　　　　　　　　(c) 楔块尺寸

图 3-25　楔块式单向超越离合器

特别提示：单向离合器的锁止方向完全取决于安装方向，所以特别提醒在维修时切记正确的安装方向，不可装反！否则会影响自动变速器的正常工作，甚至使变速器损坏。

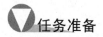 **任务准备**

(1) 安全、整洁的汽车维修车间或模拟汽车维修车间。

(2) 齐全的消防用具及个人防护用具。

(3) 能正常使用的实训用整车(自动变速器)。

(4) 汽车举升设备、常用工具、量具。

(5) 专用工具、检测仪器。

(6) 车型、设备使用手册或作业指导手册。

▼ **任务实施**

1. 离合器、制动器总成部件的检查

(1) 检查离合器或制动器的摩擦片，如果有烧焦、表面粉末冶金层脱落或翘曲变形，应更换。许多自动变速器的摩擦片表面上印有符号(如图 3-26 所示)或刻有沟槽，若这些符号已被磨去或沟槽变浅，说明摩擦片已磨损至极限，应更换。也可以测量摩擦片的厚度，

若小于极限厚度，则应更换。

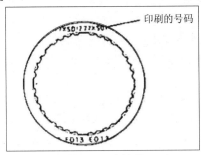

图 3-26 摩擦片

(2) 检查制动带内表面，如有烧焦、表面粉末冶金层脱落或表面符号(如图 3-27)已被磨去，应更换。

图 3-27 制动带

(3) 检查摩擦片的摩擦表面上保持自动变速器油的含油层。新拆下来的摩擦片用无纺布将表面擦干，用手轻按摩擦表面时应有自动变速器油析出；轻按时如不出油，说明摩擦片含油层(隔离层)已被耗尽(该现象又称摩擦片抛光)，无法保持自动变速器油液，必须更换。

(4) 检查钢片，如有磨损或翘曲变形应更换。表面如有蓝色过热的斑迹，则应放在平台上用高度尺测量其高度，可将两片叠在一起，检查其是否变形。出现变形或表面有裂纹的必须更换。

(5) 检查挡圈的摩擦面，如有磨损，应更换。

(6) 检查离合器和制动器的活塞，其表面应无损伤或拉毛，否则应更换新件。

(7) 检查离合器活塞上的单向阀，其球阀应能在阀座内活动自如，用压缩空气或煤油检查单向阀的密封性，从液压缸一侧向单向阀内吹气，密封应良好，如图 3-28 所示，如有异常，应更换活塞。

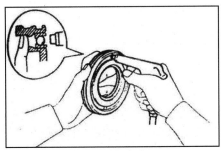

图 3-28 检查单向阀

(8) 检查离合器和制动器毂，其液压缸内表面应无损伤或拉毛，与钢片配合的花键槽应无磨损。如有异常，应更换新件。

(9) 测量活塞回位弹簧的自由长度，如图 3-29 所示，并与标准值(车型维修手册规定)比较。若弹簧自由长度过小或有变形，应更换新弹簧。

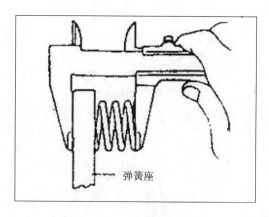

图 3-29　测量回位弹簧长度

(10) 更换所有离合器和制动器液压缸活塞上的 O 形密封圈及轴颈上的密封环。新的密封圈或密封环在安装前应涂上少许液压油。

(11) 检查离合器和制动器鼓，其液压缸内表面应无损伤或拉毛，与钢片配合的花键槽应无磨损。如有异常，应更换新件。

(12) 装配时，离合器片必须在自动变速器油中浸泡 30 min 以上，否则容易造成表面摩擦材料过早脱落。

> **注意**　维修自动变速器时，一旦选择了劣质摩擦片，除了摩擦片本身寿命不长之外，还会给变速器带来换挡品质变差(摩擦材料过硬)、钢片被烧灼(劣质摩擦片易于釉化)、变速器油液使用周期大大缩短等情况。

2. 离合器间隙的检查

多片湿式离合器装配后，在卡簧和压板之间要预留一定的间隙，称为自由间隙。一般平均每片之间间隙为 0.3～0.5 mm，总间隙因片数不同而不同，一般为 2～5 mm。多片湿式离合器在使用中必须十分注意离合器的自由间隙。间隙过小，离合器分离不彻底；间隙过大，当复位弹簧已被压紧至极限状态，而离合器仍未完全接合时，离合器将严重打滑，不能很好地传递动力。测量时，是在总成装好后，用力压住压板，在压板与卡簧之间用厚薄规测量(或使用压缩空气与百分表结合测量)。

离合器片是易损件。离合器片磨损以后会造成汽车在行驶中出现离合器打滑的故障，使变速器油温提高，若自动变速器油液冷却器和发动机水箱在一起，可能会引起水温的升高，甚至沸腾开锅。因此自由间隙必须予以调整，调整时应注意以下事项：

(1) 结构类型相同的液力自动变速器，型号不同，离合器设置的片数不等，其自由间隙不同。

(2) 不同类型的液力自动变速器，其自由间隙的调整方法不同。

离合器间隙的检查方法，如图 3-30 所示。

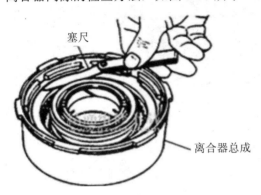

塞尺

离合器总成

图 3-30　离合器间隙检查方法

A340E 自动变速器前进挡离合器 C1 间隙的检查举例如下：

① 将 O/D 支架总成放在支撑木块等物上，防止前进挡离合器轴与工作台发生干涉。

② 将前进挡离合器 C1 安装在 O/D 支架总成上。

③ 向控制油道充入和放泄压缩空气检查间隙值。

④ 读取百分表指针摆动量并与标准值对比，如图 3-31 所示。

⑤ 间隙超标时，可以采用更换摩擦片或调整压盘的方式进行调整。

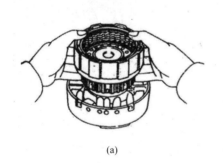
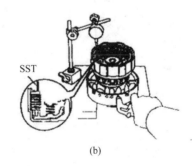

SST

(a)　　　　　　　　　　　　　　(b)

图 3-31　A340E 自动变速器前进挡离合器 C1 间隙的检查

3. 制动器间隙的检查调整

制动器在使用中，不但规定了制动片允许间隙和最大间隙，而且有的还规定了制动器片的最小厚度。间隙过小，制动器解除不彻底；间隙过大，会造成钢片摩擦片制动力不足，制动器将严重打滑，不能很好地制动连接元件。

当某一片摩擦片的厚度小于规定值时必须更换。当摩擦片单片厚度尚未小于允许值，而总间隙超过允许值时，应通过选装压板来调整，使间隙满足规定要求。

1) A340E 自动变速器 2 挡制动器 B2 间隙的检查举例

(1) 用测隙规检测弹性挡圈与法兰之间的间隙，如图 3-32 所示。

(2) 与标准值进行对比。

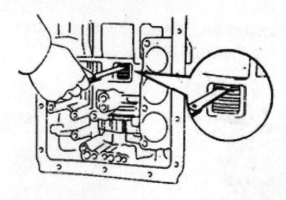

图 3-32   A340E 自动变速器 2 挡制动器 B2 间隙的检查

2) A340E 自动变速器 2 挡强制制动器 B1(带式)间隙的检查举例

(1) 在制动器活塞推杆上作记号，如图 3-33 所示。

(2) 向控制油道充入压缩空气检查行程(测量两刻度间的距离，与标准值对比)。

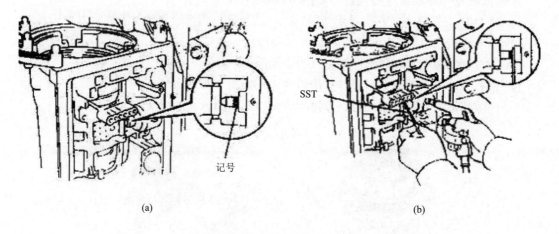

(a)   (b)

图 3-33   A340E 自动变速器 2 挡强制制动器 B1(带式)间隙的检查

丰田 A340E 自动变速器离合器、制动器技术规范，如表 3-3 所示。

表 3-3   离合器和制动器的技术规范值   (单位：mm)

代 号	名 称	摩擦片/钢片数	活塞回位弹簧自由长度标准	自由间隙
C0	超速离合器	2/2	15.8	1.45～1.70
C1	前进离合器	6/7	28.6	0.70～1.00
C2	高、倒挡离合器	4/5	24.35	1.37～1.60
B0	超速制动器	5/6	17.23	1.85～2.05
B1	2 挡强制制动器	40(宽度)	24.35	2.00～3.00
B2	2 挡制动器	5/6	19.64	0.63～1.98
B3	低、倒挡制动器	7/8	12.9	0.70～1.22

4．单向离合器的检查

(1) 检查单向离合器的外观，例如滚柱破损、滚柱保持架断裂或内外圈滚道磨损起槽，应更换新件。

(2) 如果在锁止方向上出现打滑或在自由转动方向上存在有卡滞现象，也应更换。

(3) 楔块式单向超越离合器维修时不可装反，以免影响自动变速器的正常工作。

(4) 装好单向离合器之后，应再次检查，保证其锁止方向正确，在自由转动方向上应转动灵活。

5．单向离合器方向检查实训，以丰田 A340E 自动变速器为例

在分解自动变速器行星排的单向离合器之前，应先确认并标记、记录各个单向离合器的锁止方向，最好不要取出单向离合器，否则，一旦分解后将不能按原有安装方向装复，就会使自动变速器不能正常工作，造成返工。

若在分解自动变速器时单向离合器的锁止方向没有记录，则应该依据厂家维修手册的规定进行装复，或者绘制该自动变速器的元件连接关系，分析该自动变速器的动力传递路线，对单向离合器的锁止方向进行分析，然后进行装配。

丰田 A340E 自动变速器超速排 F_O 单向离合器以及其他单向离合器锁止方向的检查举例如下：

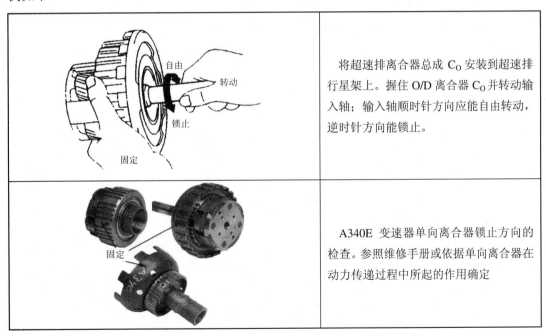

自由 转动 锁止 固定	将超速排离合器总成 C_O 安装到超速排行星架上。握住 O/D 离合器 C_O 并转动输入轴；输入轴顺时针方向应能自由转动，逆时针方向能锁止。
固定	A340E 变速器单向离合器锁止方向的检查。参照维修手册或依据单向离合器在动力传递过程中所起的作用确定

 检查评价

对任务实施过程以及结果进行检查、评价，评价指标建议如下：

① 工作的参与度情况	② 工作的规范性情况	③ 工作的效率情况	④ 工作的质量情况
⑤ 5S 工作制遵守情况	⑥ 工作态度情况	⑦ 工作创意创新情况	⑧ 团队协作情况

学习任务3　自动变速器组合行星齿轮变速结构检修

▼ 任务目标

(1) 能够进行典型行星齿轮变速器(辛普森式)的故障检修。
(2) 能够进行典型行星齿轮变速器(拉维纳式)的故障检修。

▼ 任务描述

装备自动变速器的汽车在行驶时部分挡位缺失，经专业检查，需要对变速器组合行星齿轮机构进行拆解检修。根据实际需要，制定典型行星齿轮机构的学习工作计划并实施。

▼ 相关知识

尽管单排行星齿轮机构能够提供多种不同的传动比组合，然而这其中的很多传动比的比值在实际车辆上是不适用的，而且以单排行星齿轮来实现变速就需要将其中的主动件、从动件、固定件做频繁、大幅度的变换，这对于换挡控制与变速器形体的空间布置是很不方便的，因此在实际车辆上一般都采用两个或两个以上的行星排组合来提供变速所需的传动比。

下面介绍几种典型行星齿轮机构。

1．辛普森式行星齿轮机构

辛普森式行星齿轮机构是一种十分著名的行星齿轮机构，以设计发明者 H.W.Smpson的名字命名，从 20 世纪 40 年代至今被广泛应用于世界各国的汽车自动变速器。辛普森式行星齿轮变速器从 70 年代开始，为通用、福特、丰田、日产等多家公司用在汽车变速器上，如图 3-34 所示。

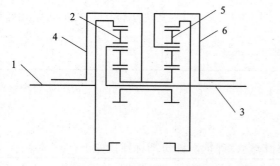

1—前齿圈；
2—前行星轮；
3—前行星架和后齿圈组件；
4—前后太阳轮组件；
5—后行星轮；
6—后行星架

图 3-34　辛普森行星齿轮机构

辛普森式行星齿轮机构由两个单级单排行星齿轮机构组合连接在一起，其结构特点是：

两个单级单排行星齿轮机构共用一个太阳轮；前行星架和后内齿圈或者前内齿圈和后行星架连接在一起作为整个行星齿轮机构的动力输出端；前太阳轮和后内齿圈通常作为动力输入端。整个行星齿轮机构有 4 个独立元件，即前后行星齿轮机构共用的太阳轮、前内齿圈、后行星架、前行星架与后内齿圈组件，或者是前后行星齿轮机构共用的太阳轮、后内齿圈、前行星架、前内齿圈与后行星架组件，如图 3-35 所示。表 3-4 为辛普森行星齿轮机构变速器的换挡规律。

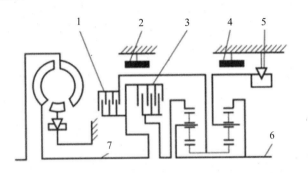

1—高倒挡离合器C1;
2—二挡制动器B1;
3—前进挡离合器C2;
4—一倒挡制动器B2;
5—单向离合器F1;
6—输出轴;
7—输入轴

图 3-35　典型辛普森行星齿轮变速器

表 3-4　辛普森行星齿轮机构变速器换挡规律

挡 位	换 挡 规 律				
	C1	C2	B1	B2	F1
1		●			●
2		●	●		
3	●	●			
R	●			●	

2. 拉维娜行星齿轮机构

拉维娜行星齿轮与辛普森式行星齿轮机构齐名，从 20 世纪 70 年代起，被奥迪、福特、马自达等公司用于其轿车自动变速器中，特别是前驱动车型使用最多，如图 3-36 所示。

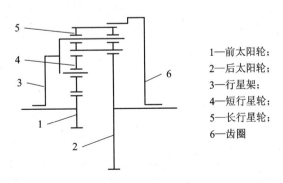

1—前太阳轮;
2—后太阳轮;
3—行星架;
4—短行星轮;
5—长行星轮;
6—齿圈

图 3-36　拉维娜行星齿轮机构

拉维娜行星齿轮机构也采用行星排组合，其特点是：它由一个单排单级行星齿轮机构和一个单排双级行星齿轮机构组合而成。前排为单级行星齿轮机构，后排为双级行星齿轮机构。前后排共用行星架和内齿圈。通常以前后排太阳轮作为输入轴，内齿圈作为输出轴。它具有机构简单、尺寸小，与不同数量的换挡执行元件组合可构成三挡或四挡行星齿轮系统，如图 3-37 所示。表 3-5 为拉维娜行星齿轮变速器的换挡规律。

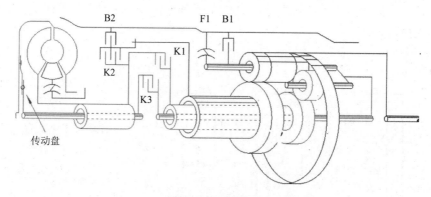

图 3-37　典型拉维娜行星齿轮变速器

表 3-5　拉维娜行星齿轮变速器的换挡规律

挡位		换挡规律						
		K1	K2	K3	B2	B1	F1	P
P								○
R			○			○		
N								
D	1	○					●	
	2	○			○			
	3*2	○	○	○				
	OD			○	○			
3	1	○					●	
	2	○			○			
	3*2	○	○	○				
手动 3 挡*3		○	○					
2	1	○					●	
	2	○			○			
L		○				○	●	

符号说明：○表示接合；●表示发动机制动时解锁。

3. LEXUS LS400 型轿车自动变速器介绍

LEXUS LS400 型轿车采用的是 A340E、A341E 型自动变速器，其行星齿轮变速机构为辛普森式。这种行星齿轮变速机构是十分著名的双排行星齿轮机构，其特点为两组齿轮机构共用一个太阳轮连接；前后行星齿轮机构有两种连接方式，一种是前行星齿轮机构的齿圈和后行星齿轮机构的行星架组件连接，输出轴通常与前齿圈和后行星架组件连接；另一种是前行星齿轮机构的行星架组件和后行星齿轮机构的齿圈相连，输出轴通常与前行星架和后齿圈组件相连。A341E 型自动变速器的前后行星齿轮机构连接方式为后者，如图 3-38 所示。

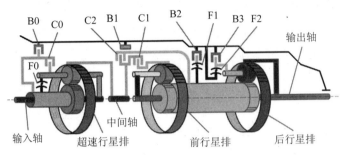

图 3-38 A341E 电控自动变速器结构

如图 3-38 所示，在 A341E 型自动变速器中，设置了三个离合器(C0 为超速离合器，C1 为前进挡离合器，C2 为高、倒挡离合器)、四个制动器(B0 为超速制动器，B1 为二挡强制制动器，B2 为二挡制动器，B3 为低、倒挡制动器)、三个单向离合器(F0 为超速单向离合器，F1 为 1 号单向离合器，F2 为 2 号单向离合器)，共有十个换挡执行元件，即可成为一个具有四个前进挡和一个倒挡的行星齿轮变速器，来自输入轴的动力先经超速排传至中间轴，再由离合器 C1 输入到前齿圈，或由高倒挡离合器 C2 传至前后太阳轮组件，在不同的工况下，各换挡元件一起作用，使动力经前行星架和后齿圈输出至输出轴。

4. 大众 01M/01N 自动变速器

大众 01M/01N 型自动变速器，其行星齿轮变速机构为拉维纳式。这种行星齿轮变速机构的特点为由一个单行星齿轮式行星排和一个双行星齿轮式行星排组合而成，两个行星排共用一个齿圈和一个行星架。01M 属于常规的横置前驱型自动变速器，较为广泛地应用于捷达、宝来及斯柯达等车型；01N 是纵置前驱自动变速器，多用于奥迪 A4、帕萨特 B5 及桑塔纳 2000 等车型。然而，这两款变速器在内部结构上却几乎是相同的，都是采用了拉维纳式行星齿轮结构，通过 3 组离合器、2 组制动器及 1 个单向离合器的不同组合，实现 4 个前进挡和 1 个倒挡，如图 3-39 所示。

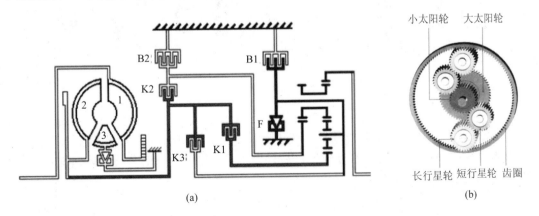

(a)   (b)

图 3-39 01M/01N 自动变速器行星齿轮结构总成

▼ **任务准备**

(1) 安全、整洁的汽车维修车间或模拟汽车维修车间。

(2) 齐全的消防用具及个人防护用具。

(3) 能正常使用的实训用整车(自动变速器)。

(4) 汽车举升设备、常用工具、量具。

(5) 专用工具、检测仪器。

(6) 车型、设备使用手册或作业指导手册。

▼ **任务实施**

1. LEXUS LS400 型轿车自动变速器挡位传动路线

1) D 位 1 挡

当选挡杆置于"D"位,变速器以 1 挡行驶时,超速离合器 C0、超速单向离合器 F0、前进挡离合器 C1 和单向离合器 F2 起作用。来自变矩器的发动机动力经超速排、前进挡离合器 C1 传给了前齿圈,使前齿圈朝顺时针方向转动。在前行星排中,由于前行星架经输出轴和驱动轮相连,因此可以认为前排行星架被"制动",所以前后太阳轮组件朝逆时针方向转动。在后行星排中,由于后齿圈和输出轴连接,因此可以认为后排齿圈被"制动",所以太阳轮对后行星架产生一个逆时针方向的力矩,而单向离合器 F2 对后行星架在逆时针方向有锁止的作用。此时,又相当于后行星架被固定,迫使后排齿圈在太阳轮的驱动下朝顺时针方向转动,如图 3-40 所示。

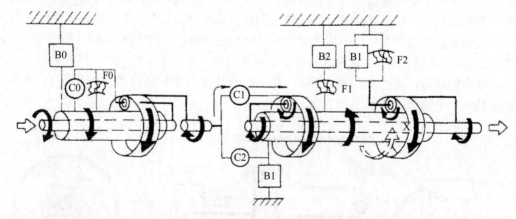

图 3-40　D—1 挡传动路线

当汽车滑行时车轮较快而发动机的转速较慢时,后齿圈成为输入轴(顺转),后行星齿轮自转(顺转)。由于太阳轮的转速较低,后行星齿轮产生顺时针的公转趋势,脱开啮合,车轮的动力无法传至发动机,相当于空转。

2) D 位 2 挡

当选挡杆置于"D"位,以 2 挡行驶时,超速离合器 C0、超速单向离合器 F0、前进挡离合器 C1 和 2 挡制动器 B2、F1 起作用。来自变矩器的发动机动力经超速排、前进挡离合器 C1 传给了前齿圈，使前齿圈朝顺时针方向转动。由于 2 挡制动器 B2 和单向离合器 F1 的作用，太阳轮组件被固定，因此前行星齿轮在前齿圈的驱动下一方面朝顺时针方向自转，另一方面朝顺时针方向公转，同时带动前行星架和输出轴朝顺时针方向旋转输出，如图 3-41 所示。

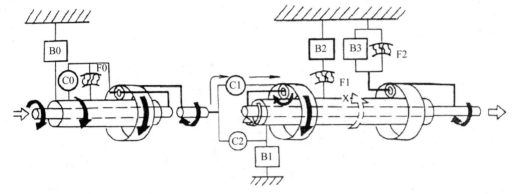

图 3-41　D—2 挡传动路线

当汽车滑行车速较快而发动机的转速较慢时，前行星架使太阳轮产生顺时针方向的转动，F1 无法限制其运动，动力也就无法传递到发动机，汽车也就相当于空挡滑行。

3）D 位 3 挡

当选挡杆置于"D"位，以 3 挡行驶时，超速离合器 C0、超速单向离合器 F0、前进挡离合器 C1 和高、倒挡离合器 C2 起作用。由于前进挡离合器 C1 和高、倒挡离合器 C2 同时接合，使中间轴同时和太阳轮与齿圈连接在一起，因此使前行星排及所有的元件作为一个整体，以相同的转速一同旋转输出。由于此时的超速排和前行星排中各自都有两个基本元件相互连接，从而使之成为一个整体而旋转，故此时的传动比为 1，如图 3-42 所示。

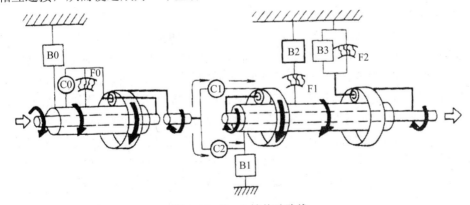

图 3-42　D—3 挡传动路线

当汽车在 3 挡进行滑行时，行星齿轮变速器具有反向传递动力的能力，能实现发动机的制动。

4）D 位 4 挡

当选挡杆置于"D"位，以 4 挡行驶时，超速制动器 B0、前进挡离合器 C1 和高、倒挡离合器 C2 起作用。来自变矩器的发动机动力经输入轴传给了超速行星架，使之朝顺时针方向转动。由于超速制动器 B0 的作用，超速排太阳轮被固定，因此超速排行星齿轮在超速排行星架的驱动下朝顺时针方向自转，同时带动超速排齿圈朝顺时针方向旋转，动力由超速排传至了前行星排；此时由于前进挡离合器 C1 和高、倒挡离合器 C2 同时接合，使中间轴同时和太阳轮与齿圈连接在一起，因此使前行星排及所有的元件作为一个整体，以相同的转速一同旋转输出，如图 3-43 所示。

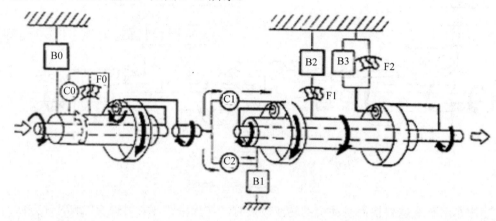

图 3-43　D—4 挡传动路线

5) 选挡杆位于 2 位置

"2" 位的 2 挡与 "D" 位 2 挡基本相同，其区别在于 "2" 位 2 挡时制动器 B1 与制动器 B2 和单向离合器 F1 共同起作用，从而使前行星排的太阳轮固定(既不能顺时针方向转动，也不能逆时针方向转动)。这样既保证按 2 挡传动路线传动，又保证在下坡时发动机制动作用。此时发动机转速低于车轮，行星架速度高于齿圈，使行星轮有逆转趋势，太阳轮在行星轮作用下顺转，此时 F1 不锁，因此应有 B1 制动太阳轮才有动力传递。

6) 选挡杆位于 L 位(或 1 位)

当选挡杆置于 "L" 位，在各挡行驶时，其 "L" 位的 1 挡与 "D" 位 1 挡基本相同，其区别在于 "L" 位 1 挡时制动器 B3 与单向离合器 F2 共同作用，从而使后行星排的行星架固定(既不能顺时针方向转动，也不能逆时针方向转动)。这样既保证了按 "D" 位 1 挡传动路线传动，又保证了在下坡时发动机起制动作用；此时发动机速度下降，由于汽车惯性作用，车速不变，输出轴速度高于后齿圈，输出轴带动后齿圈快速转动。但太阳轮转速慢而形成阻力，使后行星架顺转，F2 失去作用，此时 B3 必须作用，后轮动力传入发动机带动活塞快移，压缩阻力使车速减慢。正常时：活塞→曲轴→输入轴→输出轴→车轮；发动机制动时：活塞←曲轴←输入轴←输出轴←车轮。需要注意的是：正常时和发动机制动时，只是受力的方向变了，但各零件的转向仍然与原来相同，例如正加速度和负加速度的问题。

7) 倒挡

当选挡杆置于 "R" 位，以倒挡行驶时，超速离合器 C0、超速单向离合器 F0、高、倒挡离合器 C2 和低、倒挡制动器 B3 起作用。来自变矩器的发动机动力经超速排、高、倒挡离合器 C2 传给了太阳轮组件，使之朝顺时针方向转动。此时由于低、倒挡制动器 B3 的作用，后排行星架被固定，因此后排行星齿轮在太阳轮的驱动下朝逆时针方向旋转，同时带动后排齿圈逆时针方向旋转输出，如图 3-44 所示。

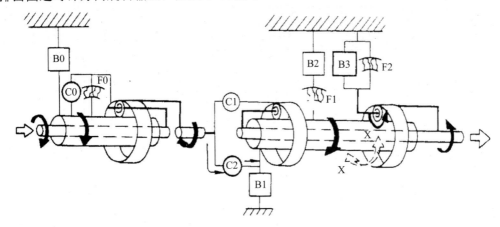

图 3-44　倒挡传动路线

8) 小结

A341E 自动变速器的换挡规律表，如表 3-6 所示。

表 3-6　A341E 自动变速器的换挡规律

		C0	B0	F0	C1	C2	B1	B2	B3	F1	F2	P	No1	No2
P		○										○	+	−
R		○		●		○			○				+	−
N		○											+	−
D	1	○		●	○						●		+	−
	2	○		●	○			○		○			+	+
	3	○		●	○	○		⊙					−	+
	OD		○		○	○		⊙					−	+
2	3*	○		●	○	○		⊙					−	+
	2	○		●	○		○	○		●			+	+
	1	○		●	○						○		+	−
L	2*	○		●	○			○		○			+	+
	1	○		●	○				○		●		+	−

符号说明：○表示接合；●表示发动机制动时解锁；⊙表示接合但不传递动力；* 表示只能从高挡位降挡不能升挡。

2. 大众 01M 自动变速器挡位传动路线

1) D 位 1 挡(K1、F)

如图 3-45 所示，传动路线：涡轮 2(顺)→输入轴(顺)→离合器 K1→小太阳轮(顺)→短行星轮(逆)→长行星轮(顺)→(齿圈与车轮相连，相当于齿圈制动)行星架(逆)→F 作用(限制行星轮架逆转)→齿圈(顺)→输出齿轮。

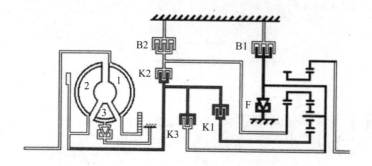

执行元件工作表

	K1	K2	K3	B1	B2	F
一挡	●					●
二挡	●				●	
三挡	●		●			
四挡			●		●	
倒挡		●		●		
L	●				●	

图 3-45　D—1 挡传递路线

2) D 位 2 挡(K1、B2)

如图 3-46 所示，传动路线：涡轮 2(顺)→输入轴(顺)→离合器 K1→小太阳轮(顺)→短行星轮(逆)→长行星轮(顺)，此时 B2 工作大太阳轮固定，行星架(顺)→齿圈(顺)→输出齿轮。

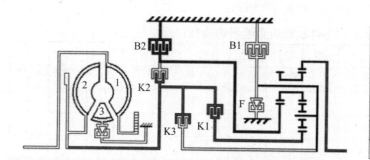

执行元件工作表

	K1	K2	K3	B1	B2	F
一挡	●					●
二挡	●				●	
三挡	●		●			
四挡			●		●	
倒挡		●		●		
L	●				●	

图 3-46　D—2 传递路线

3) D 位 3 挡(K1、K3)

如图 3-47 所示，传动路线：涡轮轴(顺)→离合器 K1、K3→小太阳轮、行星架、齿圈固定一体(顺)→输出齿轮。

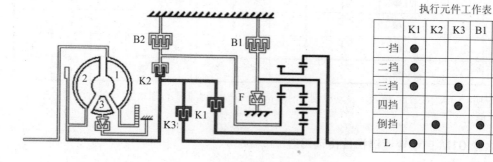

执行元件工作表

	K1	K2	K3	B1	B2	F
一挡	●					●
二挡	●				●	
三挡	●		●			
四挡			●		●	
倒挡		●		●		
L	●			●		

图 3-47　D—3 传递路线

4) D 位 4 挡(K3、B2)

如图 3-48 所示，传动路线：涡轮轴(顺)→离合器 K3→行星架(顺)。由于 B2 工作，使得大太阳轮固定，只有前排工作，动力从齿圈输出。

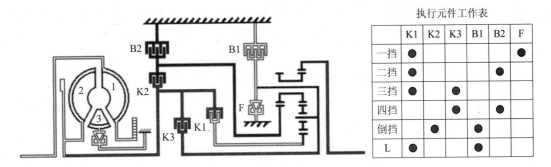

执行元件工作表

	K1	K2	K3	B1	B2	F
一挡	●					●
二挡	●				●	
三挡	●		●			
四挡			●		●	
倒挡		●		●		
L	●			●		

图 3-48　D—4 传递路线

5) R 挡(K2、B1)

如图 3-49 所示，传动路线：涡轮轴(顺)→离合器 K2→大太阳轮(顺)→制动器 B1 锁止行星架→齿圈(逆)→输出齿轮。

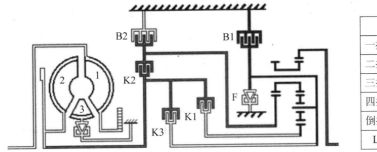

执行元件工作表

	K1	K2	K3	B1	B2	F
一挡	●					●
二挡	●				●	
三挡	●		●			
四挡			●		●	
倒挡		●		●		
L	●			●		

图 3-49　R 传递路线

6) L 挡(K1、F0、B1)

如图 3-50 所示，传动路线：涡轮轴(顺)→离合器 K1→小太阳轮(顺)→短行星轮(逆)→长行星轮(顺)，此时制动 B1 工作，制动行星架→齿圈(顺)→输出齿轮。此时发动机制动作用。

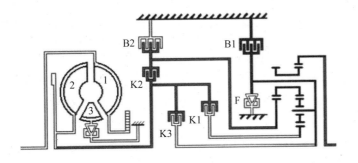

执行元件工作表

	K1	K2	K3	B1	B2	F
一挡	●					●
二挡	●				●	
三挡	●		●			
四挡			●		●	
倒挡		●		●		
L	●			●		

图 3-50　L 挡传递路线

举例说明，变速器 2 挡工作正常，进入 3 挡后就会出现变速器打滑的故障，那么我们就可以分析：既然 2 挡工作正常，说明与 2 挡有关的执行元件没有问题；3 挡出现故障，那么故障点肯定在与三挡有关的执行元件中，并且可以排除 2 挡与 3 挡公用的执行元件，结果就剩下三四挡离合器 C3 了。对于行星齿轮变速器出现打滑故障，我们都可以用这种办法来确定故障点。这样就在很大程度上减少了工作的盲目性，提高了工作效率。

3．奔驰 722.6 系列自动变速器

奔驰 722.6 自动变速器是电子控制 5 前进挡 2 倒挡轿车用自动变速器，用于奔驰多款轿车。该自动变速器行星齿轮机构由三排单级行星齿轮机构组成，分别称为前行星齿轮机构、中间行星齿轮机构及后行星齿轮机构。

(1) 722.6 变速器传动比及执行元件，如表 3-7 所示。

表 3-7　722.6 变速器传动比及执行元件

传动	比 W5A 580	传动比 W5A 330	B1	B2	B3	K1	K2	K3	F1	F2
1	3.59	3.93	•(3)	•				•(3)	•	•
2	2.19	2.41		•			•	•(3)		
3	1.41	1.49				•	•	•		
4	1.0	1.0			•	•	•			
5	0.83	0.83	•(3)		•	•		•		
N	—	—		•						
R(1)	−3.16	−3.10	•(3)		•				•	
R(2)	−1.93	−1.90			•			•	•	

(2) D 位 1 挡传递路线，如图 3-51 所示。

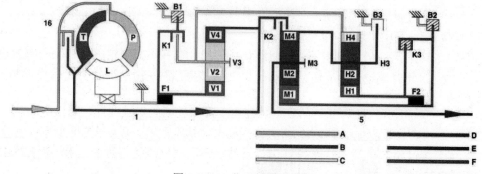

图 3-51　D 位 1 挡传递路线

① 前行星齿轮机构：输入轴驱动前齿圈顺时针旋转，前太阳轮有逆时针旋转的趋势，单向离合器 F1 锁止(或制动器 B1 工作)，阻止前太阳轮逆时针旋转，则前行星架同向减速输出，将动力传递给后齿圈。

② 后行星齿轮机构：后齿圈顺时针旋转，是动力输入端，后太阳轮有逆时针旋转的趋势，因制动器 B2、单向离合器 F2(或离合器 K3)工作，阻止后太阳轮逆时针旋转，则后行星架同向减速输出，将动力传递给中间齿圈。

③ 中间行星齿轮机构：中间齿圈顺时针旋转，是动力输入端，中间太阳轮有逆时针旋转的趋势，因制动器 B2 工作，阻止中间太阳轮逆时针旋转，则中间行星架同向减速旋转，是动力输出端。由以上分析可知，1 挡时，三个行星机构都在执行减速运动，传动比最大。

(3) R1 挡动力传递路线(S 模式)如图 3-52 所示。

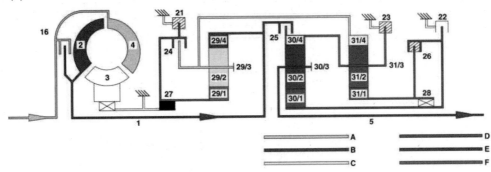

图 3-52　倒挡传递路线

① 前行星齿轮机构：输入轴驱动前齿圈顺时针旋转，前太阳轮有逆时针旋转的趋势，单向离合器 F1 锁止(或制动器 B1 工作)，阻止前太阳轮逆时针旋转，则前行星架同向减速输出，将动力传递给后齿圈。

② 后行星齿轮机构：后齿圈顺时针旋转，是动力输入端。制动器 B3 工作，固定后行星架，则后太阳轮反向增速旋转，即逆时针增速旋转。

③ 中间行星齿轮机构：离合器 K3 工作，将后太阳轮和中间太阳轮连接为一体，则中间太阳轮也逆时针旋转，是中间行星齿轮机构的动力输入端。制动器 B3 工作，固定中间齿圈，则中间行星架相对于中间太阳轮同向减速旋转，即相对于输入轴逆时针减速旋转。

由以上分析可知，R1 挡时，前行星齿轮机构为同向减速旋转；后行星齿轮机构为反向增速旋转；中间行星齿轮机构为同向减速运动。总的传动比为反向减速，即中间行星架逆时针减速旋转。

4．通用 4HP-16 系列自动变速器介绍

4HP-16 型 4 速自动变速器是 ZF 公司开发，被装备在上海通用公司生产的凯越(1.8 排量)、雪弗兰景程等乘用车上的。由于 4HP-16 型自动变速器内没有单向离合器，使得变速器的结构紧凑、质量轻，且换挡零件数目减少，使拖滞损耗降低，传动效率增高，作用在部件和传动系上的峰值转矩低。但这种设计需要加工精密的机械部件、高性能的软件和精确的发动机控制信号来保证。4HP-16 自动变速器的基本技术参数如表 3-8 所示；其换挡执行元件的作用如表 3-9 所示；其换挡执行元件在不同挡位的状态如表 3-10 所示。4HP-16 自动变速器传递路线如图 3-53 所示。

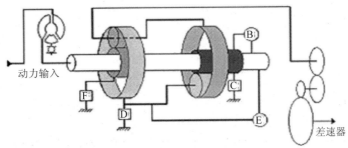

C、D、F—制动器；B、E—离合器

图 3-53　4HP-16 型自动变速器传递路线

表 3-8　4HP-16 自动变速器的基本技术参数

型　号	4HP-16 含义：4-4 速；H—液压；P 齿轮变速机构；16-额定转矩为 240N.M
各挡速比	1 挡：2.719；2 挡：1.487；　3 挡：1.000；4 挡：0.717；R 挡：2.529
主减速比	3.945
油液容量	拆储油盘或放油螺堵：4L；整体大修：6.9L；更换变矩器：2L
油液类型	ESSO LT 71141 或 TOTAL ATF H50236
维护周期	油液及滤网更换周期无要求

表 3-9　换挡执行元件的作用

离合器 B	驱动后排太阳轮
离合器 E	驱动后排行星架/前排齿圈
制动器 C	固定后排太阳轮
制器器 D	固定后排行星架/前排齿圈
制动器 F	固定前排太阳轮
离合器 B	驱动后排太阳轮

表 3-10　换挡执行元件在不同挡位的状态

挡位 部件	离合器		制动器		
	B	E	C	D	F
P/N	●				
R	●			●	
1	●				●
2		●			●
3	●	●			
4		●	●		

(1) P/N 挡动力传递路线，如图 3-53 所示。

在 P 或 N 挡，离合器 B 工作，驱动后排太阳轮，但无制动部件，整个行星齿轮机构空转，故没有动力输出。动力传递路线是：发动机→变矩器泵轮→涡轮→输入轴→离合器 B 工作，驱动后排太阳轮→行星齿轮机构空转，无动力输出。

(2) R 挡动力传递路线，如图 3-53 所示。

R 挡时，离合器 B 工作，驱动后排太阳轮；制动器 D 工作，固定后排行星架，后排齿圈/前排行星架反向减速输出。动力传递路线是：发动机→变矩器泵轮→涡轮→输入轴→离合器 B 工作，驱动后排太阳轮→制动器 D 工作，固定后排行星架→后排齿圈/前排行星架反向减速输出→差速器。

(3) 1 挡动力传递路线，如图 3-53 所示。

在 D、3、2、1 之 1 挡，换挡执行元件的动作完全相同，即离合器 B 工作，驱动后排太阳轮；制动器 F 工作，固定前排太阳轮，后排齿圈/前排行星架同向减速输出。动力传递路线是：发动机→变矩器泵轮→涡轮→输入轴→离合器 B 工作，驱动后排太阳轮→制动器

F 工作，固定前排太阳轮→后排齿圈/前排行星架同向减速输出→差速器。

(4) 2 挡动力传递路线，如图 3-53 所示。

在 D、3、2 之 2 挡，换挡执行元件的动作完全相同，即离合器 E 工作，驱动后排行星架/前排齿圈；制动器 F 工作，固定前排太阳轮，后排齿圈/前排行星架同向减速输出。动力传递路线是：发动机→变矩器泵轮→涡轮→输入轴→离合器 E 工作，驱动后排行星架/前排齿圈→制动器 F 工作，固定前排太阳轮→后排齿圈/前排行星架同向减速输出→差速器。

(5) 3 挡动力传递路线，如图 3-53 所示。

在 D 位 3 挡，离合器 E 工作，驱动后排行星架/前排齿圈；同时，离合器 B 工作，驱动后排太阳轮，没有部件被固定。因行星齿轮机构中后排行星架与后排太阳轮两个部件被同时驱动，则整个行星齿轮机构以一个整体同向等速旋转，为直接传动挡，由后排齿圈/前排行星架同向等速输出，传动比为 1:1。动力传递路线是：发动机→变矩器泵轮→涡轮→输入轴→离合器 E 工作，驱动后排行星架/前排齿圈；同时，离合器 B 工作，驱动后排太阳轮→后排齿圈/前排行星架同向等速输出→差速器。

(6) 4 挡动力传递路线，如图 3-53 所示。

离合器 E 工作，驱动后排行星架/前排齿圈；制动器 C 工作，固定后排太阳轮，则后排齿圈/前排行星架同向增速输出。动力传递路线是：发动机→变矩器泵轮→涡轮→输入轴→离合器 E 工作，驱动后排行星架/前排齿圈→制动器 C 工作，固定后排太阳轮→后排齿圈/前排行星架同向增速输出→差速器。

5. 丰田 U 系列自动变速器介绍

U340E 自动变速器用在丰田 2011 款及其以前的卡罗拉汽车上，卡罗拉 1.6L-2014 款以后的都是 CVT 变速器，就是无级变速(卡罗拉 2014 款和 2011 款的外观很好区别)。

无级变速器由两组变速轮盘和一条传动带组成。因此，其比传统自动变速器结构简单，体积更小，它没有了自动变速器复杂的行星齿轮组。另外，它主要靠两组变速轮盘，就能实现速比无级变化。它可以自由改变传动比，从而实现全程无级变速，使汽车的车速变化平稳，没有传统变速器换挡时那种"顿"的感觉。

一汽丰田花冠轿车配备的 U340/341 型自动变速器，这是一款前轮驱动的电子控制 4 速自动变速器。U340/341 型自动变速器行星齿轮机构与换挡执行元件的结构简图，如图 3-54 所示。

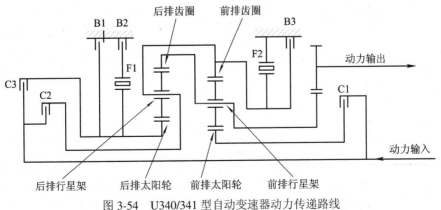

图 3-54 U340/341 型自动变速器动力传递路线

　　该自动变速器共有 8 个换挡执行元件，分别是前进挡离合器 C1；直接挡离合器 C2；倒挡离合器 C3；超速挡及 2 挡制动器 B1；2 挡制动器 B2；1 挡/倒挡制动器 B3；单向离合器 F1 和单向离合器 F2。

　　U340/341 型自动变速器执行元件作用见表 3-11，换挡执行元件在不同挡位的状态见表 3-12。

表 3-11　执行元件作用

执行元件	作　　用
C1	驱动前排太阳轮
C2	驱动后排行星架和前排齿圈
C3	驱动后排太阳轮
B1	固定后排太阳轮
B2	固定单向离合器 F1 外圈，使 F1 具有单向锁止后排太阳轮的作用
B3	固定前排齿圈和后排行星架
F1	在 B2 工作时单向固定后排太阳轮
F2	单向固定前排齿圈和后排行星架

表 3-12　换挡执行元件在不同挡位的状态

挡位		C1	C2	C3	B1	B2	B3	F1	F2
R				○			○		
D	1	○							○
	2	○				○		○	
	3	○	○						
	4		○		○	○			
2	1	○							○
	2	○				○		○	
L	1	○					○		○

　　1）R 挡动力传递路线

　　R 挡时，C3、B3 工作。倒挡离合器 C3 接合，驱动后排太阳轮顺时针旋转；1 挡/倒挡制动器 B3 工作，固定后排行星架。这样在后行星排中，行星架固定后，太阳轮和齿圈形成传动副。太阳轮为主动件，齿圈为从动件，旋向相反，动力最后由后排齿圈减速输出，如图 3-55 所示。

　　2）D 位或 2 位 1 挡

　　前进挡离合器 C1、F2 接合，驱动前排太阳轮顺时针旋转；带动行星轮逆时针旋转，因前排行星架和输出轴连接阻力很大，所以在没有足够的驱动力时可假设行星架固定不动，则前排齿圈有逆时针旋转的趋势。此时单向离合器 F2 工作，单向锁止前排齿圈，禁止其逆时针旋转，即前排齿圈被逆向锁止不动。太阳轮和行星架形成传动副，太阳轮为主动件，行星架为从动件，旋向相同，动力最后由前排行星架减速输出，如图 3-55 所示。

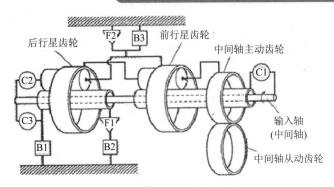

图 3-55　R 挡动力传递路线

3) L 位 1 挡

L 位 1 挡时，C1、B3、F2 工作。前进挡离合器 C1 接合，驱动前排太阳轮顺时针旋转；单向离合器 F2 和 1 挡/倒挡制动器 B3 工作，固定前排齿圈，此时太阳轮和行星架形成传动副，太阳轮为主动件，行星架为从动件，旋向相同，动力山前排行星架减速输出，如图 3-55 所示。

4) D 位 2 挡动力传递路线

D 位 2 挡时，C1、B2、F1 工作。前进挡离合器 C1 接合，使后排太阳轮有逆时针旋转的趋势。此时 2 挡制动器 B2 工作，单向离合器 F1 开始工作，单向锁止后排太阳轮，即后排太阳轮被逆向锁止不动。前排行星架带动齿圈旋转，向后输出动力，如图 3-55 所示。

5) 2 位 2 挡动力传递路线

2 位 2 挡时，C1、B1、B2、F1 工作。动力传递和 D 位 2 挡类似，只是因 B1 工作，直接固定后排太阳轮。所以 F1 相当于被短接，不再是动力传递小可缺少的条件，因此可以逆向传递动力，具有发动机制动功能，如图 3-55 所示。

6) D 位 3 挡动力传递路线

D 位 3 挡时，C1、C2、B2 工作。前进挡离合器 C1 接合，驱动前排太阳轮顺时针旋转，直接挡离合器 C2 接合，驱动后排行星架/前排齿圈顺时针旋转。在前行星排中，因太阳轮和行星架同时被驱动，所以整个行星齿轮机构以一个整体旋转，为直接传动挡，动力山前排行星架输出，如图 3-55 所示。

7) D 位 4 挡

D 位 4 挡时，C2、B1、B2 工作。离合器 C2 接合，驱动后排行星架顺时针旋转，制动器 B1 工作，固定后排太阳轮，此时在后行星排中，太阳轮固定，行星架为主动件，齿圈为从动件，行星架带动后排齿圈顺时针旋转，转速升高，最后动力由后排齿圈输出，如图 3-55 所示。

知识拓展

丰田混合动力汽车传动桥总成

丰田混合动力汽车传动桥总成包括 2 号电动机发电机(MG2)(用于驱动车辆)和 1 号电动

机发电机(MG1)(用于发电)。它采用带复合齿轮装置的无级变速器装置,实现了平稳、静谧性操作。动力分配行星齿轮机构将发动机的原动力分成两路:一路用来驱动车轮,另一路用来驱动MG1。因此,MG1可作为发电机使用。为了降低MG2的转速,可采用电动机减速行星齿轮机构,使高转速、大功率的MG2达到适应复合齿轮的最佳状态,如图3-56所示。

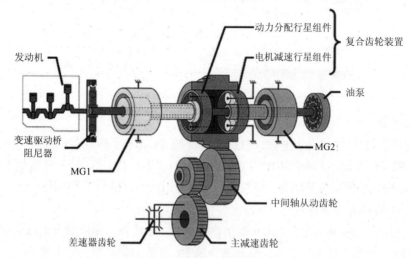

图3-56   丰田混合动力汽车结构示意图

起步行驶状态分析(其他状态略):驾驶员按下点火开关后,PCU动力控制单元会向MG2电机通电,MG2电机逆向旋转。带动车轮(齿圈)正向转动,车子缓慢前进。当稍微用力踩下油门踏板时,MG2电机会获得更多的电力,车辆就会加速前进。由于MG2电机功率很大(53 kW),低速转矩也很大(400 N·m)。在PCU的控制下,对车子加速十分有力,即便只靠MG2电机也可把车辆加速到一个相当的速度。起步过程充分发挥了MG2电机低速高转矩的特性,弥补了阿特金森发动机低速扭力不足的特性,如图3-57所示。

车辆在正常情况下起步时,使用MG2的原动力行驶。在此状态下行驶时,由于发动机停止,行星齿轮架(发动机)的转速为0 r/min。此外,由于MG1未产生任何转矩,因此没有转矩作用于太阳齿轮(MG1)。然而,太阳齿轮沿逆向自由旋转以平衡旋转的齿圈。

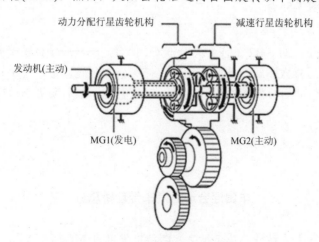

图3-57   起步状态工作示意图

检查评价

对任务实施过程以及结果进行检查、评价，评价指标建议如下：

① 工作的参与度情况	② 工作的规范性情况	③ 工作的效率情况	④ 工作的质量情况
⑤ 5S 工作制遵守情况	⑥ 工作态度情况	⑦ 工作创意创新情况	⑧ 团队协作情况

学习单元 4　自动变速器液压控制系统检修

学习任务 1　自动变速器控制系统认知

▼ 任务目标

(1) 掌握自动变速器控制系统的结构组成。

(2) 了解自动变速器控制系统的基本工作原理。

▼ 任务描述

装备自动变速器的汽车在行驶时动力不足，经专业检查，需要对变速器控制系统进行拆解检修。请根据实际需要，制订学习、检修工作计划并实施。

▼ 相关知识

1. 自动变速器控制系统的使命

(1) 最根本的要求，即能够实现自动换挡。

(2) 能够根据车况，抓住最佳时刻换挡，即进行换挡正时控制。

(3) 汽车的油泵多由泵轮驱动，发动机转速变化，油泵转速亦变化，即输出的油压也是变化的，故控制系统需调压、稳压，即进行所谓的主油路油压控制。

(4) 实现对液力变矩器中锁止离合器的控制。

(5) 实现换挡品质控制。

(6) 自动模式选择控制，即根据车辆工况自动切入相应模式(动力模式、经济模式等)。

(7) 发动机制动控制。

(8) 故障自诊断和失效保护功能，即可以在一定范围内发现故障、记录故障、读取故障、处理故障并采取相应的失效保护措施。

(9) 超速行驶控制，即在某些特定工况下限制自动变速器升入超速挡。

(10) 坡道逻辑控制，即根据车辆行驶的坡度，选用不同的换挡点模式。

(11) 实现自动变速器 ECU 与发动机 ECU 之间的通信，即自动变速器 ECU 与发动机 ECU 相辅相成，需要不断地进行数据交换方能正常工作。

2. 自动变速器控制系统的基本组成

(1) 电控系统由各种传感器、执行器、控制开关及电子控制单元等组成，传感器将测得的各种运行参数信号传送到电子控制单元，控制单元向执行元件发出指令信号，实现变速器的自动换挡。

(2) 供油和调压系统是整个液压控制系统各个机构的动力源，其任务是向变速器各部供给合乎要求的液压油。它由油泵、调压阀等主要元件组成。

(3) 控制参数信号系统。控制参数通常有三个：变速杆的位置、节气门开度、汽车车速。当驾驶员固定了变速杆的位置后，控制系统将以油门的开度和车速作为控制信号自动换挡。

(4) 自动换挡控制系统。该系统由几个换挡控制阀组成，它是自动换挡操纵系统中的核心机件，它接受来自车速、油门及变速杆位置所传来的信号，进行比较和处理，并按预定的换挡规律选择换挡时刻，同时发出相应的换挡油压指令，使换挡执行机构动作而实现换挡。

(5) 换挡执行机构。换挡执行机构主要是离合器、制动器和单向离合器。

(6) 换挡品质控制系统。换挡品质指换挡过程的平顺性。一般是在控制系统中向执行机构液压缸的油路增加储压器、节流阀、缓冲阀、压力调节阀等来提高换挡的平顺性。

(7) 辅助系统。辅助系统包括 ATF 油的冷却装置和运动零部件的润滑装置等，它是保证自动变速器正常工作必不可少的装置。一般自动变速器把诸多液压元件、液压油的各个通路都集中设置在一个总的集中组合阀体内，简称阀体、阀板或滑阀箱。

3. 自动变速器控制系统的基本控制策略

自动变速器的基本工作原理，如图 4-1 所示。

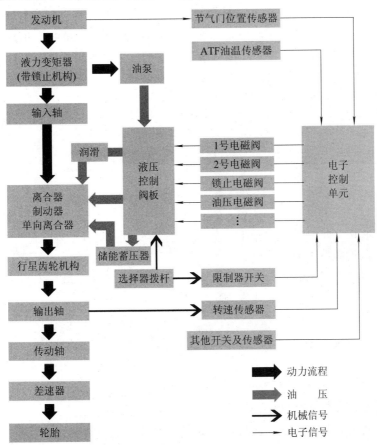

图 4-1 自动变速器的基本工作原理

4. 自动变速器液压控制系统的基本工作过程

(1) 基本控制原理。一般自动变速器的基本工作及控制原理主线如下：

传感器→ECU→电磁阀开闭→液压滑阀位置变化→确定压力油走向→换挡执行元件离合器/制动器动作→行星齿轮系改变传动比，如图4-2所示。

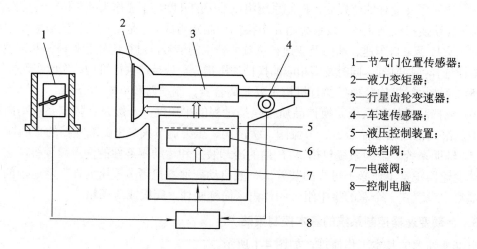

1—节气门位置传感器；
2—液力变矩器；
3—行星齿轮变速器；
4—车速传感器；
5—液压控制装置；
6—换挡阀；
7—电磁阀；
8—控制电脑

图4-2 自动变速器基本控制原理

如图 4-2 所示，依靠这条主线，自动变速器便能够实现自动换挡。但这是不够的，还有很多问题需要控制系统去解决。比如，液压油泵的压力是否需要调节？如果能够调节，怎样把握最佳换挡时刻？如何保证换挡平顺等？

(2) 自动换挡功能的实现，如图4-3所示。

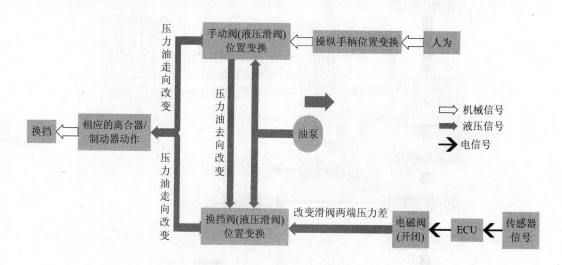

图4-3 自动换挡功能的实现

① 第一阶段：手动阀及换挡阀对执行器的控制，如图4-4所示。

基本液压控制系统：油泵为系统提供压力油，液压滑阀(手动阀、换挡阀)通过改变自身位置来改变油道的连通情况，进而改变了压力油的走向，从而控制执行器(离合器、制动器)动作。此阶段用到的主要元件有：自动变速器、油泵、手控阀、换挡阀。此阶段相关元件在油路图中所在的位置如图4-5所示。

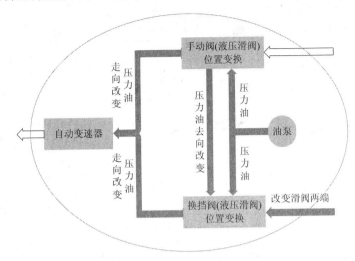

图 4-4　典型自动变速器控制系统主线第一阶段

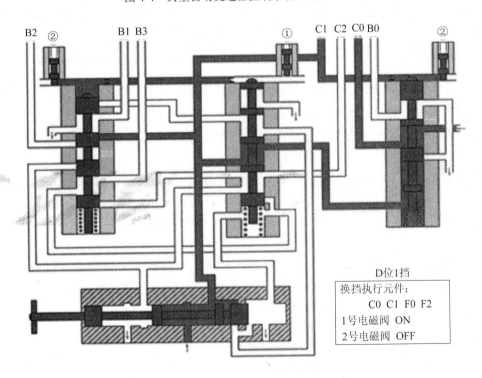

D位1挡

换挡执行元件：
　　C0 C1 F0 F2
1号电磁阀 ON
2号电磁阀 OFF

图 4-5　电磁阀对换挡阀的控制举例，A340E 变速器 D 位 1 挡

② 第二阶段：电磁阀对换挡阀的控制。

例如，A340E 自动变速器控制系统中有两个换挡控制电磁阀，分别为 1 号及 2 号电磁阀。这两个电磁阀通过通电及断电两种状态实现对三个换挡阀的控制，进而实现自动变速器自动换挡，如图4-6所示。

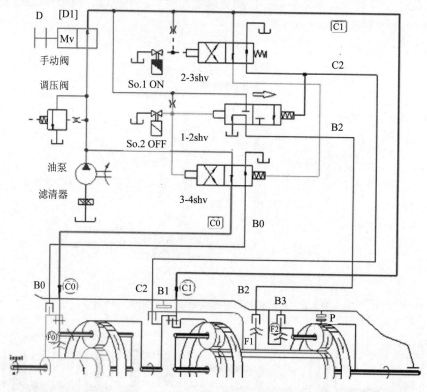

图 4-6   A341E 自动变速器 D 位 1 挡控制原理示意图

③ 第三阶段：电子控制单元对电磁阀的控制。

传感器动态观测车辆行驶的真实状况，并将这些信息传达给变速器电子控制单元 (ECU)，ECU 经过计算与思考来决定是否需要换挡，一旦得出"换挡"的结果，则发出指令命令相应的电磁阀动作，进而实现换挡。这一切都在一瞬间完成。需要指出的是，此电子控制系统不仅仅控制自动换挡，还包括整个变速器所有工况的控制，如换挡品质控制、油压控制、锁止离合器控制、自诊断与失效安全保护、驾驶模式自动选择、坡道逻辑控制等。

▼任务准备

(1) 安全、整洁的汽车维修车间或模拟汽车维修车间。

(2) 齐全的消防用具及个人防护用具。

(3) 能正常使用的实训用整车(自动变速器)。

(4) 汽车举升设备、常用工具、量具。

(5) 专用工具、检测仪器，车型、设备使用手册或作业指导手册。

▼任务实施

针对不同车型及实验台架，进行自动变速器控制过程的整体认知。

 **检查评价**

对任务实施过程以及结果进行检查、评价，评价指标建议如下：

① 工作的参与度情况	② 工作的规范性情况	③ 工作的效率情况	④ 工作的质量情况
⑤ 5S 工作制遵守情况	⑥ 工作态度情况	⑦ 工作创意创新情况	⑧ 团队协作情况

学习任务2 自动变速器供油系统检修

▼任务目标

(1) 了解自动变速器供油系统的基本结构原理。
(2) 掌握自动变速器供油系统的检测维修方法。

▼任务描述

装备自动变速器的汽车在行驶时动力不足，经专业检查，需要对变速器供油系统进行拆解检修。请根据实际需要，制订学习、检修工作计划并实施。

▼相关知识

一、自动变速器油

自动变速器油液缩写为 ATF(Automatic Transmission Fluid)。它是一种多功能的工作液，具有传能、控制、润滑和冷却等多种作用。

在自动变速器中，可以将 ATF 比喻为血液，是液力变矩器传输功率的必要介质。ATF 把传动件在运动中产生的大量热量带走，防止温度过高；在液压系统中传输液压压力，使各换挡执行机构正确动作；对各传动件进行润滑。

1. 使用性能

1) 适当的黏度以及良好的黏温性和低温流动性

由于自动变速器油液工作时温度变化较大(一般为 40～190℃)，其黏度变化也较大，而自动变速器的主要组成部分对自动变速器油液的黏度要求却不同：从提高液力变矩器的传动效率、控制系统动作的灵敏度和汽车低温起步的顺利性方面看，油液的黏度低对变速器有利；为满足行星齿轮机构的润滑要求和避免泄漏，黏度又不能过低。

2) 良好的热氧化安定性

由于自动变速器油液工作时的最高温度可达到 190℃，如果其热氧化安定性不好，则会生成高温氧化沉积物，使控制系统和换挡执行机构的动作失灵、变速器组件腐蚀。

3) 良好的抗磨性

由于行星齿轮机构变速器的工作条件比较苛刻，而且各零件分别采用钢、铜等不同金属材料制成，因此要求自动变速器油液能保证不同材料制成的零件均不易磨损。

4) 对橡胶密封材料有良好的适应性

自动变速器油液应不会使自动变速器所采用的丁腈橡胶、丙烯橡胶和硅橡胶等密封材料产生明显的膨胀、收缩和硬化现象，否则会产生漏油等危害。

5) 良好的抗泡性

泡沫会使液力变矩器的传动效率下降，影响控制系统动作的灵敏度，还会导致系统油压波动，严重时会使供油中断。因此，要求自动变速器油液具有良好的抗泡性，尤其在机械搅拌下产生的泡沫要能迅速消失。

2. 自动变速器油液的分类和规格

国际上自动变速器油液的分类和规格普遍采用由美国材料试验学会(ASTM)和美国石油学会(AP1)共同提出的 PTF(Power Transmission Fluid)分类法，将自动变速器油液分为 PTF-1、PTF-2 和 PTF-3 三类。PTF-1 类主要用于轿车、轻型载货汽车的自动变速器，其特点是低温起动性、低温流动性和黏性好。PTF-2 和 PTF-3 自动变速器油液不适用于轿车的自动变速器。PTF-2 类主要适用于重型载货汽车、越野汽车和工程机械等的自动变速器。PTF-3 主要适用于农业和野外建筑机械等的液压、齿轮和制动装置。

根据各种 ATF 的使用情况可把 ATF 大体分为两种：通用型和专用型。两种类别的 ATF 的主要区别在各种添加剂的比例上，一般情况下通用型 ATF 的颜色都是红色的，而大多专用型 ATF 的颜色都是黄色的，当然也有红色的(比如上汽-大众途锐和一汽-大众速腾轿车等)。当 ATF 完全变质后，其颜色马上会变为红褐色或黑色，同时会发出焦糊的臭味。

3. ATF 换油周期

通过对自动变速器多数故障的总结发现，大部分的自动变速器损坏都是由于过热和自动变速器润滑油久未更换出现杂质引起的。如果自动变速器润滑油老化、衰变，将会使内部传动机件的抗磨能力下降，从而缩短自动变速器的使用寿命；自动变速器中的油泥、杂质会直接影响到系统油压和动力传递，使自动变速器提速减慢或失效，甚至使某个挡位失灵。因此对于自动变速器的保养，合理更换自动变速器润滑油是关键。

不同变速器 ATF 有着极其复杂的合成成分，不同变速器类型必须选配不同的变速器 ATF。尤其是新款高速多挡电控自动变速器，对 ATF 要求标准更高，不能乱加或混加，否则极易损坏变速器，缩短变速器的使用寿命。同时，变速器油在使用中因长期高温，将逐渐破坏其原有的良好性能。因此，应在一定时间后更换，避免因变速器油不良导致液压系统中各传动件、密封件等损坏。

在良好的行车环境(换挡不频繁，汽车很少重负荷行驶等)中每行驶 6 万～8 万公里需更换新油；在恶劣行车环境(如长期在城市交通拥挤街道中行驶，或常在高温地区、崎岖路面上行驶，或常拖挂拖车等)下，则应每行驶 3 万公里更换新变速器油。

建议最好参照各种汽车说明书中规定的里程与指定的用油，根据自己的实际使用情况来更换变速器油，以保证自动变速器性能得到充分发挥，延长变速器的使用寿命。举例如下：

大众系列：每 6 万公里更换 ATF；福特汽车系列：每 4 万公里检查一次，每 6 万公里更换 ATF；广州本田：每 4 万～6 万公里更换 ATF；丰田：每 4 万公里更换 ATF；雪铁龙：每 6 万公里更换 ATF。

4. 低品质和假冒 ATF 的危害

假冒伪劣的 ATF 的抗温能力差，很容易产生氧化，形成油泥和油渣，容易堵塞滤网，降低变速器油压，影响换挡质量，而且还容易产生气穴，造成油压不稳，同时损伤摩擦材料及密封橡胶和金属零部件，最终导致变速器工作不正常。

选用低级别或劣质 ATF，给变速器带来的危害是致命的。通常一台正常使用 10 万公里以上的变速器，由于使用了一两次劣质或不符合标准的 ATF，可能只行驶了几万公里或者更短距离就会因磨损加剧等原因而需要进行大修。

劣质或低级别的 ATF 给变速器带来的较常见的问题有：高温、打滑、烧片、冲击、异响、耸车、加速无力、安全保护等。在很多的维修案例中发现：大众奥迪车系选用假的 ATF 后，通常引起的是换挡品质故障，同时还有烧片现象等；大众 4 速自动变速器大修后 2～3 挡产生异响大多跟 ATF 油品有关；奔驰 722.6 全电控 5 速自动变速器选用低质的 ATF 运行一段时间后便会出现自动变速器进入安全应急模式，同时电控系统中的故障存储器里会出现储存传动比错误的故障码。

5. ATF 使用注意事项

自动变速器 ATF 的使用应遵循以下几点：

(1) 注意保持油温正常。车辆长时间重负荷低速行驶，将使自动变速器油温上升，加速油的氧化变质，形成沉积物和积炭，阻塞细小的通孔和油路循环管路，这又会使自动变速器进一步过热，最终导致变速器损坏。因此，不要使自动变速器经常处于过载情况(比如牵引其他车辆)下使用。

(2) 经常检查油面高度。油面过低，则会使机件润滑不良，油压低影响换挡并使离合打滑；油面过高则会使旋转的齿轮等零件把油搅起而产生气泡，引起油液氧化，使换挡阀排油不畅，以致离合器、制动器工作失常，从而影响正常换挡。

(3) 注意油质检查。自动变速器的油质检查是确定油液的更换时机和诊断自动变速器故障的简易可行的方法。

正常的变速器油液应为透明并呈粉红色或红色，大众油为黄色，应无杂物和烧焦味。检查时，观察油尺上油的状态，嗅油的气味，用手摩擦油液，用白色吸收纸擦油尺，观察油的情况。例如，油呈暗褐色或黑色或有烧焦气味，说明自动变速器油温过高；油呈乳白色或有乳状泡沫，表明油中含有水或冷却液；油中有黑色颗粒和金属屑，这是制动器或离合器片齿轮机构等零件的磨损产物。因此，从油的状态异常现象可确定变速器的故障是因油的原因而引起的还是因机械故障而引起的，以便换油和排除故障。

(4) 应按车辆使用说明书的规定更换自动变速器油和滤清器。只更换 ATF，不知道去更换滤清器，这是错误的。更换 ATF 最好要使用循环式更换法，这样虽然损失一部分 ATF，但更换得比较彻底。这是因为如果按照常规的简单的更换方法，那么有一部分 ATF 仍然还存留在变矩器或油路中，新油与旧油混合在一起时容易导致一些问题的发生。

(5) 不同牌号、不同品种的自动变速器油不能混用，同牌号不同厂家生产的自动变速器油也不能混用。

二、自动变速器油泵

自动变速器靠液压泵推动变速器油循环，并且提供施力装置需要的油压。液压泵是通过变速器所有油流的动力源，阀体则用于调节和引导换挡油流。

液压泵一般位于液力变矩器和行星齿轮系统之间，由发动机曲轴通过变矩器外壳驱动，变矩器外壳驱动毂加工有两个槽或平面，以连接液压泵主动件，因此只要发动机工作，液压泵就开始泵油。

自动变速器的车辆不允许拖车或溜车，因为拖动车辆只能使输出轴转动，而输入轴不动，即油泵不工作，行星齿轮机构得不到润滑，在牵引过程中会造成变速器内部元件的剧烈磨损。若长时间牵引车辆，则应将驱动轮提起脱离地面或将传动轴脱开。

液压泵一般有齿轮式、转子式和叶片式等。由于自动变速器的液压系统属于低压系统，其工作压力通常不超过 200 kPa，所以目前应用最广的仍然是齿轮泵。

1. 内啮合齿轮泵的结构与工作原理

当变矩器转动时，液压泵被驱动毂直接驱动。许多前轮驱动汽车的变速驱动桥，通过与变矩器中心孔配合的六方轴或花键轴驱动液压泵，这种方式称为内驱动，如图 4-7 所示。

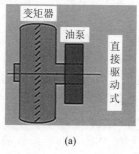

(a)   (b)

图 4-7   油泵的驱动

内啮合齿轮泵是自动变速器中应用最多的一种油泵，大多数自动变速器都采用这种油泵。它具有结构紧凑、尺寸小、重量轻、自吸能力强、流量波动小、噪声低等特点，如图 4-8 所示。

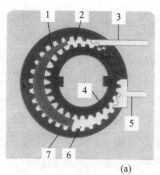

1—月牙形隔板；
2—压油腔；
3—出油道；
4—小齿轮；
5—进油道；
6—吸油腔；
7—内齿轮

(a)   (b)

图 4-8   内啮合齿轮泵

小齿轮为主动齿轮，内齿轮为从动齿轮，月牙形隔板的作用是将小齿轮和内齿轮之间的工作腔分隔为吸油腔和压油腔，使彼此不通，泵壳上有进油口和出油口。发动机运转时，变矩器壳体后端的轴套带动小齿轮和内齿轮一起朝顺时针方向旋转。此时吸油腔由于小齿轮和内齿轮不断退出啮合，容积不断增加，以致形成局部真空，将液压油从进油口吸入，且随着齿轮的旋转，齿间的液压油被带到压油腔。在压油腔，小齿轮和内齿轮不断进入啮合，容积不断减少，将液压油从出油口排出。这就是内啮合齿轮泵的泵油过程。

油泵的理论泵油量等于油泵的排量与油泵转速的乘积。内啮合齿轮泵的排量取决于小齿轮的齿数、模数及齿宽。油泵的实际泵油量会小于理论泵油量，因为油泵的各密封间隙处总有一定的泄漏。其泄漏量与间隙、输出压力有关。间隙越大，输出压力越高，泄漏量就越大。

决定油泵使用性能的主要因素是油泵的工作间隙，主要包括：端面间隙，指主从动齿轮端面与泵盖之间的间隙，一般为 0.02～0.08 mm；主动齿轮与油泵月牙之间的间隙，一般为 0.1～0.3 mm；从动齿轮齿顶与油泵月牙之间的间隙，一般为 0.05～0.1 mm；从动齿轮外圈与油泵壳体之间的间隙，一般为 0.01～0.16 mm。不同系列的自动变速器油泵对工作间隙的要求略有差异。

2. 摆线转子泵的结构与工作原理

摆线转子泵是一种特殊齿形的内啮合齿轮泵，它具有结构简单、尺寸紧凑、噪声小、运转平稳、高转速性能良好等优点；其缺点是流量脉动大，加工精度要求高，摆线转子泵的结构原理图如图 4-9 所示。

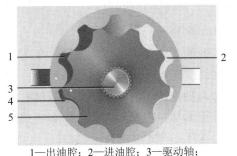

1—出油腔；2—进油腔；3—驱动轴；
4—外转子；5—内转子

(a) 摆线转子泵原理图

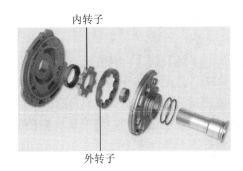

(b) 摆线转子泵结构图

图 4-9 摆线转子泵结构原理图

摆线转子泵由一对内啮合的转子及泵壳、泵盖等组成。内转子为外齿轮，其齿廓曲线是外摆线；外转子为内齿轮，齿廓曲线是圆弧曲线。内外转子的旋转中心不同，两者之间有偏心距。

发动机运转时，带动油泵内外转子朝相同的方向旋转。内转子为主动齿，外转子的转速比内转子每圈慢 1 个齿。内转子的齿廓和外转子的齿廓是一对共轭曲线，它能保证在油泵运转时，不论内外转子转到什么位置，各齿均处于啮合状态，即内转子每个齿的齿廓曲线上总有一点和外转子的齿廓曲线相接触，从而在内转子、外转子之间形成与内转子齿数相同个数的工作腔。这些工作腔的容积随着转子的旋转而不断变化。当转子朝顺时针方向旋转时，内转子、外转子中心线的右侧的各个工作腔的容积由小变大，以致形成局部真空，将液压油从进油口吸入；在内转子、外转子中心线的左侧的各个工作腔的容积由大变小，将液压油从出油口排出。这就是摆线转子泵的泵油过程。

摆线转子泵的排量取决于内转子的齿数、齿形、齿宽及内外转子的偏心距。齿数越多，齿形、齿宽及偏心距越大，排量就越大。

3. 叶片泵的结构与工作原理

叶片泵由定子、转子、叶片及泵壳等组成，如图4-10所示。它具有运转平稳、噪声小、泵油流量均匀、容积效率高等优点，但结构复杂，对液压油的污染比较敏感。转子由变矩器壳体后端的轴套带动，绕其中心旋转；定子是固定不动的。转子与定子不同心，二者之间有一定的偏心距。

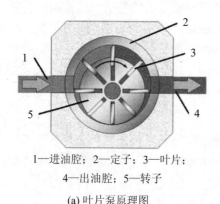

1—进油腔；2—定子；3—叶片；
4—出油腔；5—转子

(a) 叶片泵原理图

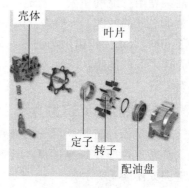

(b) 叶片泵结构图

图4-10　叶片泵结构原理图

当转子旋转时，叶片在离心力或叶片底部液压油的压力作用下向外张开，紧靠在定子内表面上，并随着转子的转动，在转子叶片槽内做往复运动。这样在每两个相邻叶片之间便形成密封的工作腔。如果转子朝顺时针方向旋转，则在转子与定子中心连线的右半部的工作腔容积逐渐增大，以致产生一定的真空，将液压油从进油口吸入，在中心连线左半部的工作腔容积逐渐减小，将液压油从出油口压出。这就是叶片泵的泵油过程。

任务准备

(1) 安全、整洁的汽车维修车间或模拟汽车维修车间。
(2) 齐全的消防用具及个人防护用具。
(3) 能正常使用的实训用整车(自动变速器)。
(4) 汽车举升设备、常用工具、量具。
(5) 专用工具、检测仪器，车型、设备使用手册或作业指导手册。

▼任务实施

1. 自动变速器油泵综合故障诊断

自动变速器油泵的维修或更换，工作量大，拆装技术要求高。因此，只有在确定是油泵故障后才能进行拆修。以下根据几种不同的故障现象，可以初步分析和确定是否是油泵故障。

1) 汽车不能行驶

其现象具体表现为自动变速器无论在哪个挡位，汽车都不能行驶；或者汽车能启动，但行驶很短的路程后，就会自动停下来，无法行驶。

在检查液压油、操纵机构、油液滤清器正常后，可以初步确定是液压系统的油泵损坏，还是主油路严重泄漏。后一种情况一般是因油泵磨损过度而引起，其现象是冷车时有一定的油压，热车后油压明显下降。这两种情况都必须拆卸分解自动变速器油泵予以修理或更换。

2) 汽车启动、上坡、加速无力

其现象表现为汽车起步时踩下加速踏板，发动机转速很快升高，但车速缓慢升高，平路上加速时也是如此，上坡时更为明显。

其主要原因是离合器或制动器摩擦片接合不良。造成这种现象的原因有很多，首先要检查 ATF 油面是否正常，过高或过低都会出现打滑。油面正常时，若每个挡都有打滑的现象，则基本可以确定是因油泵故障或主油路泄漏严重，以致系统压力不够，从而导致离合器或制动器接合不良。出现上述情况时，同样必须拆卸分解自动变速器予以修理。

3) 自动变速器异响

自动变速器发生异响，以机械故障为主。油泵由于磨损过度，间隙过大，也会出现异响。若每个挡位都有连续异响，则通常是油泵或液力变矩器发生故障；若齿轮泵断齿，叶片泵叶片折断，则不仅有异响，还会出现压力脉动。可以通过检查压力来确定是否是油泵损坏。

2．油泵故障的检测方法

油泵是液压系统的动力元件。如何正确和有效使用检测工具对自动变速器油泵进行检测是自动变速器油泵故障判断和维修的关键。

1) 油压表

利用油压表是检测液压系统的技术状况和诊断故障最简单而行之有效的方法。液压系统中，通过不同的控制油路来实现各种动作的控制。实现这些动作的控制需要一定的压力，因此，系统中设有几种不同的压力。检测油泵压力主要是检测油泵输出供油压力。

2) 检测方法

根据专用油压检测接口测试压力值的大小和压力值变化规律，可初步确定故障部位。

(1) 检测压力值明显偏小，说明油泵磨损过度或系统泄漏严重。

(2) 检测压力值出现波动，发动机怠速正常时可能是过滤器堵塞，如果伴随有规律的响声，可能是油泵损坏。

(3) 压力值过高，一般不会是油泵故障，一般是节气门传感器或主油路调压阀有故障。

(4) 没有压力，说明油泵没有工作，可能是定位套磨损或油泵转子破碎，需要将油泵拆下修理。

3．油泵损坏形式及原因分析

(1) 油泵齿轮断齿或叶片折断，叶片泵转子破碎，泵壳有裂纹。其主要原因是有异物进入，疲劳断裂，装配时受伤和材料质量差。

(2) 油泵传动轴损坏、弯曲。其主要原因是疲劳，拆装时受伤，材质差。

(3) 叶片泵叶片发卡。其原因是叶片与转子配合间隙过小，油质过脏。

(4) 油泵磨损，转子定位套磨损。磨损分为正常磨损和非正常磨损，非正常磨损一般是油中有杂质造成的，磨损表面不平整，而正常磨损表面平整均匀。转子定位套磨损会出现滑移现象，油泵因此无法正常工作。

(5) 油泵泄漏。其原因可能是密封垫或密封圈损坏，或齿轮泵月牙板磨损超标出现内泄，泵油压力下降。

4．油泵的分解

油泵的分解如图 4-11 所示，具体步骤如下：

(1) 拆下油泵后端轴颈上的密封环。

(2) 按照对称交叉的顺序依次松开转子轴与泵体的固定螺栓，打开油泵。

(3) 用油漆在小齿轮上做一记号，取出小齿轮及齿轮。

(4) 拆下油泵前端盖上的油封。

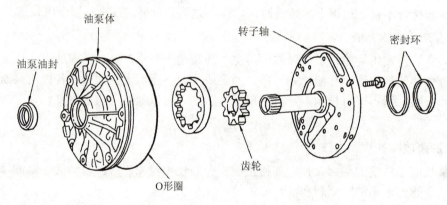

图 4-11　丰田 A340E 油泵分解图

5．油泵零件的检验

油泵零件的检验步骤如下：

(1) 用厚薄规分别测量油泵内齿轮(从动齿轮)外圆与油泵壳体之间的间隙，小齿轮及内齿轮的齿顶与月牙板之间的间隙，小齿轮及内齿轮端面与泵壳平面的端隙，如图 4-12 所示。将测量结果与表 4-1 对照。如不符合标准，应更换齿轮、泵壳或油泵总成。

图 4-12　油泵间隙的检验

表 4-1　油泵测量标准

项　目	标准间隙/mm	最大间隙/mm
内齿轮与壳体间隙	0.07～0.15	0.3
齿顶与月牙板间隙	0.11～0.14	0.3
齿轮端隙	0.02～0.05	0.1

(2) 检查油泵小齿轮、内齿轮、泵壳端面有无肉眼可见的磨损痕迹。如有，应更换新件。

(3) 用量缸表或内径千分表，测量泵体衬套内径。最大直径应该是 38.19 mm。如果衬套直径大于规定值，就要更换油泵体，如图 4-13 所示。

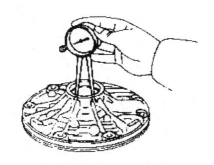

图 4-13　泵体衬套检测

(4) 测量转子轴衬套内径。测量衬套前端、后端的直径。前端最大直径是 21.58 mm，后端最大直径是 27.08 mm。如果衬套内径超出规定值，就要更换转子轴，如图 4-14 所示。

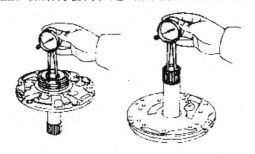

图 4-14　转子轴衬套检测

(5) 轴瓦磨损的检查。首先要检查一下液力变矩器驱动油泵的轴颈，如果发现有磨损或伤痕，轻者可用细砂纸打磨，重者则需要更换。其次，将带有轴瓦的油泵盖套入并用双手晃动，检查间隙是否过大。如果间隙过大，则需更换新的轴瓦。

6．油泵的装配

油泵的装配步骤如下：

(1) 用干净的煤油清洗油泵的所有零件，并用压缩空气吹干，再在清洁的零件上涂上少许自动变速器用液压油(ATF)。

(2) 在油泵前端盖更换新的油封。注意：油封断面应与油泵体外边缘平齐；在油封唇部涂抹规定规格的润滑脂。

(3) 更换所有的 O 形密封圈，并在新的 O 形密封圈上涂抹 ATF 油。

(4) 按分解时相反的顺序组装油泵各零件。

(5) 按照对称交叉的顺序，依次拧紧油泵盖紧固螺栓，拧紧力矩为 10 N·m。

(6) 在油泵后端轴颈上更换新的油封圈。

(7) 在新的 2 个油封圈上涂上 ATF，将油封圈收缩后装到定子轴上。

(8) 检查油泵运转性能，将组装后的油泵插入液力变矩器中，转动油泵，此时油泵齿轮转动应平顺，无异响。

 检查评价

对任务实施过程以及结果进行检查、评价，评价指标建议如下：

① 工作的参与度情况	② 工作的规范性情况	③ 工作的效率情况	④ 工作的质量情况
⑤ 5S 工作制遵守情况	⑥ 工作态度情况	⑦ 工作创意创新情况	⑧ 团队协作情况

学习任务3 自动变速器冷却调节系统检修

 **任务目标**

(1) 了解自动变速器冷却系统的作用。

(2) 了解自动变速器冷却系统的检测方法。

任务描述

装备自动变速器的汽车在行驶时动力不足，经专业检查，需要对变速器冷却控制系统进行检修。请根据实际需要，制订学习、检修工作计划并实施。

相关知识

一、冷却控制系统的作用

自动变速器冷却系统是自动变速器系统的组成之一。该系统工作正常与否直接影响着变速器的正常工作。自动变速器冷却系统用于控制自动变速器 ATF 温度，它是自动变速器系统组成中不可缺少的一部分。自动变速器利用液体来传递动力(变矩器)，利用液压来实现部件由摩擦而建立的连接或约束，势必会造成能量损失，这部分损失就转变为热。特别是在利用液体将发动机输出动力传递至变速器时的能量损失，它是由液体的动能转换成热能并实现机械传递的。而 ATF 会随自动变速器的高温而变质，ATF 变质后首先会降低摩擦元件的摩擦系数，进而使摩擦元件产生打滑，这样又会由于摩擦元件的打滑继续加剧变速器温度的上升，最终形成恶性循环，损坏自动变速器，因此自动变速器在任何时候都必须有一个正常的工作温度，自动变速器冷却系统示意图如图 4-15 所示。

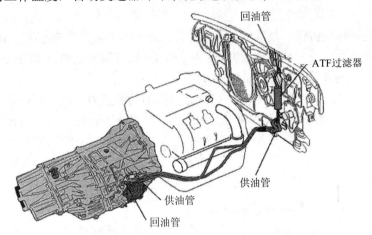

图 4-15　自动变速器冷却系统示意图

目前大部分车型的自动变速器都是靠空气流和发动机冷却液来为自动变速器冷却的。冷却系统的结构大体可分为两种：最为常见的一种是自动变速器冷却器与发动机冷却器集成在一起；另一种是自动变速器独立式冷却器。

与发动机冷却器集成一体的自动变速器冷却器最为普遍，大部分奔驰、丰田、本田、现代、三菱等车系都采用这种冷却控制。其冷却方式主要是靠空气流和发动机冷却液共同来为自动变速器冷却，因此主要的流动循环是 ATF。从自动变速器出来的高温 ATF 直接进入冷却器，通常把这条管路称为供油管路，经过空气流动和发动机冷却液冷却的 ATF 从冷却器回到变速器，通常把这条管路称为回油管路。这种冷却方式容易出现的问题是当自动变速器内部机械元件出现磨损后或 ATF 变质产生油泥时，经过 ATF 循环流动容易堵塞冷却器而使变速器产生高温，继而加剧变速器内部机械元件的损坏。不过这种形式的冷却还是好于独立式冷却。同时，当发动机冷却系统或冷却器出现问题时，首先导致发动机工作温度不正常，从而导致变速器冷却控制失调，因此其缺点是当某个冷却器出现故障后，必须同时更换变速器。

目前采用独立式冷却器的车型也比较多，较常见的有一汽大众捷达、宝来以及富康、奥迪、宝马等车系。它们主要靠发动机冷却液来为自动变速器冷却，因此其主要的流动循环是冷却液。自发动机冷却液进入独立的自动变速器冷却器后，冷却液再流回到发动机冷却器中。这种回到发动机冷却器形式的冷却控制的优点是，当冷却器出现堵塞、不能达到其清洗效果时可以单独更换该冷却器；同时在车上拆下自动变速器总成时，不会污染自动变速器 ATF。其缺点是，比与发动机冷却器连为一体的冷却器更容易堵塞，同时在清洁时也不容易彻底清洗干净。

捷达或宝来 01M 型自动变速器冷却器严重堵塞后，变速器温度会急剧升高，表现的特征是换挡延迟、加速无力或不能换挡，严重时汽车不能行驶。

二、冷却系统引起的自动变速器故障

大部分自动变速器各部件的润滑压力都是靠冷却器的回油来实现的，但一般在维修自动变速器时往往都会忽略对冷却器的检查和清洗。特别是当自动变速器出现高温故障时，必须对冷却系统做严格的检查。

ATF 流量对于保证自动变速器的正常运行具有关键性的作用。首先具有足够的 ATF 流量才能保证变速器行星齿轮系及其他转动部件的润滑和散热器的散热作用，ATF 流量不足是导致变速器损坏的比较常见的原因之一。根据 ATF 在自动变速器内部的循环流动，便可得知 ATF 对行星齿轮机构的润滑控制的重要性。

当冷却器回油 ATF 流量不足时，会降低行星排的润滑压力，继而导致其磨损，磨损下来的金属碎屑经 ATF 循环后流入变速器油底壳内，这样油底壳内的这些金属碎屑会直接吸附在 ATF 滤清器上，从而降低了油泵的泵油压力，也因此再次影响了 ATF 冷却器的循环流量，最终导致自动变速器的故障出现。使用流量计对自动变速器冷却系统进行检查便可排除因润滑压力不足而烧损自动变速器的故障。

1. 自动变速器冷却系统常规检查方法

发动机达到正常工作温度并在怠速下运转，同时变速杆置于 P 位，此时断开变速器散热器的回油管，观察其回油量。在正常情况下在 20 s 内至少应有 1 L 左右的回油量。但这种测量方式还存在着某种不足，目前美国的公司专门生产了一种"流量计"，它通过示波器来检测不同车型自动变速器的散热器流量的数据波形，将实际检测与正常标准的波形做比较就能判断出自动变速器散热系统的工作是否正常。

2. 更换或修复自动变速器后冷却系统的检查方法

当装上新的或修复好的自动变速器，并加注新的 ATF 后，一般需要对冷却器流量进行检查，特别是对于一些容易产生高温的变速器，这项检查是非常有必要的。

(1) 起动发动机使之预热，并使其处于怠速工况，同时变速杆应置于 P 挡或 N 挡。

(2) 断开散热器回油管并放置一个容器，不要使流出的 ATF 飞溅到其他地方以免发生危险。

(3) 观察冷却器回油管的回油流量，如果 ATF 流动是间歇性的或在 20 s 内没有流出 1 L 左右的油液，则需要更换散热器并检查两根管路。

(4) 如果流量符合要求，应及时连接管路并将 ATF 补充至标准液面高度，同时注意检查连接后的管路有无渗漏情况。

▼ 任务准备

(1) 安全、整洁的汽车维修车间或模拟汽车维修车间。

(2) 齐全的消防用具及个人防护用具。

(3) 能正常使用的实训用整车(自动变速器)。

(4) 汽车举升设备，常用工具、量具。

(5) 专用工具、检测仪器，车型、设备使用手册或作业指导手册。

▼ 任务实施

针对具体车型，对自动变速器冷却系统进行认知并进行冷却系统流量检测。

▼ **检查评价**

对任务实施过程以及结果进行检查、评价，评价指标建议如下：

① 工作的参与度情况	② 工作的规范性情况	③ 工作的效率情况	④ 工作的质量情况
⑤ 5S 工作制遵守情况	⑥ 工作态度情况	⑦ 工作创意创新情况	⑧ 团队协作情况

学习任务 4　自动变速器液压调节系统检修

▼ **任务目标**

(1) 了解自动变速器液控系统的结构原理。
(2) 了解自动变速器液控系统的工作原理。

▼ **任务描述**

装备自动变速器的汽车在行驶时动力不足，经专业检查，需要对变速器液压控制系统进行拆解检修。请根据实际需要，制订学习、检修工作计划并实施。

▼ **相关知识**

一、液压控制系统主要油压的功能

液压控制系统主要油压功能如表 4-2 所示。

表 4-2　液压控制系统主要油压功能

油压名称	功　能
主油路油压	由一次调节阀调节的主油路油压，是自动变速器中最基本、最重要的油压，因为它的作用是使变速器中所有离合器和制动器工作，而且也是自动变速器中其他所有油压(节气门油压等)的来源
变矩器和润滑用油压	它由二次调节阀产生，为变矩器供应变速器油、润滑变速器壳体和轴承等，并且将油送至油冷却器
节气门油压	由节气门阀调节的节气门油压，随加速踏板踩下的程度，相应地增加或减小调速器阀调节的调速器油压并与车速相对应。这两种油压之差是决定换挡点的因素，因此这两个油压都很重要
调速器油压	

二、液压控制系统基本控制阀体介绍

1. 球阀式调压阀

当油压超过规定时，球阀克服加在上面弹簧的预紧力上移，从油路排出工作油液，使油路系统压力正常，如图 4-16 所示。

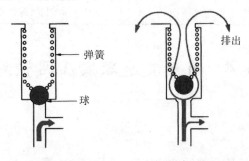

(a) 油压低于规定压力   (b) 油压高于规定压力

图 4-16　球阀的结构以及工作图

2. 活塞式调压阀

当油路油压超过规定时，活塞下降，当活塞下移至规定位置时，活塞筒中的排液口开启，从系统中排出工作液以控制油路油压，如图 4-17 所示。

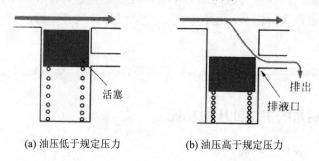

(a) 油压低于规定压力   (b) 油压高于规定压力

图 4-17　活塞阀的结构及工作图

3. 液压阀

自动变速器常用的液压阀有：节气门阀、节气门油压修正阀、锁止信号阀、锁止继动阀和换挡阀等。滑阀的一端被弹簧推动，而另一端则受到油液的压力。需要对工作油路换挡时，通过增大或减小油压使阀门做水平移动，如图 4-18 所示。

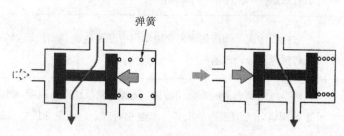

图 4-18　液压阀结构及工作图

4. 换挡品质控制——节流阀(缓冲阀)

节流阀安装于通往离合器、制动器的油压管路中,使离合器、制动器接合平稳,分离迅速彻底,以改善换挡品质,如图 4-19 所示。当工作油从进液口①流入排液口②时,油压推动防松球靠住一个节流孔,直至其受阻,因此工作油仅能流经一个节流孔,流至排液口2 的工作油压力仅能逐渐升高,使执行器接合平稳。当工作油反向流动时,防松球被推开,油压迅速泄出,使执行器迅速分离。

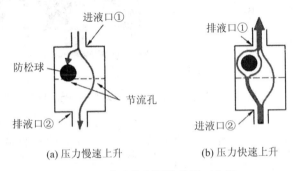

(a) 压力慢速上升 　　　　　 (b) 压力快速上升

图 4-19　节流控制阀结构及工作图

5. 手控阀

自动变速器的液压介质在驱动离合器和制动器的接合或放松时,是靠控制系统打开或关闭开关阀进而接通或关闭油道来完成的。自动变速器内有许多开关阀,如换挡阀、降挡阀、电磁阀、定时阀及单向阀等,手控阀亦是开关阀中的一种。

手控阀通过连杆或拉锁与选挡杆相连,通过选挡杆可以把控制阀(滑阀)拉动至 P、R、N、D、2、L 等挡位。滑阀位置的改变会将主油路油压导入相应管路,从而实现油路转换,实现自动变速器不同的驱动范围。手动阀因变速器型号及自动变速器挡位数的不同而异,但由于它们都是开关滑阀,因此结构原理是一致的,如图 4-20 所示。

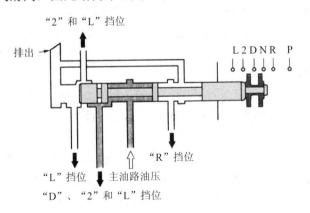

图 4-20　手控阀结构及工作图

6. 换挡品质控制——储能减震器

(1) 作用:减缓换挡执行元件油压上升的速度,以减小换挡冲击。每个前进挡都有一个执行元件按先快后慢的过程接合,用于防止离合器和制动器在接合时的冲击。

(2) 工作过程:如图 4-21 所示油液从进液口①进入的同时将活塞 A 推至右端、将活塞

B 向下推。用此方式可减小活塞 A 上的油压冲击，当推下活塞 B 时压缩弹簧储蓄了能量，所以叫储能减震器。

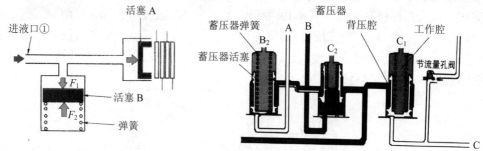

图 4-21　储能减震器工作图

7. 主油路调压阀——主调压阀(一次调压阀，以 A340E 变速器为例)

由上述分析可知，自动变速器的油泵由发动机直接驱动，油泵的理论泵油量和发动机的转速成正比(定量泵)。为了保证自动变速器的正常工作，油泵的泵油量应在发动机处于最低转速工况时也能满足自动变速器各部分的需要，其中包括：为驱动换挡执行元件活塞所需的液压油、为防止液力变矩器内液压油过热而不断循环的液压油、齿轮机构润滑所需的润滑油、各处油封泄漏所消耗的液压油、控制系统工作所需的液压油等，并保证油路中有足够高的油压，以防止因油压过低而使离合器、制动器打滑，影响自动变速器的动力传递。由于发动机的怠速转速和发动机的最高转速之间相差很大，因此当发动机高速运转时，油泵的泵油量将大大超过自动变速器所需的油量，导致油压过高，增加发动机的负荷，并造成换挡冲击。为此，必须在油路中设置一个油压调节装置，称为主调压阀。

自动变速器对主调压阀的要求如下：

(1) 在发动机高速运转时让多余的液压油返回油底壳，使油泵的泵油压力始终稳定在一定范围内，以满足自动变速器各种工况对油路油压的要求。

(2) 主油路油压应能随发动机节气门开度的增大而升高，当节气门开度较大时，由于发动机输出功率和自动变速器所传递的转矩都较大，为了防止离合器、制动器等换挡执行元件打滑，主油路油压也要相应升高。反之，当节气门开度较小时，自动变速器所传递的转矩也较小，主油路油压可以相应降低。

(3) 汽车在高速挡以较高车速行驶时，由于此时汽车传动系统处在高转速、低转矩状态下工作，因此可以相应地降低主油路油压，以减小油泵的运转阻力，节省燃油，提高燃料的经济性。

(4) 倒挡时主油路的油压比前进挡时的油压大，通常可达 1～1.5 MPa，这是因为倒挡在汽车使用过程中所占用的时间很少，为了减小自动变速器的尺寸，倒挡离合器或倒挡制动器在设计上采用了较少的摩擦片，因此在工作时需要有较高的油压，以防止其接合时打滑。

主调压阀由阀体和调压弹簧组成，如图 4-22 所示。当节气门开大或车速增加时，节气门油压便加大，于是便推动主调压滑阀上行，使泄油口关小，这时主油压上升，主油压的上升使作用在主调压阀上部的力上升，于是又压缩弹簧把阀压下，使泄油口开大，增大泄油量以维护油压不至于继续上升。当节气门停止不动，直至主滑阀受上下两方向的力平衡时止，滑阀便停留在相应的位置上，以维持这个相应的节气门开度的主油压的稳定。由此可知，每有一个节气门开度，以上各力便产生一个相应的变化，而且这个变化反过来又通过弹簧的伸张使泄油口稳定，以达到弹簧张力，加上节气门油压形成的向上的推力。当向上的推力等于图 4-22 中 A 处主油压形成的向下的推力时，滑阀便停止运动，于是便产生了一个对应的主油压，稳定油压便产生。当汽车挂入倒挡时，来自手动阀的主油压作用在反馈阀的下部，使该阀上推主调压阀，关小泄油口，使油压上升至把弹簧再次压缩到上下推力相等时为止，产生倒挡油压。

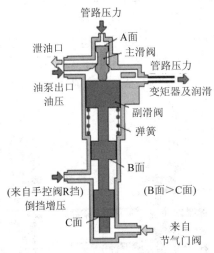

图 4-22　主调压阀结构示意图

综上所述，主油压是随节气门开度变化而变化的油压，即随节气门油压变化而变化，又因节气门油压与车速有关，所以主油压也受车速影响，当车速升高时，主油压适当降低，以达到节油和减轻油泵负荷的目的。

8. 主油路调压阀——二次调压阀(次调压阀，以 A340E 变速器为例)

图 4-23 为二次调节阀的结构示意图。其工作原理大致是，由一次调压阀泄出的油液进入二次调节阀，被二次调压阀泄油口节流输出一个油压，此油压供给液力变矩器，同时经节流后供给润滑系统。

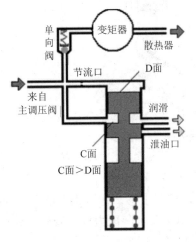

图 4-23　二次调压阀结构示意图

在二次调压阀的阀体内装有一个滑阀，另有一个弹簧下端支承在阀体上，上端则支承在滑阀上，滑阀的下部作用着节气门油压与弹簧弹力，两者的合力使阀受向上的推力，而阀的上部则通过节流孔把一次调压阀泄出的，但经二次调节阀产生的油压引入滑阀的上端，给滑阀一个向下的作用力。当两力平衡时，泄油口开度便稳定，于是二次调压阀输出的油压便稳定。

9. 节气门阀及助力阀(以 A340E 变速器为例)

1) 节气门阀

(1) 功用：产生与节气门开度成正比的节气门压力信号，经节气门压力修正阀修正后，作用于主调压阀的阀芯下端，使主调压阀所调节的管路压力随节气门开度的增大而增大。

(2) 结构：由滑阀、柱塞及弹簧等组成。节气门阀的结构，如图 4-24 所示。

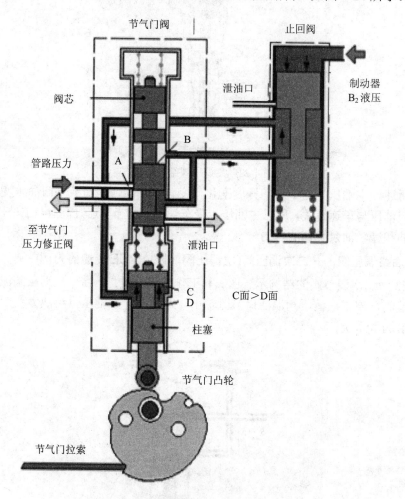

图 4-24 节气门阀与止回阀结构示意图

(3) 工作：踩下加速踏板，柱塞上移，弹簧张力增大，管路油压阀口 A 被打开，产生节气门压力。节气门压力除作用于节气门压力修正阀外，亦作用于节气门阀 B 处与弹簧弹力相平衡。

2) 助力阀(止回阀)

(1) 功用：当变速器进入二挡以上，节气门开度稍大时，用于加速踏板助力。

(2) 结构：由滑阀、弹簧等组成，如图 4-26 所示。

(3) 工作：当变速器进入 2、3、4 挡时，来自 B2 的管路压力迫使止回阀阀芯下移，节气门压力经止回阀送至节气门阀的柱塞(C-D)处，由此产生一个向上的推力，从而使加速踏板操作轻便，如图 4-24 所示。

3) 节气门压力修正阀

(1) 功用：将作用于主调压阀下端的节气门压力转换成随节气门开度成非线性变化的压力信号，以使管路压力在节气门开度较大时的增长速率减小。节气门压力修正阀的修正特性如图 4-25 所示。这一修正使得管路压力的变化更加接近节气门开度增大时发动机真正的动力变化。

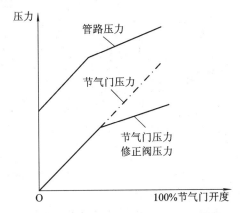

图 4-25　节气门压力修正阀的修正特性

(2) 结构：由滑阀弹簧等组成，如图 4-26 所示。

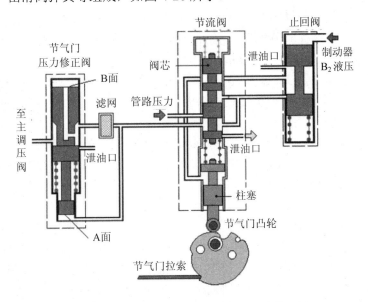

图 4-26　节气门阀、止回阀与节气门压力修正阀

(3) 工作：节气门压力对阀芯上下作用力差(B 面＞A 面)，使泄油口打开前修正压力与节气门压力相同，泄油口打开后，修正压力低于节气门压力，从而保证管路压力在节气门开度较大时的增长速率减小。

10. 各种调压阀的连通关系

上述各种调压阀的连通关系如图 4-27 所示。

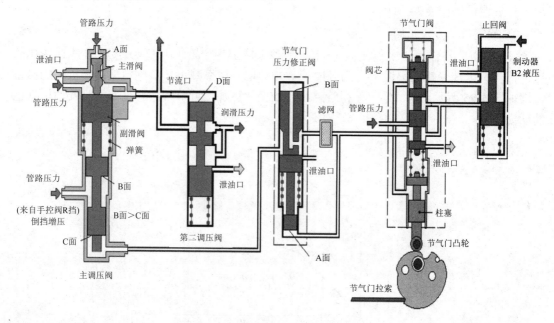

图 4-27　上述各种调压阀的连通关系

11. 脉冲电磁阀调压阀

早期自动变速器的节气门油压是用节气门拉索控制的，以便使节气门油压随节气门开度的变化而变化。这种随节气门开度的变化而变化的油压(前已述及)，一方面送入一次调压阀，以便使一次调压阀调整的主油压受控于节气门油压，即节气门开度小时，节气门油压也相应减小，节气门油压又把主油压也相应减小。当节气门开大时，节气门油压升高，受控制于节气门油压的主油压也升高，以使自动变速器适应各挡位变化的要求。

目前，一些新型电控自动变速器完全取消了由节气门拉索控制的节气门阀，节气门油压用一个脉冲线性式电磁阀来控制(把这种电磁阀串联在节气门油压中，通过电脑控制其开通与关闭的占空比来使节气门油压得到调节)。另外，还有的用线性电磁阀调整离合器等的油压。

脉冲线性电磁阀由电磁线圈、衔铁、阀芯或滑阀等组成，如图 4-28 所示。计算机根据节气门位置传感器信号测得节气门开度，并计算出控制送往电磁阀脉冲信号的占空比，按相应的占空比控制三极管的基极，使控制电磁线圈的三极管导通或截止，以改变电磁阀开启或关闭的占空比，控制油路中的泄油量，从而根据节气门的不同开度调整出相应的节气门油压。

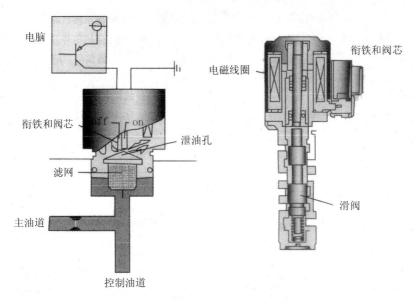

图 4-28　脉冲电磁阀结构简图

节气门开度愈大，脉冲电信号的占空比愈小，即脉冲电磁阀开度愈小，泄油口开度也越小，节气门油压就愈高；反之，节气门油压愈低。这一由脉冲电磁阀控制的随节气门开度而变化的油压反馈给一次调压阀，以控制一次调压阀调整出的主油压随节气门开度做相应变化。

脉冲线性电磁阀调制出的节气门油压是随发动机的负荷变化而变化的，因此将此油压反馈给一次调压阀，使一次调压阀调整出的主油压也随发动机的负荷变化而变化，以求驱动油泵的动力损失减小到最佳值。此外，计算机还可根据换挡开关置入倒挡的信号，改变脉冲电磁阀的占空比，使泄油口关小，提高节气门油压，从而使主油压提高，以满足倒挡时对主油压的要求。

在一些特殊工况下，电脑还可根据各有关传感器或操纵手柄位置，对主油路的压力通过线性脉冲电磁阀进行修正控制，使油路压力获得最佳值。例如当选挡杆推入 L、S、1、2等低挡位时，由于汽车驱动力增大，计算机根据挡位信号调整线性脉冲电磁阀的占空比，使主油路压力提高，以满足动力传递的要求。又如，为减小换挡冲击，计算机还在自动变速器进行换挡的过程中，根据节气门开度大小，适当增大占空比信号，以适当地减小主油路压力，改善换挡品质。又如，计算机可根据液压油温度传感器信号，在油温未达到正常温度(60℃以上)时，将主油压调整为低于正常值，这样可防止液压油温过低、黏度过大而引起的换挡冲击。当液压油温度低于−30℃时，计算机使线性电磁阀的占空比减小到最小值，以使油压升高至最大值，使离合器和制动器尽快结合，防止因油温过低、油液黏度过大而造成换挡过于缓慢。又如，在海拔较高时，因发动机输出功率降低，计算机控制脉冲电磁阀的占空比，使主油压低于正常值以防换挡时的冲击。

综上可见，自动变速器内有各种调压阀，它们均由主油压调节而成，阀的多少因自动变速器的型号而异。但不管什么调压阀，均采用弹簧与油压抗衡固定节流口的方式或用脉冲电磁阀泄压的方式调节的，所以了解调压阀时，首先要掌握被调油压是谁，然后确定调制后油压的去向，便可将此调压阀的作用固定下来。只要把所有调压阀的作用和油路走向弄清楚，整个油路图便可了如指掌，自动变速器各挡的油路循环原理便迎刃而解。

12. 液力变矩器锁止离合器控制系统(以 A340E 变速器为例)

该系统的作用是为液力变矩器锁止离合器提供具有一定压力的液压油，同时将液力变矩器内的高温油液送至散热器冷却，并让一部分冷却后的液压油流回自动变速器，对其中的轴承和齿轮进行润滑；同时控制液力变矩器中锁止离合器的接合与分离。

(1) 锁止控制过程：如图 4-29 和图 4-30 所示。

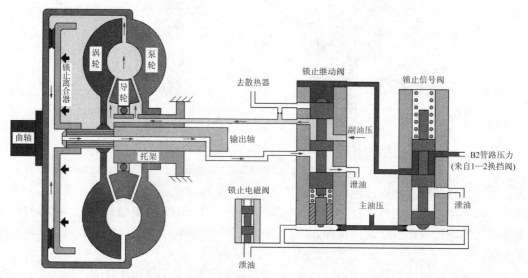

图 4-29　锁止离合器接合时相关控制阀的工作情况

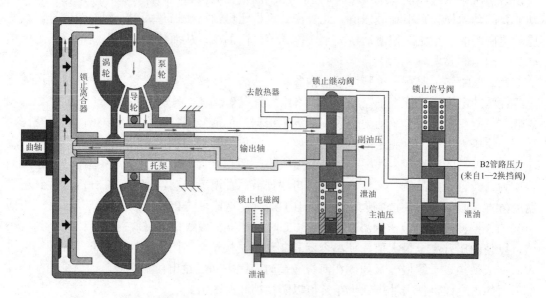

图 4-30　锁止离合器分离时相关控制阀的工作情况

锁止电磁阀通电，阀门打开泄压，锁止信号阀阀芯下移，使 B2 的管路油压作用于锁止继动阀上端，使阀芯下移，锁止离合器接合。

锁止电磁阀断电，阀门关闭，锁止信号阀阀芯在管路油压作用下上移，B2 的管路油压不再作用于锁止继动阀上端，而油泵来的管路油压作用于锁止继动阀下端，使阀芯上移，使通向液力变矩器的 ATF 改变流向，锁止离合器分离。

(2) ECU 对锁止离合器的控制规律。电控自动变速器 ECU 按照设定的控制程序，通过锁止控制电磁阀来控制变矩器锁止离合器的接合或分离。电控自动变速器在各种工作条件的最佳锁止离合器控制程序被事先储存在自动变速器 ECU 的存储器内，ECU 根据自动变速器的挡位、选取的控制模式等工作条件从存储器内选择出相应的锁止控制程序，再将车速、自动变速器油温、节气门开度与锁止控制程序进行比较。当满足锁止条件时，ECU 即向锁止电磁阀发出指令(电信号)，使锁止离合器接合，液力变矩器按机械传动工况工作。

丰田雷克萨斯液力变矩器锁止离合器的锁止条件为：① 发动机及变速器温度正常；② 汽车以第 2 挡、第 3 挡或超速挡(D 挡位)行驶；③ 车速等于或高于规定值，节气门开启度等于或高于规定值；④ ECU 没有收到锁止系统的强制取消信号。

在以下几种情况下可强制解除锁止：当汽车采取制动或节气门全闭时，为防止发动机失速(熄火)，自动变速器 ECU 切断通向锁止电磁阀的电路以强行解除锁止。在自动变速器升降挡过程中，自动变速器 ECU 暂时解除锁止，以减小换挡冲击。如果发动机冷却液的温度低于 60℃，锁止离合器应处于分离状态，以加速预热和提高汽车的使用性能。当巡航控制系统工作时，车速降至设定速度以下至少 10 km/h，目的是让液力变矩器工作，起增矩作用。

不同型号的自动变速器锁止离合器的接合条件不同，例如新款奔驰轿车采用的 7 速自动变速器，其锁止离合器从 1 挡到 7 挡都有可能接合，这大大降低了自动变速器的功率损耗和整车油耗。对于不同的自动变速器，TCC 锁止电磁阀既有开关式，也有脉宽调制式(PWM)，新生产的车型多数采用了脉宽调制式(PWM)电磁阀，例如 01M 型、4T65E 型、AFl3 型等都采用 PWM 电磁阀。自动变速器 ECU 通过发动机转速传感器和变速器计算锁止离合器的滑转速度，从而使锁止离合器的接合速率得到控制，锁止离合器的工作更加平稳。

目前电控自动变速器大多采用脉冲宽度调制(PWM)式电磁阀，以线性地改变控制油压，使变矩器锁止离合器的接合过程变得柔和，以改善汽车行驶的平顺性。

任务准备

(1) 安全、整洁的汽车维修车间或模拟汽车维修车间。
(2) 齐全的消防用具及个人防护用具。
(3) 能正常使用的实训用整车(自动变速器)。
(4) 汽车举升设备、常用工具、量具。
(5) 专用工具、检测仪器。
(5) 车型、设备使用手册或作业指导手册。

任务实施

液压控制系统的检修

在自动变速器实际故障维修过程中，液压控制系统出现的故障比较多见。例如，当系统压力偏高时变速器会出现换挡冲击现象；当系统压力偏低时，变速器会出现打滑以及摩擦片烧蚀现象；当自动变速器系统润滑压力不正常时，通常会烧损行星排或其他转动部件；当液力变矩器锁止离合器压力不正常时，变速器通常会出现高温和功率损失现象。

对于液压控制系统的检查，一般可以通过测量液压系统压力值的方式来检查其工作性能的好坏(因为大多数变速器都会有油压检测孔)，最重要的是对液压控制阀体的检查和清洗。

(1) 变速器阀体的拆卸分解。首先确认所分解阀体的详细资料，如无详细资料，可先用高清晰度数相机拍下详细内容，防止因无资料而错装。拆卸前，先用橡胶锤轻轻敲击阀体，主要是让阀球和截流阀落回球座或截流阀座中；同时要平放拆卸，主要是防止阀球或截流阀错位或丢失。

(2) 拆下的所有滑阀等零部件要按照顺序、方向放置在专用零件盒中。

(3) 一定要使用煤油或酒精清洗，千万不要用汽油或清洗剂清洗，而且一定要将阀体中所有滑阀(除特殊阀体外)都拆卸完毕再清洗，这样才能达到良好的清洗效果。

(4) 阀体和滑阀的检查。首先检查各滑阀有无磨损，同时要检查和滑阀相配合的阀孔是否有磨损。其次检查滑阀的自由落体情况，同时还可以通过压缩空气等方法来检查滑阀的泄漏情况。

(5) 对一些车型的阀体(如本田阀体)，允许用水磨砂纸打磨的滑阀，可以用超细水磨砂纸将有轻微拉伤的滑阀进行轻微打磨处理。

(6) 清洗完毕后，用压缩空气将阀体和各个滑阀吹干，同时按方向、按顺序装配，并在装配时在各个滑阀上涂抹一些新的自动变速器油液。

(7) 阀体湿式测试和真空测试。对一些容易磨损的调节式阀门进行真空测试，以验证其工作性能的好坏。一般可利用灯光通过观察阀门的漏光度来确定阀门是否磨损，或在阀门密封部位加入少量的 ATF 油液以确定阀门的密封性，或采用美国 SONMAX 公司的真空测试法等。

▼ 检查评价

对任务实施过程以及结果进行检查、评价，评价指标建议如下：

① 工作的参与度情况	② 工作的规范性情况	③ 工作的效率情况	④ 工作的质量情况
⑤ 5S 工作制遵守情况	⑥ 工作态度情况	⑦ 工作创意创新情况	⑧ 团队协作情况

学习单元 5　自动变速器电控系统检修

学习任务 1　自动变速器电控系统输入信号的检修

▼任务目标

(1) 了解自动变速器电控系统输入信号的类型及作用。

(2) 掌握自动变速器电控系统输入信号的检测方法。

▼任务描述

装备自动变速器的汽车在行驶时换挡异常，经专业检查，需要对变速器电控系统进行检修。请根据实际需要，制定学习、检修工作计划并实施。

▼相关知识

一、电控制系统的组成及功用

自动变速器的电子控制系统由各种传感器、执行器、控制开关及电子控制单元等组成，传感器将测得的发动机转速、节气门开度、汽车车速、变速器油温等运行参数信号传送到电子控制单元，控制单元通过分析运算，根据各个控制开关送来的操作指令和预先设定的控制程序，向换挡电磁阀、油压电磁阀、锁止电磁阀等执行元件发出指令信号，以操纵阀板中各个控制阀的工作，实现变速器的自动换挡。电子控制系统的控制原理，如图 5-1 所示，典型自动变速器电控系统的功用，如表 5-1 所示。

电子控制系统是在液压控制系统的基础上，增设各种传感器和电器执行元件而构成的。计算机接收来自发动机转速、节气门开度、车速、发动机水温、自动变速器油温等传感器的信号，按照设定的换挡规律，通过控制换挡电磁阀、油压电磁阀等电器执行元件来操纵液压控制系统中阀体的动作和油路的转化，进而操作换挡执行元件的动作，实现自动换挡，如图 5-1 所示。电子控制技术的采用，使油路大为简化，同时还可实现精确控制，使自动换挡技术进一步完善。

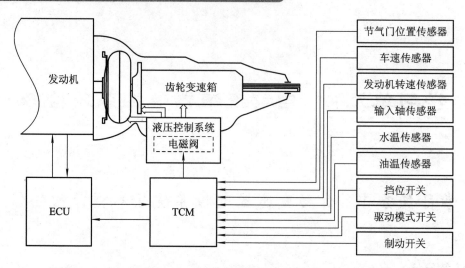

图 5-1 电子控制系统的控制原理

表 5-1 自动变速器(LS400)电控系统的组成及功用

编号	对应部件	功能(注:括号内为该元件发生故障的现象及故障保护功能)
1	模式选择开关	用以选择汽车的行使模式,即自动变速器的换挡规律,以满足不同的使用要求。自动变速器常见的控制模式有:经济、运动、标准、雪地及手动模式。注:有些汽车取消模式开关,由电脑进行自动模式选择控制
2	发动机转速传感器	检测发动机转速并输入电脑,通过与变速器输入轴转速信号的比较,计算出变矩器的传动比,使锁止离合器、油路压力及换挡的控制过程得到进一步的优化,以改善换挡感觉,提高汽车的行驶性能
3	空挡启动开关	检测空挡 N 和驻车挡 P 位置,防止发动机在驱动挡位时起动;判断驱动挡位置,控制变速器进行自动换挡;作为挡位信号,控制仪表指示灯的挡位显示
4	制动灯开关	用以判断制动踏板是否踩下。如果已踩下,则该开关便将信号输给电控单元,可以进行换挡操作;解除锁止离合器的结合,防止突然制动时发动机熄火
5	节气门位置传感器	检测节气门开度,作为变速器自动换挡、闭锁及油压控制的重要参数。(实效保护:节气门怠速开关闭合时:蓄压器背压调节为最大值;怠速开关打开时:电脑默认为节气门开度为50%,此时背压调节为最小值)
6	O/D 开关	用来控制自动变速器的超速挡;OD 开关处于 OFF 位置,开关触点接通,仪表盘上 OFF 指示灯点亮,限制变速器升入 OD 挡;OD 开关处于 ON 位置,开关触点断开,仪表盘上 OFF 指示灯熄灭,变速器在 D 挡行驶时可以升入 OD 挡
7	巡航控制	在车辆以巡航方式行驶时,如果在超速挡时实际车速低于设定车速 4 km/h 以上时,巡航系统就会给发动机及变速器电脑发出信号解除超速挡及闭锁;并防止实际车速达到车辆巡航内存记忆的设定车速前又升入超速挡
8	1 号和 2 号转速传感器	检测车速,作为换挡及闭锁定时的控制参数;通常 ECU 采集 2 号转速传感器信号,而 1 号转速传感器(仪表车速信号)作为备用。(失效状态:无 1 和 2 号车速转速信号,变速器可进行手动换挡)

续表

编号	对应部件	功能(注：括号内为该元件发生故障的现象及故障保护功能)
9	OD 离合器转速传感器(输入轴转速传感器)	检测 1~3 挡输入轴转速；ECU 将此信号与发动机转速信号作比较，计算出变矩器的传动比，优化锁止控制过程；与输出轴转速作比较，计算出速比变化时间，优化油压及换挡控制过程，以改善换挡品质，提高汽车的行驶性能
10	强制降挡开关	检查加速踏板是否达到节气门全开位置，作为强制降挡控制信号，以提高汽车的加速性能。(失效状态：电控单元不计其信号，按选挡手柄位置控制换挡)
11	水温传感器	水温或变速器油温传感器用以检测发动机冷却液或变速器油液温度，以作为电脑进行换挡控制、油压控制和锁止离合器控制的依据；冷却液温度低于 60℃，限制升入 OD 挡及离合器闭锁，从而提高总体驾驶性能并加快发动机达到其正常工作温度。(失效保护：ECU 默认正常温度，低温行驶时，影响换挡品质)
12	ECU	接收传感器信号，控制发动机和变速箱工作；换挡控制；闭锁控制；油压控制；改善换挡品质控制；故障自诊断和失效保护功能；有些自动变速器电脑具有换挡模式选择、发动机制动等智能控制功能(自动变速器电脑失效时，变速器可进行手动换挡控制)
13	1 号和 2 号电磁阀	开关式换挡电磁阀，受电脑换挡信号控制，用以开启或关闭液压油路，控制换挡执行元件动作，实现变速器自动换挡功能。(失效保护：参见换挡电磁阀故障防护功能表)
14	4 号电磁阀(脉冲式电磁阀)	控制蓄压器背压和换挡执行器操作定时；换挡时降低蓄压器背压以改善换挡品质；在 S、L 挡位时提高蓄压器背压；电磁阀在电脑脉冲电信号的作用下不断反复地开启和关闭泄油孔来控制油路压力。(失效状态：背压值最大控制)

　　传感器动态观测车辆行驶的真实状况，并将这些信息传达给电子控制单元(ECU)，ECU 经过计算与思考，来决定是否需要换挡，一旦得出"换挡"的结果，则发出指令命令相应的电磁阀动作，进而实现换挡。这一切都在一瞬间完成。需要指出的是：此电子控制系统不仅仅控制自动换挡，还包括整个变速器所有工况的控制，例如换挡品质控制、油压控制、锁止离合器控制、自诊断与失效安全保护、驾驶模式自动选择、坡道逻辑控制等(见图 5-2)。

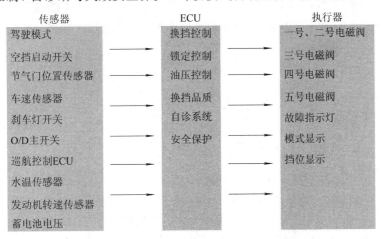

图 5-2　丰田 A340E 变速器电控系统示意图

二、电子控制单元 ECU 的功用

汽车电子控制系统是一个以单片微型计算机(简称单片机)为中心而组成的微型计算机控制系统,故又称为汽车微机控制系统。其中,电子控制器 ECU 是控制系统的核心部件。电控自动变速器可与发动机电控系统共用一个 ECU,也可使用独立的 ECU。

自动变速器控制系统 ECU 的功用是:接收各种传感器输出的发动机工况信号及车辆行驶参数信号,根据 ECU 内部预先编制的控制程序和存储的试验数据,通过数学计算和逻辑判定确定适应整车工况的自动换挡、换挡时刻、液力变矩器锁止等参数,并将这些数据转变为电信号控制各种执行元件动作,从而使自动变速器配合车辆保持最佳运行状态。

自动变速器除了上述控制功能之外,还具有故障自诊断功能。ECU 在对自动变速器运行状态实施最佳控制时,还要对部分传感器传输的信号进行监测与鉴别。当发现某传感器传输的信号超出规定值范围时,ECU 将判定该传感器或相关线路发生故障,并将故障信息编成代码贮存在存储器中,以便维修时调用,同时采取一定的失效保护措施,以保证车辆能够就近寻找维修站维修。例如自动变速器油液温度传感器出现故障时,自动变速器 ECU 将按备用程序设定的油液温度(80 度)进行控制。

三、ECU 换挡控制

换挡控制即控制自动变速器的换挡时刻,也就是在汽车达到某一车速时,让自动变速器升挡或降挡。它是自动变速器电脑最基本的控制内容。自动变速器的换挡时刻(即换挡车速,包括升挡车速和降挡车速)对汽车的动力性和燃料经济性有很大影响。对于汽车的某一特定行驶工况来说,有一个与之相对应的最佳换挡时机或换挡车速。电脑应使自动变速器在汽车任何行驶条件下都按最佳换挡时刻进行换挡,从而使汽车的动力性和燃料经济性等各项指标达到最优。

汽车的最佳换挡车速主要取决于汽车行驶时的节气门开度。不同节气门开度下的最佳换挡车速可以用自动换挡图来表示(见图 5-3)。由图可知,节气门开度越小,汽车的升挡车速和降挡车速越低;反之,节气门开度越大,汽车的升挡车速和降挡车速越高。这种换挡规律十分符合汽车的实际使用要求。例如,当汽车在良好的路面上缓慢加速时,行驶阻力较小,油门开度也小,升挡车速可相应降低,即可以较早地升入高挡,从而让发动机在较

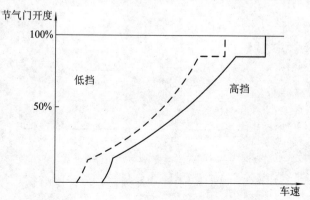

图 5-3　某自动变速器自动换挡图(实线表示汽车加速时的升挡规律,虚线表示汽车减速时的降挡规律)

低的转速范围内工作，减少汽车油耗；反之，当汽车急加速或上坡时，行驶阻力较大，为保证汽车有足够的动力，油门开度应较大，换挡时刻相应延迟，也就是升挡车速相应提高，从而让发动机工作在较高的转速范围内，以发出较大的功率，提高汽车的加速和爬坡能力。

　　汽车自动变速器的操纵手柄或模式开关处于不同位置时，对汽车的使用要求也有所不同，因此其换挡规律也应做相应的调整。电脑将汽车在不同使用要求下的最佳换挡规律以自动换挡图的形式存储在存储器中。在汽车行驶中，电脑根据挡位开关和模式开关的信号从存储器内选择相应的自动换挡图，再将车速传感器和节气门位置传感器测得的车速、节气门开度与自动换挡图进行比较。根据比较结果，在达到设定的换挡车速时，电脑便向换挡电磁阀发出电信号，以实现挡位的自动变换，如图 5-4 所示。

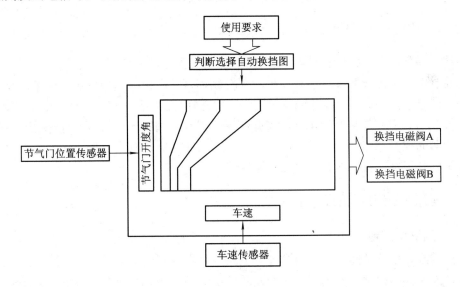

图 5-4　自动换挡控制方框图

　　4 挡自动变速器控制系统中的换挡电磁阀通常有 2 个或 3 个。大部分日本轿车自动变速器(如丰田、马自达轿车)采用 2 个换挡电磁阀，一部分欧美轿车自动变速器(如奥迪、福特轿车)采用 3 个电磁阀。控制系统通过控制这些换挡电磁阀开启和关闭(通电或断电)的不同组合来实现的挡位。不同厂家生产的自动变速器换挡电磁阀的工作组合与挡位的关系都不完全相同。

四、自动模式选择控制

　　液力控制自动变速器和早期的电子控制自动变速器都设有模式开关，驾驶员可以通过这一开关来选择经济模式、普通模式或动力模式。在不同的模式下，自动变速器的换挡规律有所不同，以满足不同的使用要求。例如，经济模式是以获得最小的燃油消耗为目的进行的换挡控制，因此换挡车速相对较低，动力性能稍差；动力模式是以满足最大动力性为目的进行的换挡控制，因此换挡车速相对较高，油耗也较大。目前一些新型的电子控制自动变速器由于采用了由大规模集成电路组成的电脑，具有很强的运算和控制功能，并具有一定的智能控制能力，因此这种自动变速器可以取消模式开关，由电脑进行自动模式选择控制。电脑通过各个传感器测得汽车行驶情况和驾驶员的操作方式，经过运算分析，系统会自动选择经济模式、普通模式或动力模式进行换挡控制，以满足不同的驾驶员操作要求。

电脑在进行自动模式选择控制时，主要参考换挡手柄的位置及加速踏板被踩下的速率，以判断驾驶员的操作目的，自动选择控制模式。

(1) 当操纵手柄位于前进低挡(S、L或2、1)时，电脑只选择动力模式。

(2) 当操纵手柄位于前进挡(D)且加速踏板被踩下的速率较低时，电脑选择经济模式；当加速踏板被踩下的速率超过控制程序中所设定的速率时，电脑由经济模式转变为动力模式。

(3) 在前进挡(D)中，电脑选择动力模式之后，一旦节气门开度低于 1/8 时，电脑即由动力模式转换为经济模式。

五、发动机制动控制

目前一些新型电子控制自动变速器的强制离合器或强制制动器的工作也是由电脑通过电磁阀控制的。电脑按照设定的发动机制动控制程序，在操纵手柄位置、车速、节气门开度等因素满足一定条件(例如操纵手柄位于前进低挡位置，且车速大于 10k m/h，节气门开度小于 1/8)时，向强制离合器电磁阀或强制制动器电磁阀发出电信号，打开强制离合器或强制制动器的控制油路，使之结合或制动，让自动变速器具有反向传递动力的能力，在汽车滑行时以实现发动机制动。

六、改善换挡感觉的控制

1．换挡油压控制

在升挡或降挡的瞬间，电脑通过控制油路压力电磁阀适当降低主油路油压，以减小换挡冲击，改善换挡感觉。但也有一些控制系统是通过电磁阀在换挡时减小减震器活塞的背压，以减缓离合器或制动器液压缸内油压的增长速度，达到减小换挡冲击的目的。

2．减转矩控制

在换挡的瞬间，通过延迟发动机的点火时间以减少喷油量，暂时减小发动机的输出转矩，以减小换挡冲击和输出轴的转矩波动。这种控制的执行过程是：自动变速器的电脑在自动升挡或降挡的瞬间，通过电路向发动机电脑发出减小转矩控制信号，发动机电脑在接收到信号后立即延迟发动机点火时间或减少喷油量，执行减转矩控制，并在执行完这一控制后，向自动变速器电脑发回已减转矩信号。

3．N—D 换挡控制

这种控制是在操纵手柄由停车挡或空挡(P 或 N)位置换至前进挡或倒挡(D 或 R)位置，或相反地由 D 位或 R 位换至 P 位或 N 位时，通过调整发动机喷油量，将发动机的转速变化减至最小，以改善换挡感觉。

没有这种控制时，当自动变速器的操纵手柄由 P 位或 N 位换至 D 位或 R 位时，由于发动机负荷增加，转速随之下降。反之，由 D 位或 R 位换至 P 位或 N 位时，由于发动机负荷减小，转速将上升。具有 N—D 换挡控制功能的自动变速器的电脑在操纵手柄由 P 位或 N 位换至 D 位或 R 位时，若输入轴传感器所测得的输入轴转速变化超过规定值，即向发动机电脑发出 N—D 换挡控制信号，发动机电脑根据这一信号增加或减小喷油量，以防止发动机转速变化过大。

七、使用输入轴转速传感器的控制

目前一些新型电子控制自动变速器设有输入轴转速传感器，电脑通过这一传感器可以检测出自动变速器输入轴的转速，并由此计算出变矩器的传动比(即泵轮和涡轮的转速之比)以及发动机曲轴和自动变速器输入轴的转速差，从而使电脑更精确地控制自动变速器的工作。特别是电脑在进行换挡油路压力控制、减转矩控制、锁止离合器控制时，利用这一参数进行计算，可使这些控制的持续时间更加精确，从而获得最佳的换挡感觉和乘坐舒适性。

八、故障自诊断和失效保护功能

电子控制自动变速器是在电子控制装置的控制下工作的。电脑根据各个传感器测得的有关信号，按预先设定的控制程序，通过向各个执行器发出相应的控制信号来控制自动变速器的工作。如果电子控制装置中的某个传感器出现了故障，不能向电脑输送信号，或某个执行元件损坏，不能完成电脑的控制指令，就会影响电脑对自动变速器的控制，使自动变速器不能正常工作。

为了及时地发现电子控制装置中的故障，并在出现故障时尽可能使自动变速器保持最基本的工作能力，以维持汽车行驶，便于汽车进厂维修。目前许多电子控制自动变速器的电子控制装置具有故障自诊断和失效保持功能。这种电子控制装置在电脑内设有专门的故障自诊断电路，它在汽车行驶过程中不停地监测自动变速器电子控制装置中所有传感器和部分执行器的工作。一旦发现某个传感器或执行器有故障，工作不正常，它会立即采取以下几种保护措施：

(1) 在汽车行驶时，仪表盘上的自动变速器故障警告灯亮起，提醒驾驶员立即将汽车送至维修厂检修。

(2) 将检测到的故障内容以故障代码的形式储存在电脑的存储器内。只要不拆除汽车蓄电池，被测到的故障代码就会一直保存在电脑内。即使是汽车行驶中偶尔出现的一次故障，电脑也会及时地检测到并记录下来。在维修时，检修人员可采用一定的方法将储存在电脑内的故障代码读出，为查找故障部位提供可靠的依据。

(3) 传感器出现故障时，电脑所采取的失效保护功能如下：

① 节气门位置传感器出现故障时，电脑根据怠速开关的状态进行控制。

当怠速开关断开时(加速踏板被踩下)，按节气门开度为 1/2 进行控制，同时节气门油压为最大值；当怠速开关接通时(加速踏板完全放松)，按节气门处于全闭状态进行控制，同时节气门油压为最小值。

② 车速传感器出现故障时，电脑不能进行自动换挡控制，此时自动变速器的挡位由操纵手柄的位置决定。许多车型的自动变速器有 2 个车速传感器，其中一个用于自动变速器的换挡控制，另一个为仪表盘上车速表的传感器。这两个传感器都与电脑相连，当用于换挡控制的车速传感器损坏时，电脑可利用车速表传感器的信号来控制换挡。

③ 输入轴转速传感器出现故障时，电脑停止减转矩控制，换挡冲击有所增大。

④ 液压油温度传感器出现故障时，电脑按液压油温度为80℃的设定进行控制。

(4) 执行器出现故障时，电脑所采取的失效保护功能如下：

① 换挡电磁阀出现故障时，不同的电脑有两种不同的失效保护功能。一是不论有几个换挡电磁阀出现故障，电脑都将停止所有换挡电磁阀的工作，此时自动变速器的挡位将完全由操纵手柄的位置决定；另一种是几个换挡电磁阀中有一个出现故障时，电脑控制其他无故障的电磁阀工作，以保证自动变速器仍能自动升挡或降挡，但会失去某些挡位，而且升挡或降挡规律有所变化。例如，可能直接由1挡升到3挡或超速挡。

② 强制离合器或强制制动器电磁阀出现故障时，电脑停止电磁阀的工作，让强制离合器或强制制动器始终处于接合状态，这样汽车减速时总有发动机的制动作用。

③ 锁止电磁阀出现故障时，电脑停止锁止离合器控制，使锁止离合器始终处于分离状态。

④ 油压电磁阀出现故障时，电脑停止锁止离合器控制，使油路压力保持为最大。

▼ 任务准备

(1) 安全、整洁的汽车维修车间或模拟汽车维修车间。

(2) 齐全的消防用具及个人防护用具。

(3) 能正常使用的实训用整车(自动变速器)。

(4) 汽车举升设备、常用工具、量具。

(5) 专用工具、检测仪器。

(6) 车型、设备使用手册或作业指导手册。

▼ 任务实施

一、节气门位置传感器检修

节气门位置传感器是自动变速器中主要的传感器之一，若该传感器失效将影响变速器换挡。

1. 线性可变电阻型节气门位置传感器

1) 原理

汽车发动机的节气门是由驾驶员通过油门踏板来操纵的，以便根据不同的行驶条件控制发动机运转。这些不同条件对汽车自动变速器的换挡规律的要求往往有很大不同。电子控制自动变速器是利用节气门位置传感器来测得节气门的开度的，以作为电脑控制自动变速器挡位变换的依据，从而使自动变速器的换挡规律在任何行驶条件下都能满足汽车的实际使用要求。

线性可变电阻型节气门位置传感器由一个线性电位计和一个怠速开关组成(图5-5)。

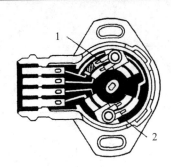

1—怠速开关滑动触点；
2—线性电位计滑动触点；
A—基准电压；
B—节气门开度信号；
C—怠速信号；
D—接地

(a) 结构

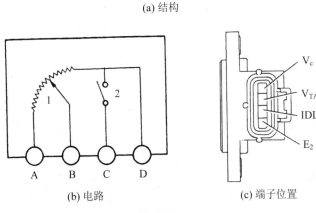

(b) 电路   (c) 端子位置

图 5-5 节气门位置传感器

节气门轴带动线性电位计及怠速开关的滑动触点。节气门关闭时，怠速开关接通；节气门开启时，怠速开关断开。当节气门处于不同位置时，电位计的电阻也不同。这样，节气门开度的变化被转变为电阻或电压信号输送给电脑。电脑通过节气门传感器可以获得表示节气门由全闭到全开的所有开启角度的连续变化的模拟信号，以及节气门开度的变化速率，以作为其控制不同行驶条件下的挡位变换的主要依据之一。

2) 检修

(1) 接通点火开关，用电压表检查 Vc 脚是否有电源电压输入，若没有应查找供电回路。

(2) 关闭点火开关，拔下节气门位置传感器插头，用欧姆表分别测量接地接脚 E2 与怠速接脚 IDL、E2 与信号接脚 VTA、E2 与电源输入接脚 Vc 之间的阻值，以及在滑动触点当节气门全关、全开时，或在其他开度时的电阻值，然后与有关资料对比。

(3) 观察传感器 E2 与 VTA 之间的电阻值在节气门由全关到全开过程中是否呈线性变化。

2. 电子节气门位置传感器检修

1) 工作原理

丰田卡罗拉轿车使用的节气门位置传感器是霍尔元件型，双信号输出。霍尔型节气门位置传感器磁铁与节气门同轴，当节气门打开时，磁铁随之转动，磁铁与霍尔 IC 之间相对位置的变化引起通过霍尔 IC 的磁通的变化，霍尔 IC 产生相应的霍尔电压，如图 5-6 所示。此类传感器无接触，简化了构造，所以不易出现故障，且双信号输出，无论是在速度极高或极低时都能产生精准的信号，工作可靠。

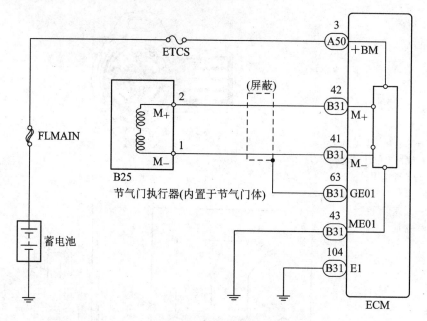

图 5-6　节气门传感器电路图

丰田卡罗拉轿车的节气门位置传感器有两个传感器电路，分别为发送 VTA1 和 VTA2 的信号，如图 5-7(b)所示，节气门体 5 脚为 5V 供电，接发动机 ECM 的 B67 脚；3 脚为接地脚，接发动机 ECM 的 B91 脚；6 脚为 VTA1 信号端，用来检测节气门开度，接发动机 ECM 的 B115 脚；4 脚为 VTA2 信号端，用来检测 VTA1 的故障。传感器的信号电压在 0V 至 5 V 之间变化，其变化幅度与节气门的开度成比例。节气门关闭时，传感器输出电压降低；节气门打开时，传感器输出电压增加。ECM 根据这些信号计算节气门开度，并控制节气门执行器来适应驾驶情况。这些信号还会在空燃比校正、供电增加校正和燃油切断控制等计算中起作用。

电子节气门内有一个节气门执行器，受 ECU 的控制，并且用齿轮开启或关闭节气门，电路如图 5-7(a)所示。节气门体 1 脚为节气门电动机负极，接 ECM 的 41 脚；2 脚为节气门电动机正极，接 ECM 42 脚。

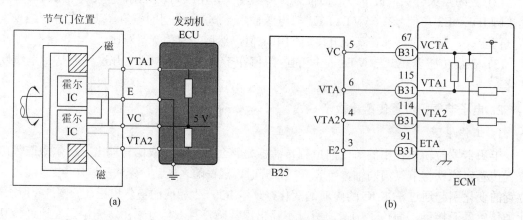

图 5-7　节气门执行器电路图

当设置了任何一个 DTC 或者与节气门电控系统故障有关的其他 DTC 时，ECM 都会进入失效保护模式。在失效保护模式下，ECM 切断通往节气门执行器的电流，并且节气门被回位弹簧拉回开度为 6°。然后，ECM 根据油门踏板开度，通过控制燃油喷射(间歇性燃油切断)和点火正时来调整发动机输出，以确保车辆维持最低车速。如果油门踏板被轻轻踩下，汽车会缓慢行驶。失效保护模式一直运行，直到检测到通过条件并且发动机开关随之关闭。

2) 检修

使用丰田专用智能检测仪读取数值(1 号节气门位置和 2 号节气门位置)。

(1) 连接智能检测仪至诊断接口。

(2) 将点火开关置于 ON 的位置并接通检测仪。

(3) 依次选择以下菜单项：Powertrain→Engine and ECT→Data List→Throttle Position N0.1 and Throttle Position N0.2。

(4) 读取智能检测仪上的值，如表 5-2 所示。

表 5-2　节气门信号电压

1 号节气门位置 (VTA1)松开 油门踏板时	2 号节气门位置 (VTA2)松开 油门踏板时	1 号节气门位置 (VTA1)踩下 油门踏板时	1 号节气门位置 (VTA2)踩下 油门踏板时	故障部位
0 至 0.2 V	0 至 0.2 V	0 至 0.2 V	0 至 0.2 V	VC 电路断路
4.5 至 5 V	4.5 至 5 V	4.5 至 5 V	4.5 至 5 V	E2 电路断路
0 至 0.2 V 或 4.5 至 5 V	2.4 至 3.4 V (失效保护)	0 至 0.2 V 或 4.5 至 5 V	2.4 至 3.4 V (失效保护)	VTA1 电路断路 或对搭铁短路
0.7 至 1.3 V (失效保护)	0 至 0.2 V 或 4.5 至 5.0 V	0.7V 至 1.3 V (失效保护)	0 至 0.2 V 或 4.5 至 5.0 V	VTA2 电路断路 或对搭铁短路
0.5 至 1.1 V	2.1 至 3.1 V	3.3 至 4.9 V (非失效保护)	4.6 至 5 V (非失效保护)	节气门位置 传感器电路正常

二、车速传感器检修

车速传感器是自动变速器中主要的传感器之一，该传感器失效会影响变速器换挡。

车速传感器用来测取汽车行驶的速度，对于后轮驱动的车型，车速传感器多安装在变速器的后输出轴上；对于前驱车型，车速传感器除安装在输出轴上外，还可能安装在变速驱动桥半轴上。

电脑根据车速传感器的信号计算出车速，并将其作为换挡控制的依据。车速传感器将变速器输出轴的转速作为车速信号输到 ECU、电子仪表以及其他装置。车速传感器主要有磁电脉冲式、笛簧开关式、磁阻元件式和光电式等 4 种。

1. 磁电脉冲式车速传感器

主要由信号转子、永久磁铁及信号线圈等组成，这种传感器安装在自动变速器输出轴附近，如图 5-8 所示。它是一种电磁感应式转速传感器，用于检测自动变速器输出轴的转速。电脑根据车速传感器的信号计算出车速，并将其作为其换挡控制的依据。

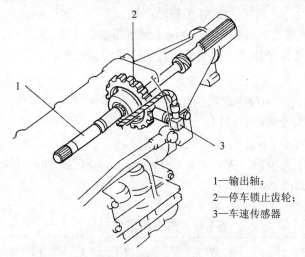

1—输出轴；
2—停车锁止齿轮；
3—车速传感器

图 5-8　车速传感器

车速传感器由永久磁铁和电磁感应线圈组成，如图 5-9(a)所示。它固定在自动变速器输出轴附近的壳体上，靠近安装在输出轴上停车锁止齿轮或感应转子。当输出轴转动时，停车锁止齿轮或感应转子的凸齿不断地靠近或离开车速传感器，使感应线圈的磁通量发生变化，从而产生交流感应电压，如图 5-9(b)所示。车速越高，输出轴的转速也越高，感应电压的脉冲频率也越大。电脑根据感应电压脉冲频率的大小计算出车速。

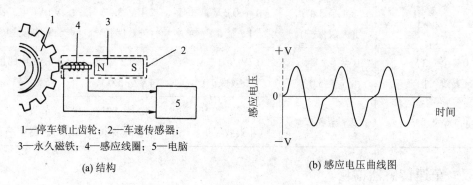

1—停车锁止齿轮；2—车速传感器；
3—永久磁铁；4—感应线圈；5—电脑

(a) 结构

(b) 感应电压曲线图

图 5-9　车速传感器工作原理示意图

2. 笛簧开关式车速传感器(又叫舌簧开关式车速传感器)

笛簧开关式车速传感器主要由笛簧管和旋转磁铁组成。在笛簧管内封装有二片簧片构成的触头，触头由铁、镍等易于被磁铁吸引的强磁性材料制成。受笛簧管外磁极的控制，有时触头互相吸引而闭合，有时互相排斥而断开，从而形成了触头的开关作用。笛簧开关式车速传感器有的安装在车速表的转子附近，有的安装在变速器的输出轴上。图 5-10 是笛簧开关车速传感器的结构图。

当 N、S 磁极从接近笛簧开关到逐渐离开时，上、下两个触头变为不同极性的磁极，触点互相吸引，开关变为闭合状态。当 N 极或 S 极接近触点时，触点为同一极性的磁极，互相排斥，所以笛簧开关断开。一般采用的旋转磁铁为4极，所以当仪表电缆或变速器输出轴转一圈，就会输出4个通断电脉冲信号。

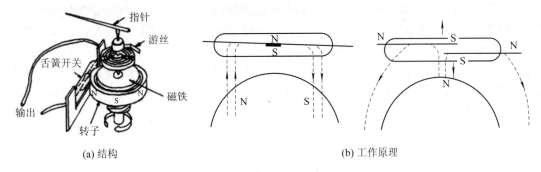

(a) 结构　　　　　　　　　　　　　　(b) 工作原理

图 5-10　笛簧开关式车速传感器

图 5-11 为红旗轿车的车速里程表传感器。传感器包括一个笛簧开关管和一个含有四对磁极的塑料环，塑料环套在变速器左输出轴的减速齿轮轴上并与之一同旋转。笛簧开关管安装在靠近带有磁极塑料环的变速器壳体上。磁极旋转时，笛簧开关管中的触点在进入磁场时在磁场作用下闭合，在磁场离开时断开，从而在传感器中产生与车速成正比的触点闭合频率信号。

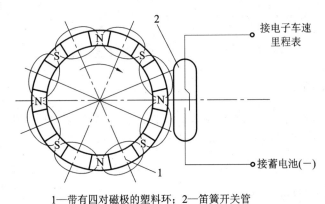

1—带有四对磁极的塑料环；2—笛簧开关管

图 5-11　笛簧开关管式车速里程表传感器

3. 车速传感器检修

电磁感应式车速传感器与发动机曲轴位置传感器相同，检查方法与发动机曲轴位置传感器检查方法相同。笛簧开关管式车速传感器多安装在变速器输出轴上，以国产的红旗、桑塔纳轿车为例，车速传感器安装在半轴上。该种传感器常见的故障如下：

(1) 传感器笛簧弹力不足或损坏(需将其更换)。

(2) 传感器塑料环损坏(磁环会退磁，维修方法也是更换)。传感器磁环退磁使磁环产生的磁场减弱，笛簧开关管内触点接近磁极时吸合不上，车速越高，触点与磁极重合时间越短，脉冲信号丢失越严重。此故障的排除方法是拆下安装传感器的半轴，更换输出轴上的磁环。

(3) 传感器与车速里程表连接线松动、接触不良或脱落。

(4) 静态测量，拆下传感器，用磁性材料靠近、离开传感器，用万用表测量端子通断。

(5) 工作时，用万用表或示波器检测其工作信号。

三、输入轴转速传感器检修(以 A340E 变速器为例)

输入轴转速传感器的结构、工作原理与车速传感器相同。它安装在行星齿轮变速器的输入轴或与输入轴连接的离合器毂附近的壳体上(见图 5-12),用于检测输入轴转速,并将信号送入电脑,使电脑更精确地控制换挡过程。此外,电脑还将该信号和来自动发动机控制系统的发动机转速信号进行比较,计算出变矩器的传动比,使油路压力控制过程和锁止离合器控制过程得到进一步的优化,以改善换挡感觉,提高汽车的行驶性能。输入轴转速传感器检修方法与车速传感器相同。

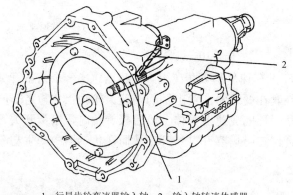

1—行星齿轮变速器输入轴;2—输入轴转速传感器

图 5-12 输入轴转速传感器

四、水温传感器的检修

冷却液温度传感器用于监测发动机冷却液的温度,并将发动机冷却液的温度及时送给电脑,以供电脑根据发动机冷却液温度来决定换挡点以及是否升入高挡,如图 5-13 所示。

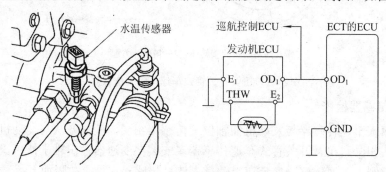

图 5-13 水温传感器

发动机冷却液温度传感器是发动机电脑控制系统的一个主要传感器。为了改善发动机冷机时的驱动性能,发动机 ECU 根据冷却液温度传感器的信号参数,适当修正喷油量,点火时刻和怠速转速,自动变速器 ECU 也根据冷却液温度传感器的信号参数调整自动换挡时刻及液力变矩器的锁定点。当变速器 ECU 接到变速器处于低温状态时,会推迟换挡点以使变速器尽快达到正常工作温度。相反,温度过高时,ECU 会发出指令使自动变速器锁止离合器提前工作,以使变速器温度降低。

检测温度传感器的主要内容是检测输入的电源电压值及温度传感器在各种温度下的电阻值和输出的电压值。为此，可按以下方法检查：

(1) 拔下传感器插头，打开点火开关，用电压表测量图 5-13 中的电脑端 THW 电源输入脚的电压值，然后与有关资料对比，此值一般均为 5 V。

(2) 启动发动机，使发动机处在各种温度下，并用电压表测量图 5-13 中的电脑端 THW 脚与搭铁脚间的电压值，此值与标准值对比。

(3) 关闭点火开关，拔下温度传感器插头，用欧姆表测量温度传感器在各种温度下的电阻值，然后与有关资料对比。

(4) 检查温度传感器回路是否有断路，接触不良或短路故障。

五、液压油温度传感器的检修

液压油温度传感器安装在自动变速器油底壳内的阀板上，用于检测自动变速器的液压油的温度，以作为电脑进行换挡控制、油压控制和锁止离合器控制的依据。液压油温度传感器内部是一个半导体热敏电阻，它具有负的温度电阻系数。温度越高，电阻越低，电脑根据其电阻的变化测出自动变速器的液压油的温度。

液压油温度传感器检修方法与水温传感器相同。

除了上述各种传感器之外，自动变速器的控制系统还将发动机控制系统中的一些信号，如发动机转速信号、大气压力信号、进气温度信号等，作为控制自动变速器的参考信号。

检查评价

对任务实施过程以及结果进行检查、评价，评价指标建议如下：

① 工作的参与度情况	② 工作的规范性情况	③ 工作的效率情况	④ 工作的质量情况
⑤ 5S 工作制遵守情况	⑥ 工作态度情况	⑦ 工作创意创新情况	⑧ 团队协作情况

学习任务 2   自动变速器电控系统控制开关的检修

任务目标

(1) 了解自动变速器电控系统控制开关的类型及作用。

(2) 掌握自动变速器电控系统控制开关的检测方法。

任务描述

装备自动变速器的汽车在行驶时换挡异常，经专业检查，需要对变速器电控系统进行检修。请根据实际需要，制定学习、检修工作计划并实施。

相关知识

电子控制装置中的控制开关有：空挡起动开关、自动跳合开关(降挡开关)、制动灯开关、超速挡开关、模式开关、挡位开关等。这些开关对自动变速器的正常工作起着至关重要的作用。

任务准备

(1) 安全、整洁的汽车维修车间或模拟汽车维修车间。
(2) 齐全的消防用具及个人防护用具。
(3) 能正常使用的实训用整车(自动变速器)。
(4) 汽车举升设备、常用工具、量具。
(5) 专用工具、检测仪器。
(6) 车型、设备使用手册或作业指导手册。

任务实施

一、空挡启动开关

挡位开关装在变速器壳体的手动阀摇臂轴或换挡杆上，由换挡杆进行控制，相应的挡位显示在仪表板上，它由几个触点组成。当选挡杆拨到不同的位置时，接通相应的触点，电脑根据被接通的触点测得选挡杆的位置，以便按不同的程序控制自动变速器的工作，如图 5-14 所示。

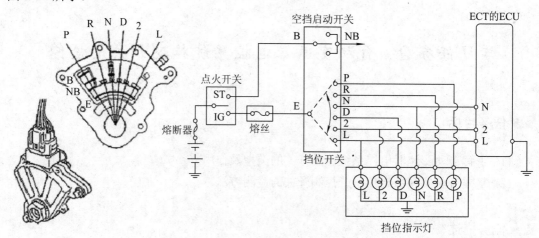

图 5-14　空挡启动开关

此外，空挡起动开关还可以用来判断选挡手柄的位置，防止发动机在驱动挡位时起动。

当选挡手柄位于空挡或驻车位置时，起动开关接通。这时起动发动机，起动开关便向电控单元输出起动信号，使发动机得以起动。如果选挡手柄位于其他位置，为保证安全发动机不能起动。

空挡起动开关的检查可以用万用表对照车型维修手册检查在其不同位置的导通情况。

二、模式选择开关

模式选择开关又称程序开关，用于选择自动变速器的控制模式，即选择自动变速器的换挡规律，以满足不同的使用要求。图 5-15 为一个安装在换挡操纵换挡杆旁的模式开关，图 5-16 为其连接电路。自动变速器 ECU 存储器内存有 2 挡位、L 挡位、锁定模式以及模式选择开关选择的换挡程序。常见的控制模式大致有以下几种。

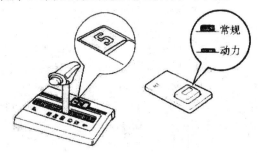

图 5-15 模式选择开关

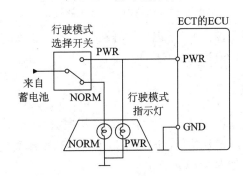

图 5-16 模式选择开关连接电路

通常在开关上的标注是：E、P/S、N、M 及 S。

(1) 经济模式(E)。该模式是以汽车获得最佳燃油经济性为目标设计的换挡规律。当自动变速器在经济模式下工作时，其换挡规律使汽车在行驶过程中，发动机经常在经济转速范围内运转，降低了燃油消耗。发动机转速相对较低时就会换入高挡，即提前升挡，延迟降挡。

(2) 动力/运动模式(P/S)。该模式是以汽车获得最大动力性为目标设计的换挡规律。当自动变速器在动力模式下工作时，其换挡规律使汽车在行驶过程中，发动机经常处在大转矩、大功率范围内运行，提高了汽车的动力性能和爬坡能力。只有发动机转速较高时，才能换入高挡，即延迟升挡，提前降挡。

(3) 常规模式(N)。常规模式的换挡规律介于经济模式与动力模式之间。它使汽车既保证了一定的动力性，又有较好的燃油经济性。

(4) 手动模式(M)。该模式让驾驶员可在 1~4 挡之间以手动方式选择合适的挡位，使汽车好像装用了手动变速器一样行驶，而又不必像手动变速器那样换挡时必须踩离合器踏板。

(5) 雪地模式(S)。在该模式下变速器以高挡(3 挡)起步，这样即使汽车起步时油门踏板被踩到底，也能保证驱动轮不会出现打滑。

三、超速挡开关

超速挡开关通常安装在自动变速器操纵换挡杆上如图 5-17 所示，用于控制自动变速器的超速挡。如果超速挡开关打开，变速器操纵换挡杆又处于 D 位，则自动变速器最高可升到超速挡；而开关关闭时，无论车速怎样高，自动变速器都不能升至超速挡。在驾驶室仪表板上，当超速挡开关打开时，O/D OFF 指示灯熄灭；而当超速挡开关关闭时，O/D OFF 指示灯随之亮起。

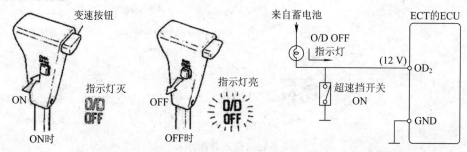

图 5-17 超速挡开关及电路连接

丰田汽车超速挡使用条件：① 平坦、较好路面行驶；② 选挡杆置于 D 位；③ 节气门开度 85%以上；④ 车速 60 km/h；⑤ 变速器油温 70℃以上。

四、制动开关检修

制动开关安装在制动踏板支架上，踩下制动踏板时开关接通，通知变速器电脑，断开变矩器锁止离合器，同时点亮制动灯，还可以防止当驱动轮制动抱死时，发动机突然熄火。制动开关安装位置及电路如图 5-18 所示。

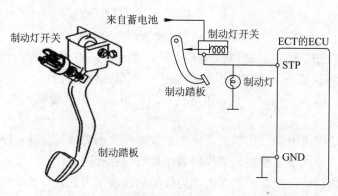

图 5-18 制动开关安装位置及电路

制动开关出现故障，可能使液力变矩器中锁止离合器不能够分离，造成在挡踩刹车车辆熄火。对于这种情况，可以用万用表进行检修。

五、强制降挡开关

强制降挡开关装在油门踏板下方，当踩下油门踏板并使节气门到达全开位置时，强制降挡开关接通并向 ECU 发送信号。此时，ECU 按照急加速的程序控制换挡，一般在车速还不是很高情况下，ECU 会使变速器降一挡，以便车辆的加速性能更好，如图 5-19 所示。

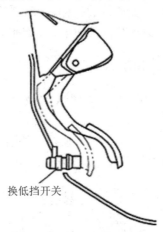

换低挡开关

图 5-19　强制降挡开关

强制降挡开关出现故障，汽车急加速换挡控制程序不起作用，造成车辆的加速性能变差。对于这种情况，可以用万用表进行检修。

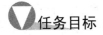 检查评价

对任务实施过程以及结果进行检查、评价，评价指标建议如下：

① 工作的参与度情况	② 工作的规范性情况	③ 工作的效率情况	④ 工作的质量情况
⑤ 5S 工作制遵守情况	⑥ 工作态度情况	⑦ 工作创意创新情况	⑧ 团队协作情况

学习任务3　自动变速器电控系统换挡执行元件的检修

任务目标

(1) 了解自动变速器电控系统换挡执行元件的类型及作用。
(2) 掌握自动变速器电控系统换挡执行元件的检测方法。

任务描述

装备自动变速器的汽车在行驶时换挡异常，经专业检查，需要对变速器电控系统进行

检修。请根据实际需要，制定学习、检修工作计划并实施。

 相关知识

电磁阀是自动变速器电控装置中的执行器。其功用是根据自动变速器 ECU 的指令接通或切断液压回路，以实现对自动变速器的换挡、液力变矩器锁止、主油压以及发动机制动等多项内容的控制。常见的电磁阀有开关式电磁阀和脉冲线性式电磁阀两种。

一、A341E 变速器电磁阀组成

(1) A341E 变速器有四个电磁阀，分别为 1 号换挡电磁阀、2 号换挡电磁阀、锁止离合器电磁阀和蓄压器电磁阀。

(2) 1、2 号电磁阀为通断电磁阀，负责换挡，如图 5-20 所示。

(3) 锁止、蓄压器电磁阀为频率阀，负责控制锁止离合器以及蓄压器背压。

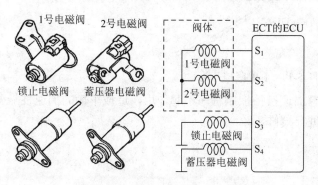

换挡电磁阀与各挡的关系

挡位 电磁阀	1	2	3	超速
1号	通	通	断	断
2号	断	通	通	断

图 5-20　A341E 电磁阀工作图

二、开关式电磁阀

开关式电磁阀的作用是开启或关闭液压油路，通常用于控制换挡阀及变矩器锁止控制阀的工作。开关式电磁阀由电磁线圈、衔铁、回位弹簧、阀芯和阀球所组成，如图 5-21 所示。

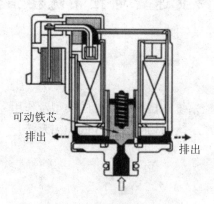

图 5-21　开关电磁阀

　　它有两种工作方式：一种是让某一条油路保持油压或泄空，即当电磁线圈不通电时，阀芯被油压推开，打开泄油孔，该油路的液压油经电磁阀泄空，油路压力为零；当电磁阀线圈通电时，电磁阀使阀芯下移，关闭泄油孔，使油路油压上升。另一种是开启或关闭某一条油路，即当电磁线圈不通电时，油压将阀芯推开，阀球在油压作用下关闭泄油孔，打开进油孔，使主油路压力油进入控制油道。当电磁线圈通电时，电磁力使阀芯下移，推动阀球关闭进油孔，打开泄油孔，控制油道内的压力油由泄油孔泄空。

三、脉冲线性式电磁阀

　　脉冲线性式电磁阀一般安装在主油路或减震器背压油路上，电脑通过这种电磁阀在自动变速器升挡或降挡的瞬间使油压下降，进一步减少换挡冲击，使挡位的变换更加柔和，如图 5-22 所示。

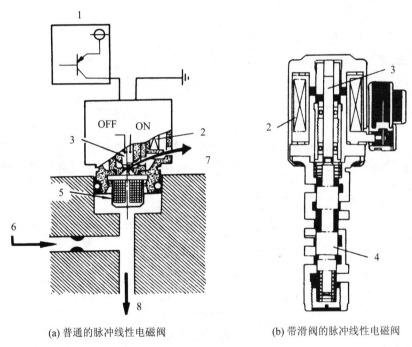

(a) 普通的脉冲线性电磁阀　　　　　　　　(b) 带滑阀的脉冲线性电磁阀

1—电脑；2—电磁线圈；3—衔铁和阀芯；4—滑阀；
5—滤网；6—主油道；7—泄油孔；8—控制油道

图 5-22　脉冲线性式电磁阀

　　脉冲线性式电磁阀的结构与电磁式相似，也是由电磁线圈、衔铁、阀芯或滑阀等组成。它通常用来控制油路中的油压。当电磁线圈通电时，电磁力使阀芯或滑阀开启，液压油经泄油孔排出，油路压力随之下降。当电磁线圈断电时，阀芯或滑阀在弹簧弹力的作用下将泄油孔关闭，使油压上升。脉冲线性式电磁阀和开关式电磁阀的不同之处在于控制它的电信号不是恒定不变的电压信号，而是一个固定频率的脉冲电信号。电磁阀在脉冲电信号的作用下不断反复地开启和关闭泄油孔，电脑通过改变每个脉冲周期内电流接通和断开的时间比率(称为占空比，变化范围为 0%～100%)来改变电磁阀开启和关闭时间的比率，从而控制油路的压力。占空比越大，经电磁阀泄出的液压油越多，油路压力就越低；反之，占空比越小，油路压力就越大。

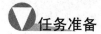**任务准备**

(1) 安全、整洁的汽车维修车间或模拟汽车维修车间。

(2) 齐全的消防用具及个人防护用具。

(3) 能正常使用的实训用整车(自动变速器)。

(4) 汽车举升设备、常用工具、量具。

(5) 专用工具、检测仪器。

(6) 车型、设备使用手册或作业指导手册。

任务实施

1. 开关式电磁阀就车的检修

(1) 用举升器将汽车升起。

(2) 拆下自动变速器的油底壳。

(3) 拔下电磁阀的线束插头。

(4) 用万用表测量电磁阀线圈的电阻，如图 5-23 所示。自动变速器的开关式电磁阀线圈的电阻一般为 10～30 Ω。若电磁阀线圈短路、断路或电阻值不符标准，应更换。

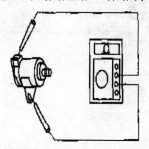

图 5-23　检查电磁阀的电阻

(5) 将 12 V 电源施加在电磁阀线圈上，此时应能听到电磁阀工作的"咔嗒"声；否则，说明阀芯卡住，应更换电磁阀，如图 5-24 所示。

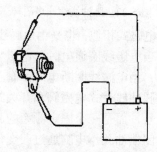

图 5-24　检查电磁阀的动作

2. 开关式电磁阀的性能检验

(1) 从阀板上拆下电磁阀。

(2) 将压缩空气吹入电磁阀进油口。

(3) 当电磁阀线圈不接电源时，进油孔和泄油孔之间应不通气；否则，说明电磁阀损坏，应更换电磁阀。

(4) 接上电源后，进油孔和泄油孔之间应相通；否则，说明电磁阀损坏，应更换电磁阀，如图 5-25 所示。

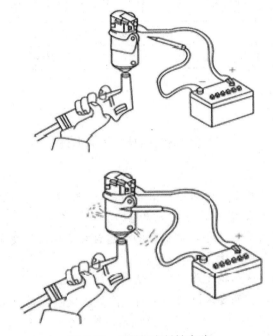

图 5-25　电磁阀密封性实验

3. 脉冲式电磁阀的检修(见图 5-26)

(1) 电阻检测：标准阻值为 3.6～4.0 Ω。

(2) 动作检查：将电磁阀的线圈接上蓄电池电压(注意：需串接 8～10 W 的灯泡)，正常情况应为：

① 电磁阀线圈接上电源时，电磁阀阀芯伸出(向右移动)

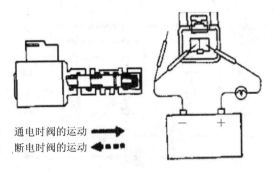

通电时阀的运动　➡
断电时阀的运动　⬅

图 5-26　脉冲电磁阀原理检修

② 电磁阀线圈断开电源时，电磁阀阀芯退回(向左移动)。

③ 如果检查有异常，需更换电磁阀。

④ 如果检查均正常，则应检查 3 号电磁阀与电脑之间的线路和插接器，若有不良应修理或更换线束或插接器；若为良好应检修或更换发动机与 ECT 电脑。

 **检查评价**

对任务实施过程以及结果进行检查、评价，评价指标建议如下：

① 工作的参与度情况	② 工作的规范性情况	③ 工作的效率情况	④ 工作的质量情况
⑤ 5S 工作制遵守情况	⑥ 工作态度情况	⑦ 工作创意创新情况	⑧ 团队协作情况

 **知识拓展**

自动变速器新技术发展概述

一、新型自动变速器整体控制特点

由于法规的要求以及新技术的快速使用等因素，5 速、6 速自动变速器技术将会逐步取代 4 速自动变速器。目前新型 6 速自动变速器的燃油经济性与无级变速器(CVT)和双离合器变速器(DCT)相比已经不相上下，而最新的 8 速自动变速器将使车辆换挡更加平顺，变速器与发动机的特性匹配更加优化。

从新型自动变速器整体结构上看，在机械和液压方面，其结构越来越简化，但在电子控制方面却越来越复杂，控制要求越来越精确。例如采埃孚公司 2001 年投入使用的 6HP 系列 6 前速智能型变速器就是一个例子，虽说挡位数增多但其整体结构却比较简单，在 5 速变速器基础上行星排数量没有增加，同时换挡执行元件的数量只有 5 个(3 个离合器和 2 个制动器)。

采埃孚公司推出的全新 8 前速变速器被应用在宝马车系上，相比目前广泛使用的 5 速自动变速器，全新 8 速自动变速器能节省大约 14%的燃油消耗。在其机械结构上全新 8 速变速器使用了带有 4 个行星齿轮组和 5 个换挡元件的全新齿轮组。由于每个挡位只需要 3 个换挡元件控制，因此变速器内部的能量损失被大大地降低了，如图 5-27 所示。

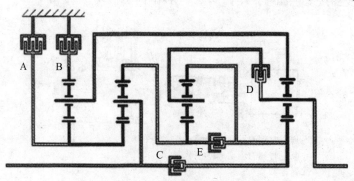

图 5-27　8HP 系列动力传递简图

在新式的电控自动变速器中，智能化控制新技术将使驾驶汽车变得更加轻松，将带来机械传动领域的数字革命。那是因为它具有一定的"智慧"，而且具有模仿人脑功能及决策功能，其传感器能够自动感知不同驾驶人的驾驶性情和不同路况，识别出行驶阻力、上坡、下坡等路况信息，并将相关信息告诉"大脑"——中央控制器。中央控制器则根据传感器提供的信息自动的在最佳时间进行换挡变速，并同步控制发动机输出恰当的转矩和转速。驾驶人只需任意操作加速踏板，就可实现自动换挡变速。新型智能化自动变速器的实施将带来机械传动领域的数字革命，将把传统的汽车升华成骑在轮子上的"计算机"。

由于新型自动变速器整体结构技术及控制技术的变革最终会给维修带来一定的困难，因此掌握新型自动变速器故障诊断及维修要领势在必行。

综上所述，自动变速器整体控制特点可以归纳为以下三个方面。

1. 结构上的特点

自动变速器集液压控制、机械传动、控制单元控制系统为一体，三者相辅相成导致故障范围广。同时，许多新款轿车使用的自动变速器采用了集成控制，已经真正实现了机、电、液一体化且与发动机的控制越来越密切。例如奥迪 A6L 使用的 09L 型 6 速自动变速器就是这样，它的大部分传感器都完全集成在控制单元中，同时控制单元采用直接插接的方式被安装在自动变速器内部，与执行器电磁阀间没有连线，这样就保证了信息通信的可靠性，但是也给维修带来了一定的困难。

2. 工作上的特点

由于仍然需要由发动机作为动力源，因此就增加了一些故障的测试难度(必须在车上进行路试，台架实验可能达不到测试要求)。这是因为新款自动变速器在台架上不能模拟驾驶人的各种驾驶习惯，也不能模拟不同道路以及周边环境等，因此对于大多数新型自动变速器故障只能通过实际的路试，整车就是当今最好的试验台。对于一些传统的老式变速器，台架试验还是有必要的。

3. 维修上的特点

故障现象容易和其他系统混淆，这样就增加了判断故障的难度(如耸车冲击加速不良，踩制动熄火、进入失效保护等故障)。这是因为自动变速器系统不是一个真正的独立系统，特别是在与发动机之间的关系越来越密切的今天。变速器是汽车行驶系中的重要组成部件之一，其他系统出现故障后首先要经行驶系统来反映各种故障特征。所以，当出现既类似于发动机又类似于自动变进器的故障现象时，有时会判断错误，导致不能及时有效地将故障排除。

二、自动变速器技术的发展趋势

1. 自动变速器向多挡位发展

5 速、6 速自动变速器将逐步取代目前市场保有量最多的 4 速自动变速器。挡位更多的自动变速器会使变速器具有更大的速比变换范围和更细密的挡位之间的速比分配。从而改善汽车的动力性、燃油经济性、环保性和换挡平顺性。

2. 为改善换挡品质采用多电磁阀的控制方式

自动变速器最大的要求就是驾驶的"舒适性能"。为了减小换挡冲击，电子和液压控制系统采取了缓冲控制、定时控制及油压控制等方式来改善换挡品质，其实就是增加了电磁阀，通过改变变速器油压的方式来实现换挡品质的提升。

早期的自动变速器的执行器(电磁阀)只有两至三个，主要用来完成换挡和锁止离合器控制。现在许多自动变速器已经装有多个电磁阀，换挡电磁阀完全取代了节气门油压和速度油压对于 D 挡位升降挡的控制。

变速器上各种新的电磁阀相继出现，如控制换挡点的过渡电磁阀、正时电磁阀、倒挡电磁阀扭力转换电磁阀、转矩缓冲电磁阀、强制降挡电磁阀等，使得电控系统对变速器的控制范围进一步扩大。

3. Tiptronic 手/自动一体式变速器

驾驶员虽然可以根据自己意愿随意选择自己喜欢的挡位，但它不能真正实现手动变速器的动感加速性能、这主要是因为发动机与自动变速器之间的动力连接大多数时间是用液压连接的。手动控制功能的优势在于：汽车在很长的上坡路行驶时，为了相邻两挡之间的频繁转换可选择该挡位；同时汽车在很陡的下坡路行驶时，为了实现强有力的发动机制动效果可选择该挡位。

4. 新型自动变速器的闭环控制

通过油压传感器负责监测液压控制单元调节后的 ATF 压力，可以防止离合器或制动器结合压力与换挡程序不符。

5. 自动变速器控制策略

(1) 市区行车控制换挡策略：由于城市道路交通拥挤，汽车只需发出很低的行驶功率，自动变速器减少低速范围内的换挡次数以改善行驶舒适性并降低油耗。

(2) 高速路行车控制换挡策略：由于高速路行车速度较快，因此汽车保持在超速挡的同时为考虑安全及经济性，电控系统应采取调节车身高度、降低转向系统压力，增加 TCC 闭锁压力等措施。

(3) 上坡控制换挡策略：提高低挡使用范围，避免使用高挡，在一般坡度下不会进入超速挡。同时减少换挡次数(避免频繁升降挡)，保持发动机的动力输出。

(4) 下坡控制换挡策路：下坡松加速踏板行驶时，为了提高发动机的制动效果禁止升挡，如果施加制动还会降挡。

(5) 弯道行车控制：控制单元根据转角、速度传感器以及车身的向心力来感知弯道情况。向心加速度超过一定数值时禁止升挡，向心加速度特别大时禁止降挡。

(6) 冰雪路面行车控制

一般情况下自动变速器会以 2 挡起步来限制过大驱动转矩。通过提前升挡、延迟降挡来降低驱动转矩，同时禁止连续降挡，避免过大的转矩跳跃。

(7) 高原地区行车控制换挡策略：海拔高空气稀薄，进气压力低，发动机转矩下降。此时，通过改变换挡曲线的方式来维持发动机的转矩。

(8) 停车回空挡功能控制策略：为降低发动机负荷，改善燃油经济性，同时考虑变速器的动力损失而采取的相关措施。

(9) 自动变速器过热保护控制策略：TCC 完全接合后变速器温度仍然降不到其限制范围时，变速器控制单元应采取不换挡、限制发动机输出转矩或停止行驶的措施来保护变速器。

6. 匹配和自适应

目前一些新型自动变速器经过维修或更换某些重要部件后必须按照要求进行匹配和适应才能彻底解决维修后带来的换挡品质等问题，因此一定要理解"匹配"和"自适应"的意义。

"匹配"简单解释就是"配对"，可以理解为两个系统或某两个以上系统建立默契沟通所搭载的"桥梁"。当某一系统发生变化后，可以通过某些方法或某种程序来激活与其他系统的认识并重新建立必要的联系。"自适应"就是自我学习，通过某些方法或某种手段来完成自身系统的自学习过程。

　　为什么要进行匹配和自适应？目的是什么？任何部件在出厂制造时多少都会存在一定的差异，都不能 100% 达到最佳的使用要求，同时随着使用一段时间后一些参数会发生变化，匹配和自适应就是为了补偿和修正制造上的公差以及因使用而带来的变化。

　　总结：对于不同车型的自动变速器电控的匹配和自适应方法，以及激活方式都会有所不同。因此，维修后一定要在确认变速器机械、液压及电控系统均没有任何故障的情况下，按照其维修要求进行"匹配"和"自适应"。

学习单元 6 自动变速器检查调整及性能测试

学习任务 1 自动变速器油液的检查

▼ 任务目标

(1) 了解自动变速器油液的作用。
(2) 能够进行自动变速器油液检查。

▼ 任务描述

装备自动变速器的汽车在进行常规保养时，需要对变速器油液的数量及质量进行检查。请根据实际需要，制定学习、检查工作计划并实施。

▼ 相关知识

自动变速器油液的选用对自动变速器的正常工作有很大的影响，自动变速器油液若选用不当常会使自动变速器产生故障。

(1) 依靠 ATF 传递发动机功率，将发动机转矩传递至变速箱。

(2) 依靠 ATF 在液压系统内传递工作压力，使换挡执行元件在液压力作用下正确执行换挡动作。

(3) 依靠 ATF 对行星齿轮组以及诸多的换挡元件摩擦片进行润滑。

(4) 依靠 ATF 通过循环带出细铁屑、结焦物等杂质，并经过滤清器或小磁块进行过滤和吸附。

(5) 依靠 ATF 循环冷却，以防止变速器油温过高，造成变速箱油品黏度波动。

自动变速器的油位不当，油质不佳是引起自动变速器产生故障的最常见原因。通常把对这些部件的检查与重新调整，叫作自动变速器的基本检查。无论具体故障是什么，这种基本检查总是要进行，而且也是首先要进行的。

基本检查和调整项目包括：油面检查、油质检查、液压控制系统漏油检查、油门拉索检查和调整、换挡杆位置检查和调整、空挡启动开关和怠速检查。

▼ 任务准备

(1) 安全、整洁的汽车维修车间或模拟汽车维修车间。

(2) 齐全的消防用具及个人防护用具。

(3) 能正常使用的实训用整车(自动变速器)。

(4) 汽车举升设备、常用工具、量具。

(5) 专用工具、检测仪器。

(6) 车型、设备使用手册或作业指导手册。

▼ 任务实施

一般加入自动变速器中的油液数量，应保证在液力变矩器及各操纵油缸充满以后，变速器中油面的高度应低于行星齿轮等旋转件的最低点，应高出阀体与变速器壳体的接合面。

1. 自动变速器油面过低的影响

(1) 自动变速器油面过低，油泵吸入空气或油液中渗入空气，会降低液压回路的油压，使各控制滑阀和执行元件动作失准，操纵失灵。

(2) 自动变速器油面过低而引起的液压回路油压降低，还会引起离合器、制动器打滑，不但降低了传动效率、而且加剧了磨损。

(3) 自动变速器油面过低，由于变速器内运动部件得不到充分可靠的润滑和冷却，就有可能因过热而引发运动部件卡滞以及过度磨损；同时也会加速自动变速器油液的氧化变质。

2. 自动变速器油面过高的影响

(1) 当油面过高时，会由于机械搅拌而产生大量泡沫，这些泡沫进入液压控制系统，会引发与油面过低而产生的相同问题(降低液压回路的油压，各控制滑阀和执行元件动作失准，还会引起离合器、制动器打滑)。

(2) 如果控制阀体浸没于自动变速器油液中，则液压管路中的离合器、制动器的泄油口会被自动变速器油液阻塞，施加于离合器、制动器的油压就不能完全释放或释放速度太慢，使离合器、制动器动作迟缓(比如：升降挡动作迟滞)，增大换挡冲击。

(3) 在坡路上行驶时，由于过多的油液在油底壳中晃动，可能从加油管往外窜油。

3. 自动变速器油液的检查

在自动变速器维护检修的实际工作中，对于自动变速器油(以下简称 ATF)的检查是不可缺少的一步。ATF 液面高度和 ATF 状况应该至少每 6 个月检查一次。从冬天到夏天的气温变化可能导致 ATF 发生受热破坏，高质量的油液也可能由于温度的频繁变化而变质。据不完全统计，约 70%的变速器故障与油液的破坏和氧化有关。接到故障车后，判断自动变速器故障大小最直接有效的方法就是检查油液。ATF 的检查分成两部分：油面和油质的检查。

1) 油尺法油面高度检查

油液液面的高低对自动变速器的工作有很大的影响。油液液面过低时空气可能进入油泵内部循环并与油液发生混合导致油液分解，出现气阻，这使得油压难以建立或油压过低，导致离合器和制动器打滑。油液液面过高同样会使油液分解，因为行星齿轮在过高的液面下转动，空气同样会被压入油液。被分解的油液可能会产生泡沫、过热或氧化等现象。所有这些问题都会使得各种阀门、离合器、伺服机构等部件因压力不够而出现故障。

在对变速器进行检查前或故障诊断前，首先要对 ATF 油位高度进行检查，一般在车辆行驶 1 万公里或 6 个月后检查油液面。检查应在油液正常工作温度 50℃～90℃时进行。油面检查的具体方法如下：

(1) 将汽车停放在水平地面上，这样才能确保在差速器和变速器之间的油面高度正常、稳定，并拉紧手制动。

(2) 让发动机怠速运转 1 min 以上。

(3) 踩住制动踏板，将操纵手柄拨至倒挡(P)、前进挡(D)、前进低挡(S、L 或 2、1)等位置，并在每个挡位上停留几秒钟，使液力变矩器和所有换挡执行元件都充满液压油。最后将操纵手柄拨至停车挡(P)位置。

(4) 从加油管内拔出自动变速器油尺用干净软布擦干净，将擦干净的油尺全部插入加油管后再拔出，检查油尺上的油面高度。

ATF 油面高度的标准是：如果自动变速器处于冷态(即冷车刚刚起动，液压油的温度较低，为室温或低于 25℃时)，ATF 油面高度应在油尺刻线的下限附近；如果自动变速器处于热态(如低速行驶 5 min 以上，液压油温度已达 70℃～80℃)，ATF 油面高度应在油尺刻线的上限附近(见图 6-1)。这是因为低温时液压油的黏度大，运转时有较多的液压油附着在行星齿轮等零件上，所以油面高度较低；高温时液压油黏度小，容易流回油底壳，因此油面较高。

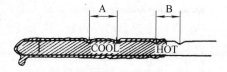

图 6-1　自动变速器油面高度的检查

若油面高度过低，应从加油管处添加合适的 ATF，直至油面高度符合标准为止。继续运转发动机，检查自动变速器油底壳，油管接头等处有无漏油。如有漏油，应立即予以修复。在自动变速器调整、加注液压油并经试车之后，应重新检查 ATF 的油面高度是否正常，以及油底壳、油管接头等处有无漏油。

如果 ATF 液面经常低于正常位置，可能是变速器出现了外部油液泄漏，应该检查变速器箱体、油底壳和冷却器管路上的泄漏痕迹。

2) 用溢油法检查

除了使用油尺检查变速器的油面之外，有一些自动变速器(如大众、奥迪、雷诺、部分宝马、标志、雪铁龙等)没有油尺。这些变速器是通过溢油法检查油面高度的。宝马公司的 ZFSHP30/EH 自动变速器利用油底壳中一处台阶的螺孔进行检查和加注 ATF，其结构原理如图 6-2 所示。这种类型 ATF 油位的检查同普通手动变速器齿轮油位检查相似。检查按以下程序进行：

(1) 检查时使汽车车身保持水平，发动机运转时通过打开空调提高发动机怠速转速，以保证自

溢油检查孔

图 6-2　溢油孔式检查示意图

动变速器油泵向油道泵油充足。

(2) 踩下制动踏板，并将换挡手柄置入各挡位停顿片刻，保持发动机怠速运转，将换挡手柄置于 P 或 N 挡，从变速器油底壳卸下处与高处的溢油检查螺塞，如果有油液连续溢出即为合适。

(3) 如果油液没有连续溢出，应加注 ATF 油液，直到连续溢出为止。在发动机运转状态时，以 100 N·m 的转矩拧紧加油螺塞。

(4) 在向自动变速器加注 ATF 时若有吸气声，则表明有空气进入，这样会产生油沫，应该关闭发动机等一段时间，让 ATF 油液稳定后再加注。

(5) 油温对油位的影响很大。自动变速器油液受热后，体积会膨胀，使液面升高，因此在不同油温下，相同油量的油面高度也不同。

3) 油质检查

变速器在正常工作温度下一般能行驶约 40 000 km 或 24 个月，影响油液和变速器使用寿命的最重要因素之一是油液的温度，而影响油液温度的主要因素是液力变矩器有故障、离合器、制动器滑转或分离不彻底，单向离合器滑转和油冷却器堵塞等，所以油液温度过高或急剧上升都是十分重要和危险的信号，说明自动变速器内部有故障或油量不够。若发现温度过高，应当立即停止检查。延长自动变速器使用寿命的关键就在于经常检查油面、检查油液的温度和状态。油液温度过低，将会使油液黏性下降、性能变坏(产生油膏沉淀和积炭)、堵塞细小量孔、卡滞控制阀门、降低润滑效果、破坏橡胶密封部件，从而导致变速器损坏。

检查 ATF 的气味和状态，也是十分重要的。油液的气味和状态可以表明自动变速器的工作状态。检查油液时，从油尺上嗅一嗅油液的气味，在手指上点少许油液，用手指互相摩擦看是否有渣粒，或将油尺上的液压油滴在干净的白纸上，检查液压油的颜色及气味。正常液压油的颜色一般为粉红色，且无气味。如果液压油呈棕色或有焦味，说明油已变质(变质原因详见表 6-1 的分析)，应立即换油。

表 6-1　油质与故障原因

油液状态	变质原因
油液变为深褐色或深红色	① 没有及时更换油液 ② 长期重载荷运转，某些部件打滑或损坏引起变速器过热
油液中有金属屑	离合器盘、制动器盘或单向离合器严重磨损
油尺上粘附胶质油膏	变速器油温过高
油液有烧焦气味	① 油温过高、油面过低 ② 油冷却器或管路堵塞
油液从加油管溢出	油面过高或通气孔堵塞

4) 液压控制系统漏油检查

液压控制系统的各连接部位上都有油封和密封垫，这些部件是常发生漏油的地方。液压系统漏油会引起油路压力下降，油位下降是换挡打滑和延迟的常见原因。图 6-3 是丰田 A340E 自动变速器各油封位置，也是易发生漏油的部位，应逐一进行检查。

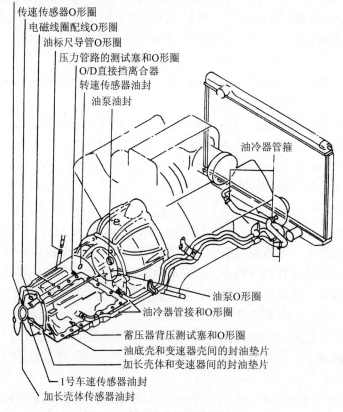

车速传感器O形圈
传速传感器O形圈
电磁线圈配线O形圈
油标尺导管O形圈
压力管路的测试塞和O形圈
O/D直接挡离合器
转速传感器油封
油泵油封

油冷器管箍

油泵O形圈
油冷器管接和O形圈
蓄压器背压测试塞和O形圈
油底壳和变速器壳间的封油垫片
加长壳体和变速器间的封油垫片
1号车速传感器油封
加长壳体传感器油封

图 6-3 变速器各油封位置图

4. 典型 ATF 变质的现象及原因分析

1) 过热破坏

如果油液变成了暗红色或褐色，或出现了烧焦的气味，则说明油液已经发生过热破坏。其主要原因如下：

(1) ATF 使用时间过长(已经超过更换里程一倍以上)。一般情况下油应该定期更换，如果长时间不更换，油液就会变质。

(2) 制动带调整过紧，导致制动带上的摩擦材料加快脱落。

(3) 自动变速器长期在重负荷下工作，离合器、制动器的摩擦片负荷过大，出现过度磨损。

(4) 自动变速器内装配间隙过小，引起部件过热，从而引起 ATF 油温高。

(5) 液力变矩器打滑，或者不能进入锁止状态。

(6) ATF 散热器堵塞，或旁通阀损坏，油液不能很好地循环散热。

2) ATF 中进水

如果油液出现牛奶状或者芝麻酱的颜色，说明发动机冷却液通过散热器进入了变速器冷却器，此时打开水箱盖也可以看到水面漂浮着一层褐红色液体，即溢出的 ATF。因为 ATF 一般是通过水箱来散热的。如果油液状况存在任何问题，一定要取出一些样品进行比较和检查。当发现水箱损坏后，一般只能采取更换水箱的办法，因为许多铝合金水箱焊接后不容易保证密封和耐压能力。进水的自动变速器必须经过彻底清洗才能继续使用，清洗可以使用专门的自动变速器清洗机。

3) 摩擦片严重打滑

如果油液呈深黑色，与旧机油的颜色相近，并且伴有严重的烧焦味，说明离合器、制动器的摩擦片或制动带严重打滑并引起 ATF 油变质，伴随这种现象出现的故障是自动变速器严重打滑，跳挡受影响或基本不能进行跳挡。出现此种情况基本可以判定自动变速器必须进行解体修理。

4) 油面高度误差过大油中有泡沫

此现象主要是由于油面过高或者过低引起的。当油面过高时，行星齿轮和其他旋转部件部分浸在工作液中，发生搅动油液的现象，导致油液产生气泡。如果液面过低，油泵将吸入空气，使油液与空气混合，产生气泡。若气泡进入液压控制系统，液压控制系统的压力会下降，影响自动变速器正常工作，引起打滑。此外气泡还会引起油液过热，油液将被氧化而变质，甚至形成积炭，影响阀体、离合器、及制动器的工作。气泡还会引起油面上涨，导致油液从变速器通气孔和加油孔溢出，引起系统错误判断。

5) 金属零件过度磨损

若油液中含有金属杂质，拆下油底旋下放油螺塞时，在磁铁上会发现大量金属碎末，此现象是由于自动变速器内的金属件磨损造成的。常见的易磨损部件有：轴承、离合器片、钢片、制动带、油泵、阀体柱塞等。

6) 密封件老化

若在油底壳中发现油中含有橡胶或摩擦片的碎物。此现象是由于离合器等部件活塞的密封圈老化或者装配错误而破损后进入油底壳产生的。同时，因为密封圈损坏导致油压下降，致使摩擦片的磨损加快，出现碎物。

7) 摩擦材料剥落

油中有摩擦片或者有制动带剥落物的现象比较少见，一般出现在经过修理的自动变速器里。造成此现象的主要原因是摩擦片质量太差或新摩擦片在油中浸泡时间过短。按要求在进行自动变速器维修时，新离合器片和制动带要在 ATF 中浸泡 45min 以上，否则很容易造成离合器摩擦片成块剥落。另外油质差也容易造成上述现象。

8) 纤维堵塞

油中有纤维丝状物。产生此现象的原因是在装配自动变速器的过程中，使用了易脱落丝毛的纤维物擦拭自动变速器内的零部件，造成丝状物脱落与工作液相混合。此丝状物对自动变速器影响极大，易堵塞油道和滤网。因此，在进行自动变速器维修时，严格禁止使用棉丝等易于脱落纤维的布擦拭零件。

检查评价

对任务实施过程以及结果进行检查、评价，评价指标建议如下：

① 工作的参与度情况	② 工作的规范性情况	③ 工作的效率情况	④ 工作的质量情况
⑤ 5S 工作制遵守情况	⑥ 工作态度情况	⑦ 工作创意创新情况	⑧ 团队协作情况

学习任务 2　自动变速器 ATF 油液更换

▼任务目标

(1) 了解典型自动变速器 ATF 油液的更换方法。
(2) 能够进行 ATF 油液的更换。

▼任务描述

装备自动变速器的汽车在进行常规保养时，需要对变速器油液进行更换。请根据实际需要，制定典型自动变速器 ATF 油液更换的学习、工作计划并实施。

▼任务准备

(1) 安全、整洁的汽车维修车间或模拟汽车维修车间。
(2) 齐全的消防用具及个人防护用具。
(3) 能正常使用的实训用整车(自动变速器)。
(4) 汽车举升设备、常用工具、量具。
(5) 专用工具、检测仪器。
(6) 车型、设备使用手册或作业指导手册。

▼任务实施

自动变速器油液长时间不更换会导致变速器油黏度变稀、润滑性能下降、密封性能下降、阻力升高，磨损增加，造成压力不稳定，影响液压系统工作精度，也会使变速器控制精度下降，平顺性、响应速度都会受到影响。变质以后的油液，其冷却性能和防氧化性能下降，容易产生油温过高等问题，缩短油液和变速箱零部件寿命。很多自动变速箱的故障都是由于换油不及时或换油方法不当造成的。

1. 自动变速器 ATF 油液的重力换油法

(1) 车辆运行至自动变速器达到正常工作油温(70℃～80℃)后停车熄火。
(2) 拆下自动变速器油底壳上的放油螺塞，将油底壳内的液压油放净。
有些车型的自动变速器油底壳上没有放油螺塞，应拆下整个油底壳，然后放油。
(3) 拆下油底壳，将油底壳清洗干净。有些自动变速器的油底壳上的放油螺塞为磁性螺塞，也有些自动变速器在油底壳内专门置有一块或几块磁铁，以吸附铁屑。清洗时必须注意将螺塞或磁铁上的铁屑清洗干净，然后放回。

(4) 拆下 ATF 散热器油管接头，用压缩空气将散热器的残余液压油吹出，再装好油管接头。

(5) 装好油底壳和放油螺塞。

(6) 从自动变速器加油管中加入规定牌号的液压油。一般变速器油底壳内的贮油量为4 L 左右。

(7) 启动发动机，检查 ATF 油面高度。要注意由于新加入的油液温度较低，油面高度应在油尺刻线的下限附近。如果油面高度太低，应继续加油至规定油面高度。

(8) 让汽车行驶至发动机和自动变速器达到正常的工作温度，再次检查油面高度是否在油尺线的上限附近。如果过低，应继续加油，直至满足规定要求为止。

(9) 如果不慎加入过多液压油，使油面高于规定的高度，切不可凑合使用。因为当油面过高时，油液会被行星排剧烈地搅动，产生大量的泡沫。这些带有泡沫的液压油进入油泵和控制系统后，对自动变速器的工作极为不利。其后果和油面高度不足一样，会造成油压过低，导致自动变速器内的摩擦元件打滑、磨损。因此油面过高时，应把油放掉一些。有放油螺塞的自动变速器只要把螺塞打开即可放油；没有放油螺塞的自动变速器在做少量放油时，可从加油管处往外吸。

一般自动变速器的总油量为 10L 左右，按上述方法换油时，变矩器内的液压油是无法放出的。

由于自动变速箱中有变矩器、离合器、制动器、阀体和散热器等，这些部位中存储着大量的变速箱油，即使是汽车停驶，发动机停转，这些油液也不会流回到油底壳中，所以无论是通过拧开变速箱下方的放油螺塞放油，还是拆卸变速箱油底壳放油，都只能更换出变速箱中半数左右的废油，更换不仅不彻底还会导致新油被污染。

如果采用重力换油法，只需短时间内更换两到三次就能换完变速箱中的油液，同时下一次的换油周期也要提前。

2. 自动变速器换油机循环换油法

换油机是一种利用机器产生压力，把自动变速箱油进行动态更换，换油率可以达到80%以上的机器。它更换得比较彻底，可以避免新油被旧油污染的危险。但是，这种方法操作比较复杂，消耗的变速箱油液比较多，一般是正常油量的一倍左右。比如变速箱容量是 6 L，那么使用换油机换油大约需要 12 L 左右的油液，如图 6-4 所示。

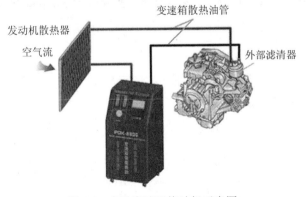

图 6-4 自动变速器换油机示意图

(1) 拧开放油螺塞进行放油。

(2) 拆下油底壳螺塞，卸下油底壳和变速箱滤芯，并清洗油底壳和更换新的变速箱滤芯。

(3) 装好清洗干净的油底壳及油底壳螺塞，连接循环机管路，启动循环机。

(4) 启动发动机，支起汽车，把变速杆在各个挡位上都停留几分钟，这样可以把各挡位离合器和制动器中的油液都置换出来。

(5) 在循环机更换过程中，新油被注入自动变速箱内，旧油则被压力顶出来。新旧油交替就好像做血液透析一样，可以通过视窗清晰地看出新旧油的交替，旧油窗口的颜色从深黑色逐渐变成红色，直至新旧油颜色一致。

在这个过程中需要注意的是，变速箱滤芯也要更换。变速箱滤芯是一种安装在变速箱内起过滤变速箱油中的杂质作用的装置，通常采用整体式结构，它能起到保护变速箱的作用。

3. 使用 ATF 的注意事项

各种变速器 ATF 的更换里程不尽相同，甚至有些车型的变速器不需要更换油液，但这不是说 ATF 不会变质。对于 ATF 的使用一定要注意以下事项：

(1) 换油时应优先采用车辆随车手册上推荐使用的 ATF 油。

(2) 避免在雪地和泥地上发生打滑时继续长距离行驶。

(3) 一旦出现油液氧化物沉淀就应该立刻更换 ATF 及滤清器。

(4) 定期更换 ATF 及滤清器是延长使用寿命的有效途径，更换周期取决于变速器的工作环境和用途，以及变速器的型号和厂家要求。例如，上海别克汽车 4T65-E 型自动变速器，在环境恶劣时周期为 80 000 km，而环境较好时允许达到 100 000 km 以上。

(5) 注意切不可用齿轮油或机油代替 ATF，否则会造成自动变速器的严重损坏。

▼检查评价

对任务实施过程以及结果进行检查、评价，评价指标建议如下：

① 工作的参与度情况	② 工作的规范性情况	③ 工作的效率情况	④ 工作的质量情况
⑤ 5S 工作制遵守情况	⑥ 工作态度情况	⑦ 工作创意创新情况	⑧ 团队协作情况

学习任务 3　自动变速器的基本调整

▼任务目标

(1) 了解典型自动变速器调整项目。

(2) 掌握自动变速器的调整方法。

▼任务描述

装备自动变速器的汽车在进行常规保养时，需要对变速器进行基本调整。请根据实际需要，制定典型自动变速器调整的学习、工作计划并实施。

▼任务准备

(1) 安全、整洁的汽车维修车间或模拟汽车维修车间。

(2) 齐全的消防用具及个人防护用具。

(3) 能正常使用的实训用整车(自动变速器)。

(4) 汽车举升设备、常用工具、量具。

(5) 专用工具、检测仪器。

(6) 车型、设备使用手册或作业指导手册。

▼任务实施

1. 节气门拉索的检查和调整

节气门的开度会影响自动变速器的换挡时间，发动机熄火后，节气门应全闭；当加速踏板踩到底时，节气门应全开。

若节气门拉索调整不当，对于液力控制自动变速器来说，会导致换挡时刻不正常，造成过早或过迟换挡，使汽车加速性能变差或产生换挡冲击；对于电控自动变速器来说，会导致主油路压力异常，造成油压过低或过高，使换挡执行元件打滑或产生换挡冲击。

(1) 推动加速踏板连杆，检查节气门是否全开。如果节气门不全开，则应调加速踏板连杆。

(2) 把加速踏板踩到底，把调整螺母拧松，调整节气门拉索。

(3) 拧紧锁止螺母。

(4) 重新检查调整情况。

2. 发动机怠速的检查与调整

发动机怠速不正常，会使自动变速器工作不正常。如果怠速过高，会出现换挡冲击、怠速爬行等故障；如果怠速过低，则容易出现挂挡熄火现象。因此在对自动变速器作进一步的检查之前，应先检查发动机的怠速是否正常。检查怠速时，应在发动机完成暖机之后，关闭所有用电设备，将自动变速器变速杆置于 P 位或 N 位。发动机的怠速通常与缸数有关，例如 4 缸发动机的怠速常为 750 ± 150 r/min，6 缸发动机的怠速常为 700 ± 50 r/min。若发动机怠速过低或过高，都应予以调整。

发动机怠速系统故障通常包括：怠速太低、怠速过高和发动机怠速运转不平稳。造成上述故障的原因有：空调信号电路故障，节气门系统故障，冷却液温度传感器故障，油泵控制电路故障，汽缸密封不好。

当发动机出现怠速系统故障时，首先应读取故障码，检查电控系统有无故障，其次检查机械故障。如果没有故障码，则可以通过读取动态数据流和波形检测判断故障，如图6-5所示。

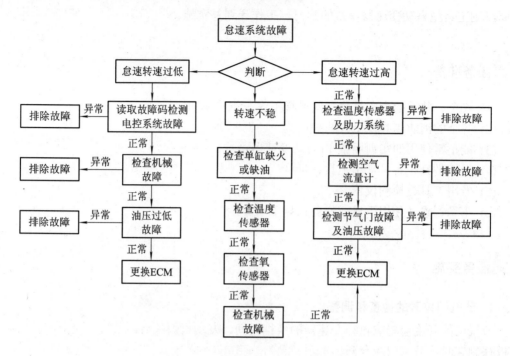

图 6-5　发动机怠速故障检查流程图

3．变速杆位置的检查和调整

变速杆调整不当，会使变速杆的位置与自动变速器阀板中手动控制阀的实际位置不符，造成选挡错乱，挂不进 P 位及前进低挡，或变速杆的位置与仪表盘上挡位指示灯的显示不符，甚至造成在 P 位或 N 位时无法启动发动机。因此必须对变速杆和空挡启动开关进行检查。如图 6-6 所示，变速杆的调整方法如下：

(1) 拆下变速杆与自动变速器手动控制阀摇臂之间的连接杆。

(2) 将变速杆拨至 N 位。

(3) 将手动控制阀摇臂向后拨至极限位置(P 位)，然后再退回 2 格，使手动控制阀摇臂处于 N 位。

(4) 连接并固定变速杆与手动控制阀摇臂之间的连接杆。

(5) 检查确认调整的正确性。

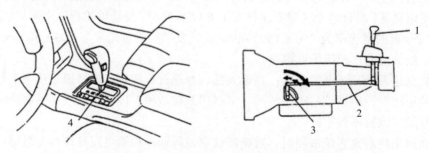

1—选挡手柄；2—连接杆；3—手动阀摇臂；4—空挡位置

图 6-6　变速杆位置的调整

4. 挡位开关的检查和调整

将变速杆拨至各个挡位，检查挡位指示灯与变速杆位置是否一致，检查 P 位和 N 位时发动机能否起动，检查 R 位时倒挡灯是否亮。发动机应只能在 N 位和 P 位时起动，其他挡位不能起动。若有异常，应调节空挡起动开关螺栓和开关电路。

(1) 松开挡位开关的固定螺钉，将变速杆拨到 N 位。

(2) 将槽口对准空挡基准线。有些自动变速器的挡位开关外壳上刻有一条基准线，调整时应将基准线和手动控制阀摇臂轴上的槽口对齐，如图 6-7(a)所示；也有一些自动变速器的挡位开关上有一个定位孔，调整时应使摇臂上的定位孔和挡位开关上的定位孔对准，如图 6-7(b)所示，将挡位开关固定。

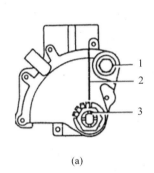
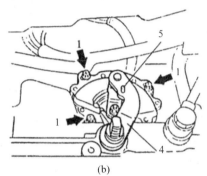

(a)　　　　　　　　　　　　　(b)

1—固定螺钉；2—基准线；3—槽口；4—摇臂；5—调整用定位销

图 6-7　挡位开关的调整

对部分车型而言，这项检验可确认自动变速器的超速挡电控系统是否工作正常。检查时的自动变速器油温应处于正常状态(70℃～80℃)，然后将发动机熄火，打开点火开关，按动超速挡(O/D)控制开关，查听位于变速器内的相应电磁阀动作时是否会发出"咔嗒"声。如有"咔嗒"声，则说明被检自动变速器的超速挡电控系统工作正常。当超速挡开关置于 ON 位置时，自动变速器应能升入超速挡，这可通过道路试验来验证。超速挡开关置于 ON 位置时，超速挡指示灯(如丰田车系的 O/D OFF 指示灯)应熄灭，否则应点亮。

5. 发动机水温的检查调整

发动机温度过高，会使各部件因温度过高而膨胀变形，失去原来的正常配合间隙，造成摩擦阻力增大，严重时能使机件烧毁、卡死，使发动机不能运转。机油也会因温度过高而变稀，使润滑效能降低加速机件磨损。由于自动变速器的冷却系统是靠发动机冷却系统散热的，因此发动机温度过高也会导致自动变速器温度升高。

自动变速器工作温度过高，会造成 ATF 油液过早氧化，特别是当变速器的工作温度超过 120℃时，油液中的抗氧化添加剂失效，油液氧化速度急剧加快，同时油液中会产生大量积炭，并可能造成各种卡滞。例如换挡滑阀发生卡滞、离合器锁止继动阀发生卡滞。

发动机温度变化可以通过汽车水温表进行观察。

造成发动机出现水温过高的原因主要有：发动机冷却系本身的问题，例如冷却液缺少或泄漏、散热器堵塞、节温器故障等；其他系统的原因，例如点火时间过迟、混合气过浓或过稀、燃烧室积炭过多、发动机机油量不足或机油散热器工作不良、汽车使用条件的影响等。

遇发动机温度过高故障，应该首先找出故障原因，然后对症下药加以解决。

▼ 检查评价

对任务实施过程以及结果进行检查、评价，评价指标建议如下：

① 工作的参与度情况	② 工作的规范性情况	③ 工作的效率情况	④ 工作的质量情况
⑤ 5S 工作制遵守情况	⑥ 工作态度情况	⑦ 工作创意创新情况	⑧ 团队协作情况

学习任务4　自动变速器性能测试

▼ 任务目标

(1) 了解自动变速器性能测试内容。

(2) 掌握自动变速器性能测试方法。

▼ 任务描述

装备自动变速器的汽车在行驶时动力不足，经专业检查，需要对变速器进行综合性能测试。请根据实际需要，制定学习、测试工作计划并实施。

▼ 相关知识

汽车自动变速器如果发生故障，首先要进行自动变速器的基本检验，检验自动变速器的油位合适与否，油质合格与否，自动变速器漏油与否，变速器联动机构及发动机工作有无异常等。排除这些问题以后再进行进一步的检验。要通过手动换挡试验来检验故障是由电控系统导致的，还是由机械和液压系统造成的。要通过机械试验来检验故障是由机械系统导致的，还是由液压系统造成的。最后，采用各种不同的诊断方法确定不同系统故障的具体部位。

自动变速器的性能试验程序主要包括手动换挡试验、道路试验、失速试验、油压试验、延时试验等环节。

▼ 任务准备

(1) 安全、整洁的汽车维修车间或模拟汽车维修车间。

(2) 齐全的消防用具及个人防护用具。

(3) 能正常使用的实训用整车(自动变速器)。

(4) 汽车举升设备、常用工具、量具。

(5) 专用工具、检测仪器。

(6) 车型、设备使用手册或作业指导手册。

任务实施

1．手动换挡试验与检查

对于电子控制自动变速器而言，为了确定故障存在的部位，应区分故障是由机械系统、液压系统引起的，还是由电子控制系统引起的，对此可进行手动换挡试验。

所谓手动换挡试验，就是将电子控制自动变速器所有换挡电磁阀的线束插头全部脱开，此时电脑不能通过换挡电磁阀来控制换挡，自动变速器的换挡取决于操纵手柄的位置。不同车型的电子控制自动变速器在脱开换挡电磁阀线束插头后的挡位和操纵手柄的关系都不完全相同。表 6-2 为丰田 A341E 变速器手动换挡工作表。手动换挡试验的步骤如下。

表 6-2 A341E 自动变速器手动换挡工作表

变速杆位置	P 位	N 位	R 位	L 位	2 位	D 位
对应的挡位	驻车	空挡	倒挡	1 挡	3 挡	4 挡

(1) 脱开电子控制自动变速器的所有换挡电磁阀线束插头，如图 6-8 所示。

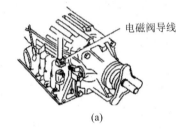
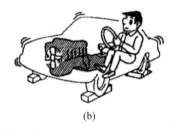

(a)   (b)

图 6-8 手动试验与检测

(2) 起动发动机，将操纵手柄拨至不同位置，然后做道路试验(也可以将驱动轮悬空，进行台架试验)。

(3) 观察发动机转速和车速的对应关系，以判断自动变速器所处的挡位。不同挡位时发动机转速与车速的关系可参考表 6-3。由于变矩器的减速作用与传递的转矩有关，因此表中车速只能作为参考，实际车速将随着行驶中油门开度的不同而产生一定的变化。

表 6-3 自动变速器在不同挡位时发动机转速和车速的关系

挡 位	发动机转速(r/min)	车速(km/h)
1 挡	2000	18~22
2 挡	2000	34~38
3 挡	2000	50~55
超速挡	2000	70~75

① 若操纵手柄位于不同位置，自动变速器所处的挡位与表 6-3 所示相同，则说明电子控制自动变速器的阀板及换挡执行元件基本上工作正常。否则，说明自动变速器的阀板或换挡执行元件有故障。

② 试验结束后，接上电磁阀线束插头。

③ 清除电脑中的故障代码，防止因脱开电磁阀线束插头而产生的故障代码保存在电脑中，影响自动变速器的故障自诊断工作。

2. 失速试验

1) 实验原理与概念

(1) 失速试验是检查发动机、液力变矩器及自动变速器中有关的换挡执行元件的工作是否正常的一种常用方法。

(2) 失速转速：当选挡手柄置于某动力传动挡位时，在节气门全开(加速踏板踩到底)及变速器输出轴制动情况下的发动机转速称为"失速转速"。

2) 失速试验的准备

(1) 行驶汽车使发动机和自动变速器均达到正常温度(ATF：50℃~80℃)。

(2) 检查汽车的行车制动和驻车制动，确认其性能良好。

(3) 检查自动变速器的油面高度应正常。

3) 失速试验的步骤

(1) 检查自动变速器的油面高度应正常，确认汽车行车制动和驻车制动性能良好。

(2) 行驶汽车使发动机和自动变速器均达到正常工作温度。

(3) 将汽车停放在宽阔的水平地面上，前、后车轮用三角木块塞住。

(4) 拉紧驻车制动器操纵杆，左脚用力踩住制动踏板。

(5) 起动发动机，将变速杆拨入 D 位。

(6) 右脚将加速踏板踩到底，读取此时发动机的最高转速，然后立即松开加速踏板。

(7) 将变速杆拨入 P 位或 N 位，使发动机怠速运转 1 min 以上，防止自动变速器油因温度过高而变质。将变速杆拨入 R 位，做同样的试验。

> **注意**
>
> 自动变速器失速试验时，加速踏板踩下到松开的整个过程的时间不得超过 5 s。试验结束后不要立即熄火，应将变速杆拨入空挡或停止挡，让发动机怠速运转几分钟，以便让液压油温度降至正常。再次做失速实验时时间间隔必须在 30 s 以上。失速试验步骤如图 6-9 所示。

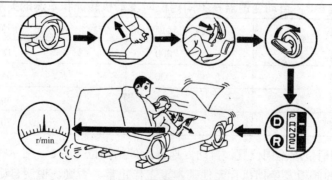

图 6-9　失速试验步骤

4) 试验结果分析

不同车型的自动变速器有不同的失速转速标准，大部分自动变速器的失速转速标准为

2300 r/min 左右。若失速转速与标准值相符合，则说明自动变速器的油泵、主油路油压及各个换挡执行元件的工作基本正常；若失速转速高于标准值，则说明主油路油压过低或换挡执行元件打滑；若失速转速低于标准值，则可能是发动机动力不足或液力变矩器有故障。例如，当液力变矩器中的单向离合器打滑时，液力变矩器在液力耦合器的工况下工作，其变矩比下降，从而使发动机的负荷增大，转速下降。不同挡位失速转速不正常的原因，如表 6-4 所示。

表 6-4　失速转速不正常的原因

变速杆位置	失速转速	故 障 原 因
所有位置	过高	主油路油压过低；换挡执行元件打滑
	过低	发动机动力不足；变矩器导轮的单向离合器打滑
仅在 D 位	过高	前进挡油路油压过低；前进挡离合器打滑
仅在 R 位	过高	倒挡油路油压过低；倒挡及高速挡离合器打滑

5) 注意事项

(1) 有些车型厂家不建议或不允许做该车型失速试验，做试验前应查阅相关修护手册。如果能准确判断自动变速器故障，就尽量不要做失速试验，以免对自动变速器造成损害！

(2) 做失速试验期间，如果发动机升速异常(过高)，应停止试验，防止执行元件进一步损坏。

(3) 在发动机转速达到失速转速之前，如果车轮移动，应立即放松油门停止试验，以免发生危险。

(4) 带有废气涡轮增压的发动机不能做失速试验。

(5) 带有电子节气门的车辆不能做失速试验。

3. 油压试验

1) 油压试验原理

(1) 油压试验是在自动变速器工作时，测量控制系统各个油路中的油压，为分析自动变速器的故障提供依据，以便有针对性地进行检修。

(2) 自动变速器正常工作的先决条件是控制系统的油压正常。油压过高，会使自动变速器出现严重的换挡冲击，甚至损坏控制系统；油压过低，会造成换挡执行元件打滑，加剧其摩擦片的磨损，甚至使换挡执行元件烧毁。

(3) 对于因油压过低而造成换挡执行元件烧毁的自动变速器，如果仅仅更换烧毁的摩擦片而没有找出故障的真正原因并加以修复，那么更换后的摩擦片经过一段时间的使用后往往会再次烧毁。因此，在分解修理自动变速器之前和自动变速器修复之后，都要对自动变速器做油压试验，以保证自动变速器的修理质量。

2) 做油压试验的准备

(1) 行驶汽车，使发动机和自动变速器均达到正常工作温度。

(2) 将车辆停放在水平地面上，检查发动机怠速和自动变速器的油面高度，如果不正常应予以调整。

(3) 准备一个量程为 2 MPa 的压力表。

3) 找出自动变速器各油路测压孔的位置

丰田 A341E 变速器测压孔如图 6-10 所示。通常在自动变速器外壳上有几个用方头螺塞堵住的用于测量不同油路油压的测压孔。《自动变速器维修手册》上标有该自动变速器油路测压孔的位置。如果没有《自动变速器维修手册》作为参考，可以用举升器将汽车升起，在发动机运转时分别将各个测压孔螺塞松开少许，观察各测压孔在选挡杆位于不同挡位时是否有压力油流出，以判断该测压孔是与哪一个油路相通，从而找出各油路测压孔的位置。具体判断方法如下：

(1) 不论选挡杆位于前进挡或倒挡时都有压力油流出，则为主油路测压孔。

(2) 只有在选挡杆位于前进挡时才有压力油流出，则为前进挡油路测压孔。

(3) 只有在选挡杆位于倒挡时才有压力油流出，则为倒挡油路测压孔。

(4) 只有在选挡杆位于前进挡并且在驱动轮转动后才有压力油流出，则为调速阀油路的测压孔。

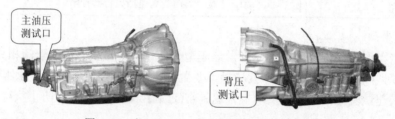

图 6-10　丰田 A341E 自动变速器油压测试点

4) 油压试验步骤

(1) 拆下变速器壳体上的油路压力测试螺塞，装上油压表。

(2) 用三角木塞住前后轮。

(3) 将手制动器拉起。

(4) 起动发动机。先预热发动机和自动变速器，使其达到正常的工作温度。

(5) 在怠速情况下，推入 D 位置，读出压力值。

(6) 将制动踏板踩到底，然后同时将油门踏板也踩到底，即在失速情况读出压力值。注意在节气门全开位置上停留不要超过 3 s。

(7) 将选挡杆拨至 P 位或 N 位，使发动机怠速运转 3 min 以上，以防止自动变速器油因温度过高而变质。

(8) 推入 R 位置，做同样的试验，如图 6-11 所示。

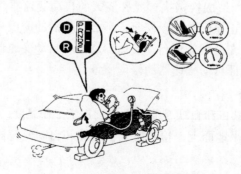

图 6-11　自动变速器油压实验过程

5) 试验结果分析

将测得的主油路油压与标准值进行比较。不同车型自动变速器的主油路油压不完全相同，如表 6-5 所示。

表 6-5　参考主油压数据　　　　　　　　　(单位：MPa)

适用车型	变速器型号	挡位	发动机怠速	发动机失速
丰田 CROWN	A340E	D	0.36～4.22	0.91～1.15
		R	0.50～0.60	1.24～1.60
丰田 LS400	A341E	D	0.39～0.44	1.20～1.36
		R	0.58～0.65	1.64～1.86
别克 CAIL	AF13(60-40LE)	D	0.37～0.43	1.10～1.28
		R	0.54～0.63	1.47～1.69

(1) 转速与标准值相符，说明自动变速器的油泵、主油路油压及各个换挡执行元件的工作基本正常。

(2) 若失速转速高于标准值，说明主油路油压低或相关换挡执行元件打滑，具体分析如表 6-6 所示。

表 6-6　主油路油压不正常的原因

工况	测试结果	故障原因
怠速	所有挡位的主油路油压均太低	油泵故障；主油路调压阀卡死；主油路泄漏；主油路调压阀弹簧太软；节气门阀卡滞；节气门拉索或节气门位置传感器调整不当
	前进挡和前进低挡的主油路油压均太低	前时离合器活塞漏油；前进挡油路泄漏
	前进挡的主油路油压正常；前进低挡的主油路油压太低	1 挡强制离合器或 2 挡强制离合器活塞漏油；前进低挡油路泄漏
	前进挡主油路油压正常；倒挡主油路油压太低	倒挡及高挡离合器活塞漏油；倒挡油路泄漏
	所有挡位的主油路油压均太高	节气门拉索或节气门位置传感器调整不当；主油路调压阀卡死；节气门阀卡滞；主油路调压阀弹簧太硬；油压电磁阀损坏或线路故障
失速	稍低于标准油压	节气门位索或节气门位置传感器调整不当；油压电磁阀损坏或线路故障；主油路调压阀卡死或弹簧太软
	明显低于标准油压	油泵故障；主油路泄漏

4. 换挡延迟试验

在发动机怠速运转时，将操纵手柄从空挡拨至前进挡或倒挡后，需要有短暂时间的迟滞或延时才能使自动变速器完成挡位的接合(此时汽车会产生一个轻微的震动)，这一短暂的时间称为自动变速器换挡的迟滞时间。延时试验就是测出自动变速器换挡的迟滞时间，根据迟滞时间的长短来判断主油路油压及换挡执行元件的工作是否正常，如图 6-12 所示。

图 6-12　换挡延迟试验

换挡延迟试验是测试自动变速器换挡的迟滞时间，根据迟滞时间的长短来判断主油路油压及换挡执行元件的工作是否正常。其测试方法及步骤如下：

(1) 行驶汽车，使发动机和自动变速器达到正常工作温度。

(2) 将汽车停放在水平地面上，拉紧驻车制动器操纵杆。

(3) 检查发动机怠速。如果不正常，应按标准予以调整。

(4) 将自动变速器变速杆从 N 挡拨至 D 挡，用秒表测量从拨动变速杆开始到感觉汽车震动所需的时间，该时间称为 N—D 延时时间，如图 6-13 所示。

(5) 将变速杆拨至 N 位，让发动机怠速运转 1 min 后，再做一次同样的试验。

(6) 上述试验进行 3 次，取其平均值。

(7) 按上述方法，将变速杆由 N 挡拨至 R 挡，测量 N—R 延时时间，如图 6-14 所示。

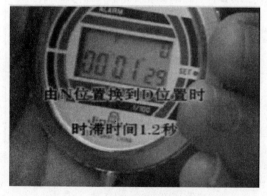

图 6-13　N 挡到 D 挡的时间测试

图 6-14　N 挡到 R 挡的时间测试

大部分自动变速器 N—D 延时时间小于 1.0～1.2 s，N—R 延时时间小于 1.2～1.5 s。若 N—D 延时时间过长，则说明主油路油压过低，前进离合器摩擦片磨损过甚或前进单向超越离合器工作不良；若 N—R 延时时间过长，则说明倒挡主油路油压过低，倒挡离合器或倒挡制动器磨损过甚或工作不良。

5. 台架试验

在一些专业自动变速器修理厂里还有一项实验就是总成台架试验，其目的是对维修之前的故障和经过维修后的整体情况进行的检测，不过一般情况下都是对经过维修的变总成进行相关项目的测试。目前一些智能型检测台架都是把车上的电控程序复制到台架台上，因此通过测试可以得到正确的换挡正时曲线、换挡时的系统油压、变速器机械元件的异响、震动等。

6. 油压电磁阀工作的测试

电子控制自动变速器常采用油压电磁阀控制主油路油压或减震器背压。这种自动变速器可以在油压试验中人为地向油压电磁阀施加电信号，同时测量油路油压的变化，以检查油压电磁阀的工作是否正常。不同车型的电子控制自动变速器的油压电磁阀工作原理不完全相同，其检测方法也不一样。下面以凌志 LS400 轿车的 A341E 和 A342E 电子控制自动变速器为例，说明测试油压电磁阀工作的方法，其他车型的测试也可以参考此方法。

(1) 将油压表接至自动变速器减震器背压的测压孔，如图 6-15 所示。

(2) 对照电路图，找出自动变速器电脑线束插头上油压电磁阀控制端的接线脚，将一个 8 W 灯泡的一脚与油压电磁阀控制端的接脚连接。

(3) 将汽车停放在水平地面上，拉紧手制动拉杆，并用三角木块将 4 个车轮塞住。

(4) 启动发动机，检查并调整好发动机怠速。

(5) 踩住制动踏板，将操纵手柄挂入前进 D 挡位。

(6) 读取此时的减震器背压，其值应大于 0。

(7) 将连接油压电磁阀 8 W 灯泡的另一脚接地，此时油压电磁阀将通电开启。此时减震器背压应下降为 0。如有异常，说明油压电磁阀工作不良。

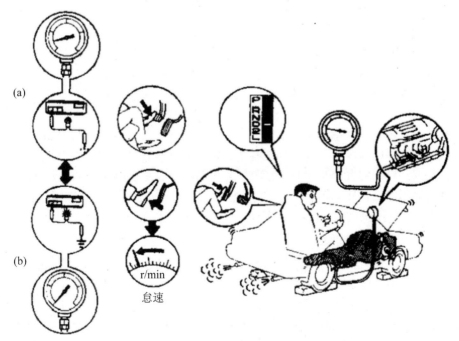

图 6-15　油压电磁阀工作测试

7. 道路试验

道路试验是对汽车自动变速器性能的最终检验，检验内容侧重于换挡点、换挡冲击、震动、噪声和打滑等。在道路试验之前，应确认汽车发动机以及底盘各个系统的技术状态完好，并且已经进行了基本检查。让汽车以中低速行驶 5~10 min，使发动机和自动变速器都达到正常的工作温度。

1) 升挡检查

将操纵手柄拨至前进 D 挡位，踩下油门踏板，使节气门保持在 1/2 开度左右，让汽车起步加速，检查自动变速器的升挡情况。自动变速器在升挡时发动机会有瞬时的转速下降，同时车身有轻微的闯动感。正常情况下，汽车起步后随着车速的升高，试车者应能感觉到自动变速器能顺利地由 1 挡升入 2 挡，随后再由 2 挡升入 3 挡，最后升入超速挡。若自动变速器不能升入高挡(3 挡或超速挡)，则说明控制系统或换挡执行元件有故障。

2) 升挡车速的检查

启动发动机，将变速杆拨至 D 位，踩下加速踏板，并使节气门保持在某一固定开度，让汽车起步并加速。当感觉到自动变速器升挡时，应记下升挡车速及发动机转速，然后将其与标准的换挡规律进行比较，分析可能的故障。图 6-16 为丰田 A340E 自动变速器普通模式的换挡规律。

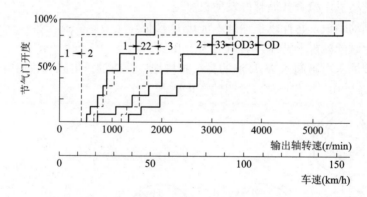

图 6-16　自动变速器换挡规律

只要自动变速器的升挡车速基本保持在上述范围内，而且汽车行驶中加速良好，无明显的换挡冲击，都可以认为其升挡车速基本正常。若汽车行驶中加速无力，升挡车速明显低于上述范围，则说明升挡车速过低(即过早升挡)，一般是控制系统的故障所致。若汽车行驶中有明显的换挡冲击，升挡车速明显高于上述范围，则说明升挡车速过高(即过迟升挡)，可能是控制系统的故障所致，也可能是换挡执行元件的故障所致。

3) 升挡时发动机转速的检查

升挡时发动机转速的检查实验是判断自动变速器工作是否正常的重要依据之一。在正常情况下，若自动变速器处于经济模式或普通模式，节气门保持在低于 1/2 开度范围内，则在汽车由起步加速直至升入高速挡的整个行驶过程中，发动机转速都将低于 3000 r/min。通常在加速至即将升挡时发动机转速可达到 2500~3000 r/min，在刚刚升挡后的短时间内发动机转速将下降至 2000 r/min 左右。如果在整个行驶过程中发动机转速始终过低，加速至升挡时仍低于 2000 r/min，则说明升挡时间过早或发动机动力不足。如果在行驶过程中发动机转速始终偏高，升挡前后的转速在 2500~3500 r/min 之间，而且换挡冲击明显，则说明升挡时间过迟。如果在行驶过程中发动机转速过高，经常高于 3000 r/min，在加速时达到 4000~5000 r/min，甚至更高，则说明自动变速器的换挡执行元件(离合器或制动器)打滑，应拆修自动变速器。

4) 换挡质量的检查

换挡质量的检查内容主要是检查有无换挡冲击。正常的电控自动变速器的换挡冲击应十分微弱。若换挡冲击太大，则说明自动变速器的控制系统或换挡执行元件有故障，原因可能是油路油压高或换挡执行元件打滑，应做进一步的检查。

5) 锁止离合器工作状况的检查

自动变速器变矩器中的锁止离合器工作是否正常，可以采用道路试验的方法进行检查。试验中，让汽车加速至超速挡，以高于 80 km/h 的车速行驶，并让节气门开度保持在低于 1/2 的位置，使变矩器进入锁止状态。此时，快速将加速踏板踩下至 2/3 开度，若发动机转速没有太大的变化，则说明锁止离合器处于结合状态；反之，若发动机转速升高很多，则表明锁止离合器没有结合，其原因通常是锁止控制系统有故障，如图 6-17 所示。

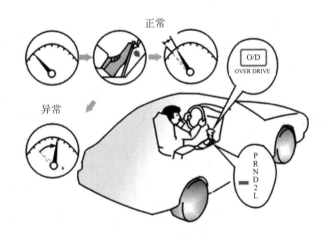

图 6-17 锁止离合器工作状况检查

6) 发动机制动作用的检查

检查自动变速器有无发动机制动作用时，应将变速杆拨至前进低挡(S、L 或 2、1)位置，在汽车以 2 挡或 1 挡行驶时，突然松开加速踏板，若车速立即随之下降，说明有发动机制动作用；否则，说明控制系统或相关的离合器、制动器有故障。

7) 强制降挡功能的检查

检查自动变速器强制降挡功能，应将变速杆拨至 D 位，保持节气门开度为 1/3 左右。在以 2 挡、3 挡或超速挡行驶时，突然将加速踏板完全踩到底，检查自动变速器是否被强制降低一个挡位。在强制降挡时，发动机转速会突然上升至 4000 r/min 左右，并随着加速升挡，转速逐渐下降。若踩下加速踏板后没有出现强制降挡，说明强制降挡功能失效。若在强制降挡时发动机转速异常升高至 5000~6000 r/min，并在升挡时出现换挡冲击，说明换挡执行元件打滑。

8) P位制动效果的检查

将汽车停在坡度大于9%的斜坡上，变速杆拨入P位，松开驻车制动器操纵杆，检查机械闭锁爪的锁止效果，以能够不溜车为宜。

 检查评价

对任务实施过程以及结果进行检查、评价，评价指标建议如下：

① 工作的参与度情况	② 工作的规范性情况	③ 工作的效率情况	④ 工作的质量情况
⑤ 5S 工作制遵守情况	⑥ 工作态度情况	⑦ 工作创意创新情况	⑧ 团队协作情况

学习单元 7　自动变速器故障诊断与维修

学习任务 1　自动变速器故障诊断基础

▼ 任务目标

(1) 了解自动变速器诊断的原则、手段和一般程序。

(2) 掌握自动变速器故障诊断的诊断方法。

▼ 任务描述

根据实际需要，制订自动变速器故障诊断基础的学习、工作计划并实施。

▼ 相关知识

一、电控自动变速器的故障诊断原则

电控自动变速器在工作中出现的故障类型、表现形式各不相同，但只要熟悉自动变速器的工作原理，正确地运用相关检测仪和检测步骤，就能做到快速地排除故障。电控自动变速器的故障诊断总的原则如下：

1．分清故障性质与原因

首先分清引发故障的根源是发动机、液压自动操纵系统、电子控制系统，还是自动变速器的机械部分。只有正确区别变速器故障的性质是机械的、液压的，还是电子的，才能有针对性地去查找故障根源，少走弯路。

2．由简单到复杂

检查时应根据故障特点由简到繁、由外及内，从最易于接近的部位、易于被忽视的部位和影响因素开始，如 ATF 油液状况、自动变速器油压、电器连接等。不要先将问题想象得过于复杂。

3．多种检验项目结合

要充分利用自动变速器其他检验项目(基础检验、失速试验、换挡延迟试验、道路试验、电控自动变速器的手动换挡试验、油压试验)的检验结果，综合各项检测结论，将线索汇集，

进行综合判断。因为一个故障在不同的检测项目中会有不同的表现形式，通过检验这些项目，一般可以发现自动变速器的故障所在。

4．充分利用电控自动变速器的自诊断功能

电控自动变速器控制 ECU 的内部有一个自诊断电路，它能在汽车行驶过程中不断地监测自动变速器控制系统各部分的工作情况，并能检验出控制系统中的大部分故障，将故障以代码的形式记录在 ECU 中。维修人员可以使用专用设备、按照特定的方法将故障从 ECU 中读出，为自动变速器控制系统的检修和故障排除提供依据。

5．不要轻易进行解体

为了确诊而必须进行的拆检，应是故障诊断的最后手段。不要轻易分解电控自动变速器，因为在故障原因不明的情况下盲目解体，不但不能确诊故障原因和部位，还可能在拆检过程中出现新的故障现象。

6．充分利用维修信息和资料

在进行故障诊断与排除前，最好先阅读有关故障检修指南、使用说明书和该车型的维修手册，掌握必要的结构原理图、油路图、电子控制系统电路图等有关技术资料，否则进行的检测和诊断带有相当的盲目性。

二、自动变速器检修注意事项

(1) 在将带有自动变速器的故障汽车拖回修理厂时，应把驱动轮抬起后用牵引车拖回。对于装有由输出轴驱动的辅助油泵的自动变速器汽车，在因故被牵引时，可以不必抬起驱动轮，但牵引距离不得超过 50 km，时速不得超过 50 km/h，有些车型要求双 30(牵引距离不得超过 30 km，时速不得超过 30 km/h)，具体参照车型维修手册。

(2) 修理自动变速器的场地应清洁无尘(环境粉尘颗粒小于 0.009 mm)，并在分解自动变速器前，彻底清洁自动变速器外壳，以防解体后的精密液压元件被灰尘或杂质污染。

(3) 拆卸自动变速器时，必须将零件按拆装顺序摆放在零件架上，必要时做好标记，以便事后能正确快捷地将所有零件装回。

(4) 对于不可重复使用的零件(如开口销、垫片、O 形圈、油封等)，在相应的车型《自动变速器维修手册》中均用特殊符号标出，在重新装配时，这类零件一定要使用新品。

(5) 在修理装配时，新换的密封油环、离合器(制动器)摩擦片、离合器(制动器)钢片、零部件各摩擦副之间的旋转或滑动表面，都应涂抹自动变速器油。新的离合器(制动器)摩擦片在装配前，还应在自动变速器油液中浸泡 30 min 以上。在换用新的离合器或制动器总成时，装用前也要在自动变速器油液中至少浸泡 30 min。

(6) 螺栓、螺母在原厂装配前已涂好一层密封紧固胶。如果预涂件被重新以任何方式拧动过，在重新装配时，都必须按规定重新涂抹密封紧固胶。重新涂抹时，应首先清除掉旧密封紧固胶，并用压缩空气吹干后再涂新胶。

(7) 在重新组装自动变速器之前，应用普通的非易燃溶剂仔细地清洗所有的零件，然后用尼龙布等无绒抹布将零件擦拭干净(不可用普通面纱，以防留下棉绒)。

(8) 液压控制阀体由精密零件组成，拆装时要求高度认真。拆卸大的阀板时最好备

有专用盛放零件的塑胶板，并将零件有序放置。注意防止弹簧、钢球等细小零件散落遗失。

(9) 在组装自动变速器时，应在所有零件上涂上一层自动变速器油。为暂时使轴承、垫圈定位，以便于安装，可在其上涂凡士林，但不得使用其他润滑脂。在装配过程中，注意不要损伤垫圈、衬垫等密封零件。

(10) 自动变速器拆修后，应按规定加入新的自动变速器油。

三、自动变速器检修手段

1. 观察、检查

1) 识别型号

自动变速器的型号以及生产厂家很多，同一车型的发动机与变速器可能有几种不同的组合，不同组合的变速器其性能及结构参数可能是有区别的。所以接触到车辆后首先要了解车型、生产年代、自动变速器型号等信息，这样有利于后面的故障诊断。

2) 检查外观

要在车辆停止时察看自动变速器的外部情况，包括检查自动变速器是否漏油，油底壳是否变形，变速器的悬架胶套是否损坏，自动变速器输出轴是否松动、断开，自动变速器线束是否折断(被刮断)，导线插接头是否松动，自动变速器与车体的搭铁连接是否牢固，自动变速器通散热器的油管是否弯曲或者被挤压变形，水箱散热器是否脏污，换挡手柄是否弯曲变形，等等。在车上检查自动变速器节气门拉索或拉杆调整得是否太松或太紧(对于全液压式自动变速器而言)，节气门位置传感器调整螺钉是否松动(对于电控自动变速器而言)，导线接头是否插接不牢。这些检查一定要仔细，因为有许多升挡晚、不容易升超速挡的故障都是由这些简单原因造成的。检查节气门拉索时要一边看，一边用手转动节气门，看节气门拉索是否能回到位。有时拉索上有毛刺或中间有折断，会影响节气门回位，进而影响自动变速器的升降挡。

3) 观察工作状态

(1) 路试时注意观察仪表盘上的自动变速器故障灯是否亮，对于没有自动变速器故障灯的车应该观察发动机故障灯。如果故障灯亮，说明自动变速器电控系统有故障，应该用检测仪检查。

(2) 踩住制动踏板，将自动变速器换挡手柄从 P 挡或 N 挡换至 R 挡或 D 挡，观察发动机与自动变速器的动作。若发动机与自动变速器动作过大，说明悬挂胶套有可能已失效。

(3) 拔出自动变速器油尺，检查油面高度，以及油中是否有杂质、气泡等。

(4) 在汽车下观察底盘是否有异常，排气管是否与车身有干涉，变速器壳体及油管是否有泄漏。

2. 异响听诊

所谓听，就是充分利用人的耳朵来判断异响产生的部位，以区别变速器或发动机的故障，并分析可能的原因。在这一过程中可以充分借助一些工具、设备，如使用较长的螺丝刀、专用听诊器、内窥镜等仪器工具，以使诊断结果更准确。

3．用户询问

在诊断维修前，应首先与用户进行交流，尤其是听取用户对车辆以往使用、维护、修理情况及故障发生前后情况的介绍，对故障的发生和发展过程有全面的了解。这有利于对故障的原因和部位进行判断，对有针对性的检查、判断故障和修理很有帮助。在维修前应该向用户询问以下几方面的内容：

1）了解车辆的使用情况

了解车辆的行驶条件，是城市平坦路面，还是山区或泥泞路面，车辆是否经常跑高速。因为在城市路面行驶时，车辆会频繁地换挡工作；在高速路上行驶时，自动变速器经常在3挡、4挡(超速挡)间工作。经常使用的挡位，其相应的离合器、制动器等部件的磨损就要相对严重些。

2）了解车辆的维修情况

(1) 了解车辆的维护情况。例如，要了解自动变速器油是否更换过，滤芯什么时间更换的，节气门或节气门传感器是否拆装调整过。若 ATF 已经变色(由红色变成褐色)，但距上次换油已行驶 150 000 km，则自动变速器离合器片很可能无故障；若更换里程不长(根据使用手册的要求，一般为 40 000 km 左右)，则自动变速器离合器片可能磨损较严重。再如，自动变速器出现油压低的故障时，应该首先检查滤芯；若滤芯更换时间不长，则可排除滤芯的故障。

(2) 了解车辆的修理情况，有条件的话查看车辆维修记录。自动变速器在使用过程中发生的故障，有时与车辆以往的修理有一定的关系，所以对车辆以前发生的故障进行了何种技术措施、更换何种零部件对此次修理是很重要的。上次维修时是否发现了故障的原因，维修后故障症状是否完全消失，维修后是否又产生其他异常现象，都应该一一了解。有些车辆经维修后，会因装配不当或漏装某些部件而引起新的故障。在了解自动变速器维修情况的同时，对车辆近期的其他维修项目也应有所了解。例如，是否因发动机换过火花塞而导致功率不足，造成变速器换挡困难，制动是否有拖滞现象，等等。

3）了解车辆的故障情况

(1) 了解故障出现时的温度工况，即了解故障在何种温度下出现。例如，故障是在冷车时出现，还是在热车时出现，还是冷热车时均出现；故障是间歇发生，偶然发生，还是始终存在。

(2) 了解故障出现的频率，即了解故障出现的规律。有些故障有较强的规律。例如，行驶中突然不再跳挡，关闭点火开关再启动挂挡行驶，故障就消失了；某些故障可能当开始行驶时存在，而行驶一段时间后又变好了。这些规律对分析故障原因非常有好处。

(3) 了解故障出现时的负荷工况。了解故障在什么负荷条件下明显，是在起步阶段出现，加速阶段出现，还是在高速大负荷阶段出现，或者故障根本与负荷没有关系。因为不同的负荷阶段对应的挡位不同，据此可以直接分析出哪一挡位打滑或哪一组离合器有故障。

4．温度检测

温度检测主要是用来感知自动变速器温度的变化和电器元件的温度。

油温对自动变速器的影响很大，变速器很多不正常的损坏是由于油温过高造成的。引起油温过高的原因很多，例如自动变速器内部不正常磨损，ATF 散热器堵塞，等等。同时，油温过高是自动变速器有故障的一个信号。检查油温的方法很简单：发动机达到正常工作温度后，开车上路行驶 10 km 左右，然后用仪器测量温度(多数电控变速器可以由检测仪直接读取)，也可用手感觉油温。若感觉温度与冷却系统散热器的温度差不多，可视为正常；若感觉油底壳附近温度很高，则属于不正常。

一般需要检查的是两个部位的温度：

(1) 自动变速器油底壳的油温。其直接反映的是自动变速器的油温。

(2) ATF 散热器及散热器进出油管的温度。该部位温度反映了散热器是否堵塞，散热效果是否良好。散热器是 ATF 冷却的部件，从液力变矩器出来的油液经散热器冷却后再回到油底壳，散热器的散热效果不好将直接影响到油温的高低。发动机水温对此处温度的影响非常重要，因为近 80% 自动变速器的散热器与发动机水箱制成一体。

四、自动变速器检修诊断程序

1．车辆防护、绕车检查、车主及车辆情况登记

这部分的主要内容应包括安装车辆防护套件，绕车检查，记录车型、底盘号、车主姓名、地址及电话。

2．问诊，认真听取并记录驾驶员或车主所反映的情况

这部分主要是听取并记录车主、驾驶员反映的与故障相关的重要信息，如故障发生时的发动机以及变速器的转速、温度，以及故障发生前的征兆等。要提醒车主尽可能多地提供相关信息。

询问故障发生前的征兆以及故障发生的过程、时间等是很有必要的，因为虽然自动变速器的使用者不会把所发生的各种故障描述得非常完全，但基本能够描述出一些大概而又笼统的特征，即便是这样，也有可得到一些解决问题的蛛丝马迹，给初检奠定了基础。

3．故障验证

在车主提供故障情况的基础上，应由有经验的技师来实际操作，即在相同故障发生条件下模拟故障发生情况，使故障再现，以判断是发动机的故障还是自动变速器内部某机件的问题。必要时可由车主或驾驶员陪同进行路试。

4．常规检查

一般常规检查包括外围部分的 ATF 油量及油质的检查，变速杆的正确位置检查，制动灯开关及强迫降挡开关的检查等，同时还应该利用诊断仪对发动机的标准怠速、节气门全关和全开情况、空气流量的标准数值、ATF 温度及冷却液温度、多功能开关位置等进行检查。

有时通过常规的检查就能排除故障，这样就避免了走一些弯路，因为进行常规检查花费时间短、拆解少。如果电子控制系统记录了相关的故障内容，则应该首先记录下这些信息后再进行故障内容清除，并通过路试来看故障内容能否重新再现。

例如，通过对外部连接件的检查，可以确定和排除是否因长时间的操作转动磨损而导致的自动变速器故障。另外，油液呈深色并伴有烧焦味，说明摩擦材料磨损；油液呈乳状

粉红色,说明有水浸入;油液液面有漆膜呈深棕色且发黏,说明变速器过热。

5. 利用故障自诊断系统进行检查

通过故障自诊断功能读取故障代码,可以对各种传感器及电磁阀线圈、自动变速器ECU及其控制电路是否存在问题做出判断,以便直接对相关电路进行检查,从而缩短维修时间。

(1) 读取故障码并对故障码的解释含义进行分析,同时必须掌握和理解TCM(变速器控制模块)故障码的条件及范围。分析故障码前要知道故障码只能给我们提供一些诊断参考信息,也就是说一个故障码不会百分之百地告诉我们真正的故障点或者说某一个元器件的好与坏,它只是提供了一定的范围,同时也可能是一个"假码"。其次,一旦电控系统的故障存储器中记录某一故障码,一定要找出故障码出现的规律,分清是软性的还是硬性的。由于故障的出现有可能是电控系统的问题,也有可能是机械或液压系统的问题,因此一定要循序渐进、先易后难,最终找到故障部位。

(2) 读取分析自动变速器的动态数据流,分析电子控制系统里每一组数据的准确性和可变性,通过各数据来分析各输入传感器、各开关以及 TCM 对执行器的监测指令的工作性能等,特别是自动变速器在执行换挡时、换挡品质控制时,以及执行变矩器锁止离合器控制时的数据,当然还有变速器在不同状态下的工作温度、压力等。

当进行自动变速器电控系统诊断时,大多数人都会依赖故障码,有了故障码就好像找到了故障部位,其实有些时候还需要进一步分析。如果系统没有记录故障码,则会使人没有方向感,不知从何下手,因此难以进行故障分析,这样动态数据流就显得相当重要。但往往在监测数据流时又难以知晓正确信息,除非极其明显的错误动态数据信息很容易被发现。因为所有的信息都有一定的范围,如果没有达到极限点,控制单元就不会记录故障内容,因而很难界定和区分标准数据和故障数据之间所存在的差异。但往往就是在这个时候某些动态数据信息已经接近不正常了,已经开始影响自动变速器的正常运转,随即表现出自动变速器的故障现象。因此,要不断地总结动态数据的标准,从而提高专业化的诊断水平,加快确诊速度。

(3) 分析波形。应利用示波器分析各转速信息(发动机转速、输入轴及输出轴转速等)、执行器(脉冲式及线性电磁阀),以及网络数据线的通信功能。

当前自动变速器的波形数据分析显得越来越重要,这是因为随着汽车技术的变革特别是网络通信功能的实现,在电子控制系统出现故障时利用波形分析已成为最有效的手段。在传统电子控制自动变速器中,电子控制内容简单,传感器结构及执行器的控制类型等决定了其检测方法的单一性,有了万用表就会全面解决,如今霍尔传感器、线性及脉冲式执行器越来越多,加之网络通信的介入,波形分析成为诊断电控系统故障的最有效的方法。

6. 测试

由于故障自诊断系统不能对机械故障进行诊断,所以只能通过失速试验、油压试验、道路试验等相关试验,进一步判断问题的出处。

进行道路试验时,一定要连接诊断仪,以便分析故障状态下的动态数据。因此,严格意义上讲,路试需要两个技术人员(一个人开车,另一个人读取并分析动态数据)。同时,在路试过程中需要原车驾驶人一同前往,因为有些故障由于驾驶习惯和驾驶方式不一样便不容易暴露出来。在综合上述各项测试结果，分析和判定故障原因及部位后，才能够确定是否对其进行分解修理。

7. 检修

检查电子控制系统和各离合器或制动器及油泵、变矩器、单向离合器，验证以上测试结果是否与实际吻合，并实施相关的检修措施。

8. 自动变速器维修装复后路试前要完成的工作

(1) 检查 ATF 标准量。

(2) 连接诊断控制单元，确定电控系统无存储故障记忆。

(3) 连接油压表。

(4) 利用诊断仪清除控制单元的原始记忆(匹配工作)。

(5) 确保所有准备工作满足路试要求。

9. 路试要求以及路试项目

一切准备就绪后，要按照路试要求和路试标准来进行路试。路试要求及路试项目如下：

(1) 要在确保道路的安全性和车辆的安全性下进行路试。

(2) 按照要求根据不同发动机工况进行换挡正时曲线的确认(1/4、1/2、2/3 节气门开度)。

(3) 利用诊断控制单元来读取变矩器离合器 TCC 的控制参数和工作要求。

(4) 路试过程中时时观察变速器的工作温度非常重要，以避免变速器工作温度过高而烧损变速器。

(5) 观察油压表油压数值的变化，这一点非常重要，特别是对于烧片的变速器，油压的不稳定可能会导致冲击和打滑故障的出现。

(6) 通过路试来验证换挡质量的好坏(结合动态参数的变化)。

(7) 确保以上项目均正常的情况下，还要测试发动机制动和强迫降挡功能有无实现。

(8) 路试过程中注意自动变速器内部有无异响故障的发生。

(9) 在所有路试项目当中，要观察动态数据的变化并对数据进行分析。

10. 自动变速器的匹配和自适应

按照所维修的自动变速器的维修手册中的要求进行相关的"匹配"和"自适应"工作，以使全部项目达到使用要求。

不同车型其匹配方法不相同。大众 AG5 系列 01V 自动变速器的匹配方法如下：

(1) 01－04－00 匹配节气门。

(2) 01－04－06 同时将加速踏板完全踩下，数据显示 ADP OK 之后松开加速踏板，退出。

路试后还要进行全方位检查，确信无误后方可交车，并做好记录和跟踪回访。

▼ 检查评价

对任务实施过程以及结果进行检查、评价，评价指标建议如下：

① 工作的参与度情况	② 工作的规范性情况	③ 工作的效率情况	④ 工作的质量情况
⑤ 5S 工作制遵守情况	⑥ 工作态度情况	⑦ 工作创意创新情况	⑧ 团队协作情况

学习任务2 自动变速器典型故障诊断

▼任务目标

(1) 了解自动变速器典型故障现象。
(2) 掌握自动变速器典型故障诊断方法。

▼任务描述

根据实际需要，制订典型自动变速器典型故障的学习、工作计划并实施。

▼任务准备

(1) 安全、整洁的汽车维修车间或模拟汽车维修车间。
(2) 齐全的消防用具及个人防护用具。
(3) 能正常使用的实训用整车(自动变速器)。
(4) 汽车举升设备、常用工具、量具。
(5) 专用工具、检测仪器。
(6) 车型、设备使用手册或作业指导手册。

▼任务实施

一、汽车不能行驶故障的诊断

1. 故障现象

(1) 无论操纵手柄位于倒挡、前进挡或前进低挡，汽车都不能行驶。
(2) 冷车启动后汽车能行驶一小段路程，但热车状态下汽车不能行驶。

2. 故障原因

(1) 自动变速器油底壳渗漏，液压油全部漏光。
(2) 操纵手柄和手动阀摇臂之间的连杆或拉索松脱，手动阀保持在空挡或停车挡位置。
(3) 油泵进油滤网堵塞。
(4) 主油路严重泄漏。
(5) 油泵损坏。

3. 故障诊断与排除

(1) 检查自动变速器内有无液压油。其方法是：拔出自动变速器的油尺，观察油尺上有无液压油。若油尺上没有液压油，说明自动变速器内的液压油已漏光。此时应检查油底壳、液压油散热器、油管等处有无破损而导致漏油。如有严重漏油处，应修复后重新加油。

(2) 检查自动变速器操纵手柄与手动阀摇臂之间的连杆或拉索有无松脱。如果有松脱，应予以装复，并重新调整好操纵手柄的位置。

(3) 拆下主油路测压孔上的螺塞，启动发动机，将操纵手柄拨至前进挡或倒挡位置，检查测压孔内有无液压油流出。

(4) 若主油路侧压孔内没有 ATF 流出，应打开油底壳，检查手动阀摇臂轴与摇臂间有无松脱，手动阀阀芯有无折断或脱钩。若手动阀工作正常，则说明油泵损坏，此时应检修自动变速器油泵。

(5) 若主油路测压孔内只有少量液压油流出，油压很低或基本上没有油压，应打开油底壳，检查油泵进油滤网有无堵塞。如无堵塞，说明油泵损坏或主油路严重泄漏，此时应拆卸分解自动变速器，予以修理。

(6) 若冷车起动时主油路有一定的油压，但热车后油压即明显下降，说明油泵磨损过甚，此时应更换油泵。

(7) 若测压孔内有大量液压油喷出，说明主油路油压正常，故障出在自动变速器中的输入轴，行星排或输出轴，此时应拆检自动变速器。汽车不能行驶的故障诊断与排除程序，如图 7-1 所示。

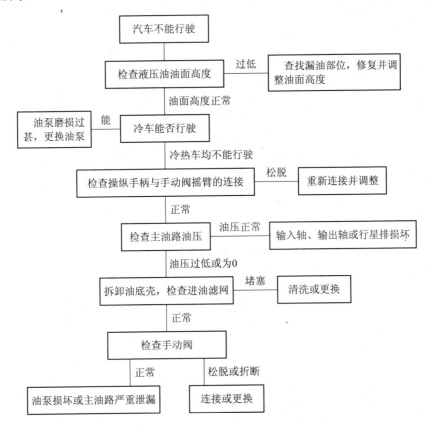

图 7-1　汽车不能行驶的故障诊断与排除流程图

二、无超速挡故障的诊断

1．故障现象

(1) 在汽车行驶中，车速已升高至超速挡工作范围，但自动变速器不能从 3 挡换入超速挡。

(2) 在车速已达到超速挡工作范围后，采用提前升挡的方法也不能使自动变速器升入超速挡。

2．故障原因

(1) 超速挡开关有故障。

(2) 超速电磁阀故障。

(3) 超速制动器打滑。

(4) 超速行星排上的直接离合器或直接单向超越离合器卡死。

(5) 挡位开关有故障。

(6) 液压油温度传感器有故障。

(7) 节气门位置传感器有故障。

(8) 3—4 换挡阀卡滞。

3．故障诊断与排除

(1) 对于电子控制自动变速器，应先进行故障自诊断，检查有无故障代码。液压油温度传感器、节气门位置传感器、超速电磁阀等部件的故障都会影响超速挡的换挡控制。

(2) 检查液压油温度传感器在不同温度下的电阻值，并与标准值进行比较。如有异常，应更换液压油温度传感器。

(3) 检查挡位开关和节气门位置传感器的信号。挡位开关的信号应和操纵手柄的位置相符。节气门位置传感器的电阻或输出电压应能随节气门的开大而上升，并与标准相符。如有异常，应予以调整。若调整无效，应更换挡位开关或节气门位置传感器。

(4) 检查超速挡开关。如图 7-2 所示，在 ON 位置时，超速挡开关的触点应断开，闭合超速指示灯不亮；在 OFF 位置时，超速挡开关触点应闭合，超速指示灯亮起。如有异常，应检查电路或更换超速挡开关。

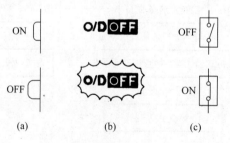

图 7-2　超速挡开关的检查

(5) 检查超速电磁阀的工作情况。打开点火开关，但不要启动发动机，在按下超速挡开关时，检查超速电磁阀有无工作的声音。如果超速电磁阀不工作，应检查控制线路或更换超速电磁阀。

(6) 用举升器将汽车升起，让驱动轮悬空。运转发动机，让自动变速器以前进挡工作，检查在空载状态下自动变速器的升挡情况。如果在空载状态下自动变速器能升入超速挡，且升挡车速正常，说明控制系统工作正常。不能升挡的故障原因为超速制动器打滑。另外，在有负荷的状态下不能实现超速挡。如果能升入超速挡，但升挡后车速不能提高，发动机转速下降，说明超速行星排中的直接离合器或直接单向超越离合器卡死，使超速行星排在超速挡状态下出现运动干涉，加大了发动机运转阻力。如果在无负荷状态下仍不能升入超速挡，说明控制系统有故障。此时应拆卸阀板，检查 3—4 换挡阀。如有卡滞，可将阀芯拆下，进行清洗并抛光。如不能修复，应更换阀板总成。

自动变速器无超速挡的故障诊断与排除程序如图 7-3 所示。

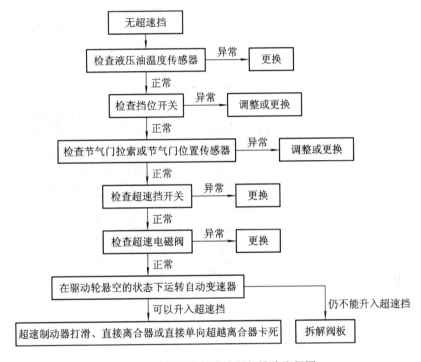

图 7-3　无超速挡故障诊断与排除流程图

三、液压油易变质故障的诊断

1．故障现象

(1) 更换后的新液压油使用不久即变质。

(2) 自动变速器温度太高。

2．故障原因

(1) 汽车经常超负荷行驶，如经常用于拖车，或经常急速、超速行驶等。

(2) ATF 散热器管路堵塞。

(3) 通往 ATF 散热器的限压阀卡滞。

(4) 离合器或制动器自由间隙太小。

(5) 主油路油压太低，离合器或制动器在工作中打滑。

3．故障诊断与排除

(1) 让汽车以中低速行驶 5～10 min，待自动变速器达到正常工作温度后，在发动机运转过程中检查 ATF 散热器的温度。若 ATF 散热器的温度低，说明油管堵塞或通往 ATF 散热器的限压阀卡滞；若 ATF 散热器的温度太高，说明离合器或制动器自由间隙太小，应拆解变速器，予以调整。

(2) 若液压油温度正常，应测量主油路油压。若油压太低，应检查节气门拉索或节气门位置传感器的调整情况。

(3) 若节气门拉索或节气门位置传感器安装正常，应拆卸自动变速器，检查油泵是否磨损过甚，阀板内的主油路调压阀和节气门阀有无卡滞，主油路有无漏油。

(4) 若上述检查均正常，则故障可能是汽车经常超负荷行驶所致，或未按规定使用合适牌号的液压油所致。此时可将液压油全部放出，加入规定牌号和数量的液压油。

液压油易变质故障诊断与排除程序，如图 7-4 所示。

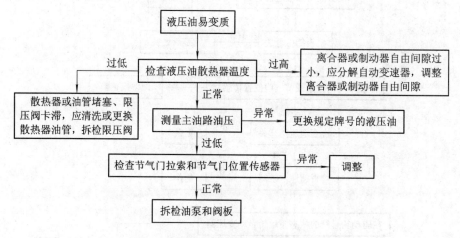

图 7-4　液压油易变质故障排除流程图

检查评价

对任务实施过程以及结果进行检查、评价，评价指标建议如下：

① 工作的参与度情况	② 工作的规范性情况	③ 工作的效率情况	④ 工作的质量情况
⑤ 5S 工作制遵守情况	⑥ 工作态度情况	⑦ 工作创意创新情况	⑧ 团队协作情况

学习单元 8　无级变速器诊断维修

学习任务 1　无级变速器的基本认知

▼任务目标

(1) 了解无级变速器的基本组成、工作原理。

(2) 能够进行典型无级变速器的结构与挡位分析。

▼任务描述

装备 CVT 无极变速器的汽车在行驶时动力不足，经专业检查，需要对变速器电液控系统进行检修。请根据实际需要，制定 CVT 学习、认知工作计划并实施。

▼相关知识

无级变速器(Continuously Variable Transmission，CVT)。德国奔驰公司早在 1886 年就将 V 型橡胶带式 CVT 安装在汽车上。但是由于这一 CVT 存在一系列缺陷，例如功率有限、离合器工作不稳定、液压泵、传动带和夹紧机构的能量损失较大，因而没有被汽车行业普遍接受。进入 20 世纪，汽车界对 CVT 技术的研究开发日益重视，CVT 在汽车上的应用普及不断提高，如图 8-1 所示。

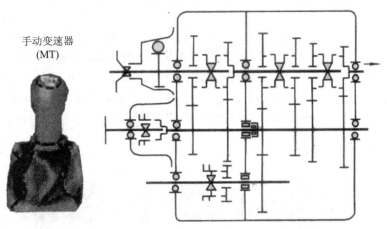

手动变速器
(MT)

(a) 手动变速器

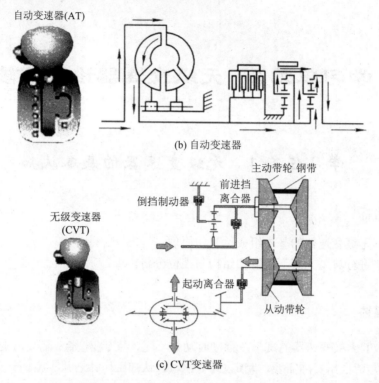

(b) 自动变速器

(c) CVT变速器

图 8-1　MT、AT、CVT 的区别

一、MT、AT、CVT 的区别

自动变速器(AT)和无级变速器(CVT)无论从结构还是控制工作原理上都有本质的区别。从结构上看，如图 8-1 所示，手动变速器由众多齿轮和轴以及多个换挡同步器组成，而自动变速器(AT)则是由复杂的行星排和众多的换挡执行元件以及特别复杂的液压控制系统组成。但无级变速器(CVT))结构比传统变速器简单，体积更小，它既没有手动变速器的众多齿轮，也没有自动变速器复杂的行星齿轮组，它只需两组变速滑轮，就能实现无数个前进挡位的无级变速。

从控制上看，它们最大的区别是速比的变换。手动变速器的速比变化靠驾驶员来实现，而且各挡速比是固定不变的；液力自动变速器不是无级变速器，是有级变速器的自动控制。自动变速器虽然能自动选择合适的速比点，但它各挡速比是固定不变的，只能在相邻两挡之间实现短暂的无级调节；而无级变速器的速比变化是连续性的，允许从最大速比到最小速比之间做无级调节。也就是说，CVT 的前进挡位是由无数个速比点组成的，速比范围极宽。图 8-2 为奥迪 CVT 的基本结构。

CVT　　　　　离合器　　　　传动装置

图 8-2　CVT 变速器基本结构

二、CVT 与普通的自动变速器比较

1. 动力性

汽车的后备功率决定了汽车的爬坡能力和加速能力。汽车的后备功率愈大，汽车的动力性愈好。由于 CVT 的无级变速特性，能够获得后备功率最大的传动比，所以 CVT 的动力性能明显优于机械变速器(MT)和自动变速器(AT)。CVT 汽车的加速性能(0～100 km/h)比 AT 汽车提高 7.5%～11.5%，高速状态加速性优于 MT 汽车。

2. 经济性

CVT 可以在相当宽的范围内实现无级变速，从而获得传动系与发动机工况的最佳匹配，提高了整车的燃油经济性。德国的大众公司在自己的 Golf VR6 轿车上分别安装了 4-AT 和 CVT 进行 ECE 市区循环和郊区循环测试，证明 CVT 能够有效节约燃油。表 8-1 为 AT 和 CVT 燃油经济性比较。

3. 排放

CVT 的速比工作范围较宽，能够使发动机以最佳工况工作，从而改善了燃烧过程，降低了废气的排放量。ZF 公司通过对 CVT 装车进行测试，其废气排放量比安装 4-AT 的汽车减少了大约 10%。

表 8-1　AT 和 CVT 燃油经济性比较

ECE 市区循环，L/100 km	4-AT，14.4	CVT，13.2
ECE 郊区/远程循环，L/100 km	4-AT，10.8	CVT，9.8
匀速，L/100 km	4-AT，8.3	CVT，7.0
120 km/h，L/100 km	4-AT，10.3	CVT，9.2

4. 舒适性好

CVT 可以改善驾驶舒适性能。CVT 没有挡位，变速过程连续而线性，提速无换挡冲击，急加速时没有 AT 的退挡顿挫现象。CVT 系统有很宽的传动比，一般在 2.400～0.395，高速行驶时发动机转速低、噪音小，使驾驶员及乘客能够享受旅途安静轻松的舒适感觉。

除了以上四点外，CVT 还具有结构简单，体积小，零件少，大批量规模化生产后的成本低于当前普通自动变速器的成本，而且终身免维护等特点。

三、本田飞度 CVT 的结构组成

广州本田飞度汽车 CVT 采用主动与从动带轮以及钢带的电控系统，它具有无级前进挡变速和二级倒挡变速功能，装置总成与发动机直列布置。其基本组成可以分为机械传动、电子控制、液压控制、换挡控制机构 4 个部分。其总体构造，如图 8-3 所示。

1. 带轮

广州本田飞度 CVT 有两个带轮，即主动带轮和从动带轮，它们通过钢带连接在一起，每个带轮都包括一个固定部分和一个活动部分，两个部分之间夹有钢带。带轮的有效直径是可变的，这是传动比变化的关键。另外，每只带轮上均有弹簧，用于向带轮的活动部件

施加压力，使其紧靠带轮的固定部分，加之液压系统向每个带轮施加变化的液压力，使两个带轮保持合适的有效直径，且带轮与钢带保持足够的侧压力，以防止钢带打滑，造成钢带及带轮的损坏。主动带轮安装在输入轴上，并且在前进挡时锁止在输入轴上。在倒挡时，主动带轮的旋转方向与前进挡相反。从动带轮直接安装在从动带轮轴上，主动带轮通过钢带驱动从动带轮，从动带轮再驱动起步离合器。

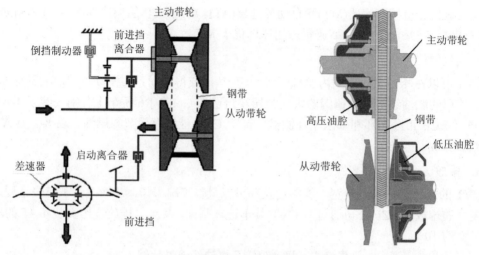

图 8-3　广州本田飞度 CVT 结构原理图

2. 钢带

钢带用于在两个带轮之间传递转矩，它由两组钢质环形带组成，如图 8-4 所示。每组环形带各有 12 层，采用约 400 个钢质构件将它们组装在一起。钢带部件因受主、从动带轮的运动载荷而压缩在一起，这也增加了钢带与带轮表面的摩擦力，可防止打滑。

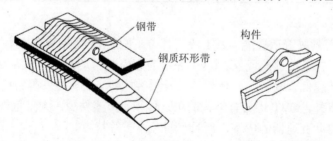

图 8-4　广州本田飞度 CVT 钢带

3. 行星齿轮机构

行星齿轮机构由太阳轮、齿圈、行星轮和行星架组成，它用于变换主动带轮轴旋转方向，实现倒车操作。在广州本田飞度 CVT 的内部，有一组单排单级行星齿轮机构，用于形成前进挡和倒挡，如图 8-5 所示。太阳轮通过花键与输入轴相连，同时，它又是前进挡离合器的内毂；行星轮安装在行星架上，单齿轮式行星齿轮架与太阳轮啮合，并形成倒挡制动器的内毂；齿圈通过凸舌与前进挡离合器外鼓啮合；倒挡制动器的外毂由变速器箱体构成。

行星轮有单行星轮和双行星轮两种设计形式，飞度为单行星轮式。

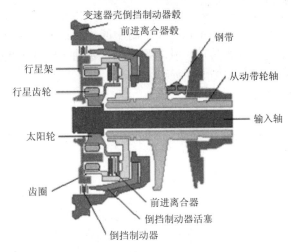

变速器壳倒挡制动器毂
前进离合器毂
钢带
从动带轮轴
行星架
行星齿轮
输入轴
太阳轮
齿圈
前进离合器
倒挡制动器活塞
倒挡制动器

图 8-5　行星齿轮机构

4. 前进挡离合器

前进挡离合器与太阳轮进行接合或分离。前进挡离合器内毂是太阳轮，外鼓通过凸舌与齿圈啮合。前进挡离合器工作时，将太阳轮和内齿圈连接为一体，使整个行星齿轮机构以一个整体同向旋转，传动比为 1∶1，前进挡离合器，如图 8-6 所示。如果前进挡离合器打滑，会出现加速不良的故障；如果前进挡离合器卡滞无法分离时，车辆在前进挡、空挡均正常，但会出现无倒挡或倒挡发卡的故障。

5. 倒挡制动器

倒挡制动器内毂是行星架，外毂是无级变速器壳体。倒挡制动器工作时，将行星架与无级变速器壳连接为一体，使行星架固定不能旋转，则内齿圈会反向减速旋转，形成倒挡。倒挡制动器如图 8-7 所示。当倒挡制动器卡住无法分离时，会出现在任意前进挡车辆均无法移动，但倒挡正常的故障现象。

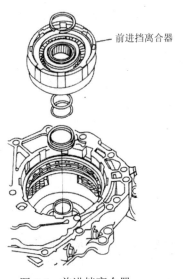

前进挡离合器

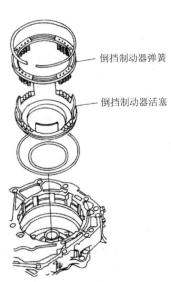

倒挡制动器弹簧
倒挡制动器活塞

图 8-6　前进挡离合器

图 8-7　倒挡制动器

6. 起步离合器

起步离合器安装在从动带轮轴上，它可以将中间主动齿轮的动力传递至车轮，也可以切断中间主动齿轮至车轮的动力传递，其功用相当于普通无级变速器的变矩器。起步离合器是一个湿式多片式离合器，如图 8-8 所示。

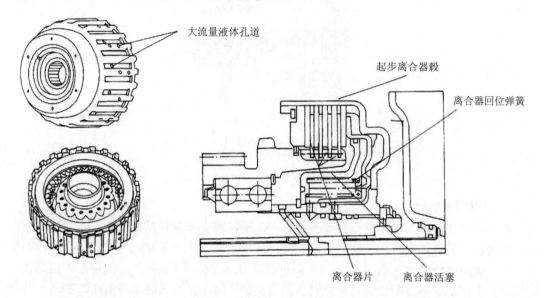

大流量液体孔道

起步离合器毂

离合器回位弹簧

离合器片   离合器活塞

图 8-8 起步离合器

起步离合器有以下功用：

(1) 滑转状态。在起步离合器的滑动状态，允许车辆在不摘挡的情况下处于静止状态。

(2) "蠕动"状态。即在不摘挡停车或通过使用制动使车辆以较低的速度行驶，这通过给起步离合器施加一定的油压实现。

(3) 加速状态。在车辆起步加速过程中，允许离合器有一定的受控打滑。

(4) 正常行驶状态。车辆正常行驶时，离合器完全接合锁定，以便最大限度地向车轮传递动力。

在挂挡停车时，如果起步离合器由于卡滞不能分离，发动机会熄火。起步离合器回位弹簧采用周布多弹簧取代了中央螺旋弹簧，使工作更加平稳。尤其是在蠕动等要求精确控制的工作范围内，起步离合器的可控性得到提高。起步离合器采用大流量压力润滑，在离合器鼓上的油孔允许大流量油液流出，如图 8-8 所示。

7. 驻车制动机构

广州本田飞度 CVT 的驻车机构由驻车齿轮、驻车止动爪、驻车制动锥等组成。换挡操纵手柄换入 P 位时，驻车制动锥将驻车止推爪推入驻车齿轮，驻车齿轮被固定，中间主动齿轮被固定，车辆不能移动。

8. 电子控制系统

广州本田飞度 CVT 电气部件包括无级变速器转速传感器、主动带轮转速传感器、从动带轮转速传感器、挡位区段(挡位)开关、主动带轮压力控制线性电磁阀、从动带轮压力控制线性电磁阀、起步离合器压力控制阀、限止电磁阀等。

另外，未在 CVT 上安装的电气部件还有动力系统控制模块(PCM)、主动换挡开关、制动开关、仪表挡位显示等。PCM 根据以上各传感器和开关信号及发动机运行参数，对 CVT 传动比、起步离合器压力控制以及操纵手柄位置指示等进行控制，控制框图，如图 8-9 所示。

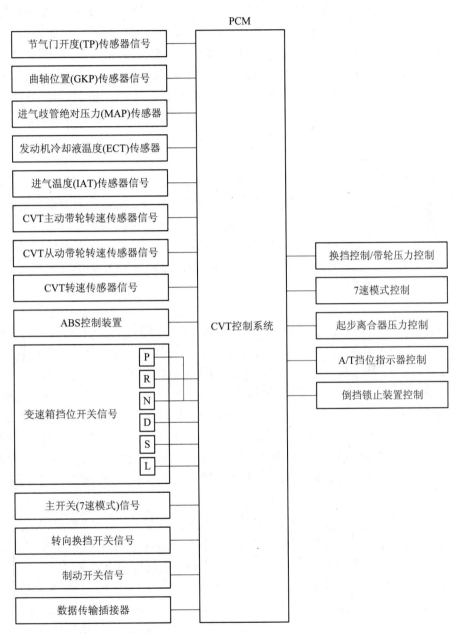

图 8-9　CVT 的输入信号与输出控制

1) 传动比控制(换挡控制)

动力系统控制模块(PCM)根据实际行驶条件与存储的行驶条件进行比较，以进行传动比(换挡)控制，通过连续地变化主、从动带轮的传动比，满足发动机目标转速的要求。操纵手柄位于 D 位时，CVT 的传动比变化范围是 2.36～0.407；在 R 位时，如果踩下加速踏板，传动比被设定为 1.326，松开加速踏板传动比为 2.367。如果在较大节气门开度时，发动机的目标转速较高，会有较好的加速性；在部分节气门开度下，发动机的目标转速较低，以实现较好的燃油经济性。此外，发动机的目标转速还考虑到操纵手柄的位置。PCM 在各个挡位采用了不同的发动机目标转速。同时，CVT 有不同的换挡曲线，包括正常特性曲线、节气门全开特性曲线、低速特性曲线、市区特性曲线、运动特性曲线、弯道特性曲线。当操纵手柄处于 D 位时，CVT 会在正常特性曲线和市区特性曲线间切换。如果节气门全开，则会切换至节气门全开特性曲线。在 S 位，CVT 会在运动特性曲线和弯道曲线间切换。

另外，在发动机温度较低时，带轮被设置为高传动比，以便迅速暖机。在持续运转时，CVT 的油液温度可能升高至预期限值以上，PCM 将对发动机高转速运转时间进行监测，必要时，改变带轮的传动比，直至油温到正常。

2) 带轮侧压力控制

CVT 的带轮压力由动力系统控制模块(PCM)控制，控制部件包括压力控制电磁阀和滑阀。PCM 从进气歧管绝对压力传感器、节气门位置传感器等信号获得发动机负荷，进而确定合适的带侧压力。在爬坡或加速等高负荷条件下，PCM 会检测到高的节气门开度和进气歧管绝对压力，从而向带轮提供较高的侧压力，以防止钢带打滑。在中速行驶等低负荷条件下，PCM 会检测到低的节气门开度和进气歧管绝对压力，向带轮提供较低的侧压力，以减少钢带摩擦并改善燃油经济性。

3) 起步离合器控制

动力系统控制模块(PCM)通过起步离合器控制电磁阀来控制起步离合器的工作油压，从而保证起步、加速平稳，并在 D、S、L 和 R 位下，产生与变矩器相同的"蠕动"效果。PCM 接收来自 CVT 转速传感器、车速后备信号(来自 ABS 系统)、挡位传感器、节气门位置传感器、进气歧管绝对压力传感器、制动开关、曲轴位置传感器、主动带轮转速传感器、从动带轮转速传感器的信号输入，以确定施加于起步离合器的正确压力值，从而正确操纵起步离合器压力控制电磁阀，为起步离合器提供合适的油压。当节气门关闭且车辆处于停止或处于前进挡下非常低的车速时，PCM 操纵起步离合器控制电磁阀，向起步离合器施加最少的压力，从而产生蠕动效果，以允许驾驶员通过制动踏板以非常低的车速行进。

4) 倒挡控制

动力系统控制模块(PCM)根据 CVT 转速传感器和车速信号，通过控制限止电磁阀的通/断(ON/OF)来控制倒挡是否接合。在较高速下行驶时，如果选择了倒挡，则 PCM 控制限止电磁阀接通(ON)，电磁阀泄压，则倒挡限止滑阀在弹簧力的作用下将移至停靠位置；在此位置下，由手动阀作用于倒挡制动器的油压被阻断，倒挡不能接合。当车速降至 10 km/h 以下时，PCM 断开(OFF)倒挡限止阀，允许液压作用于倒挡限止滑阀，液压力使滑阀克服弹簧力的作用移动，从而接通由手动阀作用于倒挡制动器的油压，使倒挡接合。

5) 自诊断

动力系统控制模块(PCM)对电控系统的传感器与执行器进行检测，如果发现故障，会记忆相应的故障码(DTC)，仪表板上的挡位指示灯会闪烁。另外，PCM 还通过一些传感器提供的数据，判断出某些机械故障。PCM 通过对两个带轮转速传感器的输入信号的比较来确定钢带与带轮之间是否出现打滑。PCM 还通过从动带轮转速传感器和 CVT 转速传感器的输入信号的比较来确定起步离合器是否打滑。当电控部件出现故障后，为保证汽车继续行驶，电控系统提供了备用的失效保护模式。例如，当 CVT 转速传感器出现故障时，PCM 会参考 ABS 系统车速数据。按照设计，电磁阀被设定为一个默认位置，以允许 CVT 在遇到电子控制系统的输入、输出故障时仍可工作。如果 PCM 检测到电控系统故障，则电子控制停止工作，同时启用失效保护模式。在保护模式下，前进挡时带轮传动比范围缩小为 1.0～1.8；倒挡时带轮传动比范围缩小为 1.0～2.37。

9. 液压控制系统

广州本田飞度 CVT 变速器 N 挡位液控系统油路图，如图 8-10 所示。

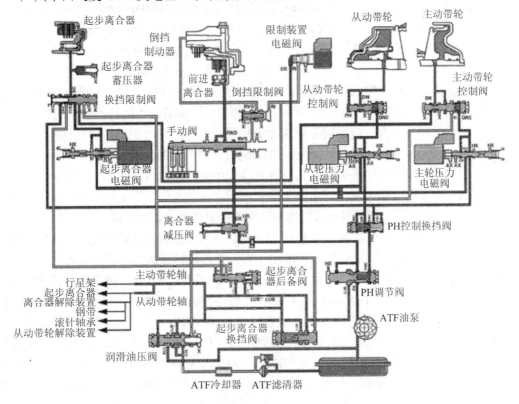

图 8-10　N 挡位液控系统油路图

液压控制系统主要包括主阀体、油泵、控制阀体、ATF 油道体以及手动阀体等组成，发动机运转时，CVT 油泵开始运转，无级变速器油(ATF)通过滤清器泵出并进入液压油路。CVT 油泵输出的油液进入 PH 调节阀并形成 PH 油压，PH 压力传至带轮控制阀，最终至带轮。动力系统控制模块(PCM)通过电磁阀进行液压压力控制，最终实现带轮传动比的变换及起步离合器的接合。各控制阀的作用如下：

(1) PH 调节阀。PH 调节阀用于调节油泵输出的油压，并向液压控制回路及润滑回路提供 PH 油压。PH 调节阀根据 PH 控制换挡阀提供的控制压力(PHC)进行调节。

(2) PH 控制换挡阀。根据主动带轮控制压力(DRC)和从动带轮控制压力(DNC)向 PH 调节阀提供 PH 控制压力(PHC)，PH 调节阀据此来调节 PH 压力。

(3) 离合器减压阀。接收 PH 压力并对离合器减压压力(CR)进行控制。

(4) 换挡锁定阀。也称换挡限止阀，在电气系统发生故障时，换挡锁定阀切换相应油道，将起步离合器从电子控制切换到液压控制。

(5) 起步离合器蓄压阀。用于提供给起步离合器缓冲、稳定的油压。

(6) 起步离合器换挡阀。在电子控制系统出现故障时，起步离合器换挡阀接收换挡锁定压力(SI)，并将润滑油液(LUB)旁路转换至起步离合器后备阀。

(7) 起步离合器后备阀。在电子控制系统出现故障的情况下，起步离合器后备阀提供离合器控制压力(CCB)，以对起步离合器进行控制。

(8) 润滑阀。稳定内部润滑液压回路的压力。

(9) 主动带轮压力控制阀。主动带轮压力控制阀由线性电磁阀和滑阀组成，由动力系统控制模块(PCM)控制，用于向主动带轮控制阀提供主动带轮控制压力(DRC)。

(10) 从动带轮压力控制阀。从动带轮压力控制阀由线性电磁阀和滑阀组成，由动力系统控制模块(PCM)控制，用于向从动带轮控制阀提供从动带轮控制压力(DNC)。

(11) 起步离合器压力控制阀。起步离合器压力控制阀由线性电磁阀和滑阀组成，由动力系统控制模块(PCM)控制，它根据节气门开度的大小，调节起步离合器压力的大小。

(12) 主动带轮控制阀。对主动带轮压力(DR)进行调节，并向主动带轮提供压力。

(13) 从动带轮控制阀。对从动带轮压力(DN)进行调节，并向从动带轮提供压力。

(14) 手动阀。根据操纵手柄的位置，开启或关闭相应的油道。

(15) 倒挡限止阀。倒挡限止阀由限止装置电磁阀提供的倒挡锁定压力进行控制。当车辆速度大于 10 km/h 时，倒挡限止阀将切断通向倒挡制动器的液压回路。

无级变速箱油泵排出的油液，在 PH 调节阀处，经高压调节形成高压(PH)压力，PH 压力在离合器减压阀处，形成离合器减压(CR)压力，并传递给无级变速箱主动带轮压力控制阀和无级变速箱从动带轮压力控制阀。无级变速箱主动带轮压力控制阀将 CR 压力转变为主动带轮控制(DRC)压力，并将 DRC 压力提供给 PH 控制换挡阀和主动带轮控制阀。同样，无级变速箱从动带轮压力控制阀也将从动带轮控制(DNC)压力提供给 PH 控制换挡阀和从动带轮控制阀。动力系统控制模块(PCM)对无级变速箱主动带轮压力控制阀和无级变速箱从动带轮压力控制阀进行控制，将 DNC 压力调节至高于 DRC 压力时，从动带轮受到的从动带轮(DN)压力要高于作用于主动带轮上的主动带轮(DR)压力，此时具有低带轮传动比。

当选挡杆置于 N 位时，手动阀将传送至前进离合器的压力截止，在这种情况下，前进离合器和倒挡制动器无液压作用。

10. 本田飞度 CVT 传递路线

在 CVT 内部有一个主动带轮和一个从动带轮，通过液压来改变主、从动带轮的有效直径来改变传动比，钢带在两个带轮间起动力传递的作用。在高传动比时，主动带轮的直径增大；从动带轮的直径减小。在低传动比时，主动带轮的直径减小而从动带轮的直径增大。

1) P/N 位

当操纵手柄位于 P 位时，没有液压作用于前进离合器、起步离合器和倒挡制动器，故没有动力传递到主动带轮、从动带轮和中间主动齿轮；在 P 位，驻车齿轮被锁定，车辆不能移动。

2）D、S、L 位

当操纵手柄位于 D、S、L 位时，即前进挡动力传递路线。前进挡离合器接合时，动力由输入轴－太阳轮－前进离合器－内齿圈同向输出－主动带轮－钢带－从动带轮。同时，起步离合器接合，动力由从动带轮轴－起步离合器－中间主动齿轮－中间从动齿轮－主减速器－输出，如图 8-11 所示。

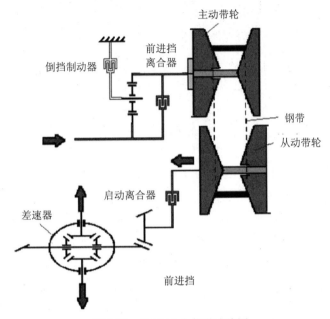

图 8-11　CVT 动力传递路线图

3）R 位动力传递路线

倒挡时，倒挡制动器工作，动力由输入轴－太阳轮－倒挡制动器固定行星架，内齿圈反向减速输出-主动带轮-钢带-从动带轮。同时，起步离合器接合，动力由从动带轮轴－起步离合器－中间主动齿轮－中间从动齿轮－主减速器－输出。

四、奥迪 Multitronic CVT 变速器

奥迪旗下车型所搭载的 CVT 无级变速箱是奥迪总公司与德国汽车零部件巨头 LUK 合作开发的产品。与其他品牌车型上常见的 CVT 变速箱相比，奥迪 Multitronic 做出了一些改进，其中最主要的改进有以下两点：

① 动力输入端为多片湿式离合器。大多数 CVT 变速箱采用液力变矩器作为动力输入端，但柔性连接的液力变矩器加上本身的 CVT 就有点"软绵"，而为了改善这一点，奥迪把动力输入端改为多片湿式离合器，基本上只要车走起来了变速箱和发动机就是刚性连接，提速无力的现象势必有所减缓。

② 以拉动式链条替代推动式钢带。为了保证 Multitronic 能承受更大转矩，它告别了一般 CVT 所采用的推动式钢带，转而采用拉动式链条作为动力传递的中介，这大大提高了 Multitronic 的强度。

此外 TCM 变速器控制系统会感知车辆是否为下坡，控制器一旦发现车辆正处于陡坡下坡状态时会自动降低"挡位"，依靠发动机阻力控制车速，如图 8-12 所示。

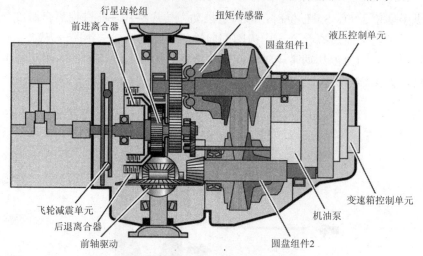

图 8-12　奥迪 CVT 的基本结构

1. 动力传递路线

1) 前进挡的动力传递路线

前进挡离合器钢片与太阳轮连接，摩擦片与行星齿轮架相连接。当前进挡离合器工作时，太阳轮(变速器输入轴)与行星齿轮架(输出)连接，行星齿轮系被锁死，并与发动机运转方向相同，速比为 1∶1，如图 8-13 所示。

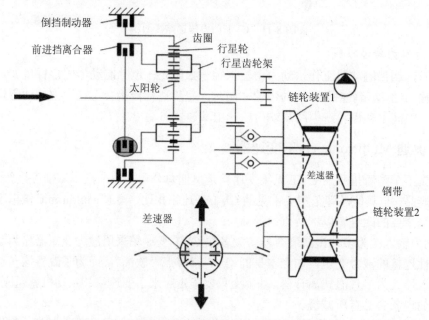

图 8-13　前进挡动力流程简图

2) 倒挡动力传递路线

倒挡制动器摩擦片与齿圈相连接，钢片与变速器壳体相连接。当倒挡制动器工作时，齿圈被固定，太阳轮(输入轴)主动，转矩传递到行星齿轮架，由于是双行星齿轮(其中一个为惰轮)，所以行星齿轮架就会以与发动机旋转方向相反的方向运转，车辆向后行驶。

2. 电控系统

电控系统如图 8-14 所示。

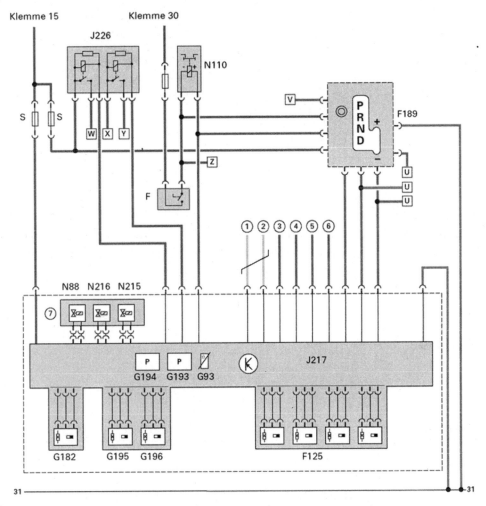

F—制动信号灯开关；F125—多功能开关；F189—tiptronic开关；G93—变速箱油温传感器；
G182—变速箱输入转速传感器；G193—离合器液压系统压力传感器 1；G194— 压紧压力液压系统压力传感器 2；
G195—变速箱输出转速传感器；G196—变速箱输出转速传感器 2；N88—电磁阀 1(离合器冷却装置/安全关闭)；
N110—变速杆锁止装置电磁铁；N215—压力调节阀 1(离合器调节系统)；N216—压力调节阀 2(传动比调节系统)；
J217—multitronic 变速箱控制单元；J226—起动锁止装置和倒车灯继电器；U—至 tiptronic 方向盘；
V—从接线端 58d；W—至倒车灯；X—从点火起动开关接线端 50；Y—起动机接线端 50；Z—至制动信号灯；
1—低电平驱动 CAN；2—高电平驱动 CAN；3—挡位显示信号；4—车速信号；5—发动机转速信号；6—K 诊断端口

图 8-14　奥迪 01JCVT 变速器电控系统

3. ATF 冷却系统

ATF 冷却系统，如图 8-15 所示。

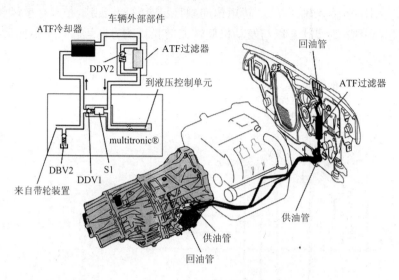

图 8-15 ATF 冷却系统

来自带轮装置的 ATF 最初流经 ATF 冷却器。ATF 在流回液压控制单元前流经 ATF 滤清器。在 CVT 中，ATF 冷却器集成在 "发动机冷却器中"。DDV1 差压阀防止 ATF 冷却器压力过高。当 ATF 冷却器达到标定压差时，DDV1 打开，供油管与回油管直接接通，使 ATF 油温度迅速升高。当 ATF 滤清器的流动阻力过高时，DDV2 差压阀打开，阻止 DDV1 打开，ATF 冷却系统因有背压而无法工作。

 检查评价

对任务实施过程以及结果进行检查、评价，评价指标建议如下：

① 工作的参与度情况	② 工作的规范性情况	③ 工作的效率情况	④ 工作的质量情况
⑤ 5S 工作制遵守情况	⑥ 工作态度情况	⑦ 工作创意创新情况	⑧ 团队协作情况

学习任务2　CVT 变速器检修

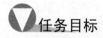 任务目标

(1) 了解 CVT 基本检修原理。
(2) 掌握典型 CVT 变速器故障诊断方法。

▼ 任务描述

装备 CVT 无极变速器的汽车在行驶时动力不足，经专业检查，需要对变速器电液控系

统进行检修。请根据实际需要，制定学习、检修工作计划并实施。

任务准备

(1) 安全、整洁的汽车维修车间或模拟汽车维修车间。

(2) 齐全的消防用具及个人防护用具。

(3) 能正常使用的实训用整车(自动变速器)。

(4) 汽车举升设备、常用工具、量具。

(5) 专用工具、检测仪器；车型、设备使用手册或作业指导手册。

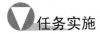任务实施

1. 本田飞度 CVT 的故障自诊断

如果动力系统控制模块(PCM)检测到 CVT 变速器输入信号或输出控制部件有故障时，会记忆相应的故障码。同时控制仪表上的挡位指示灯会闪烁，如图 8-16 所示。如果仪表板上的挡位指示灯或故障指示灯(MIL)点亮，可用本田专用故障诊断工具 PGM 对电控系统进行诊断。广州本田飞度轿车诊断插座位于仪表板转向盘的下方，如图 8-17 所示。

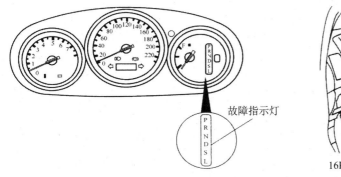

图 8-16 无级变速器故障指示指示灯   图 8-17 连接故障诊断仪 PGM

2. 本田飞度 CVT 电控系统部件检测

1) 节气门开度传感器

(1) 类型：可变电阻式。

(2) 工作原理：随着节气门位置的改变，电刷在电阻器上滑动位置不同，则节气门位置传感器输出的电压信号也发生变化，如图 8-18 所示。

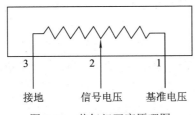

图 8-18 节气门开度原理图

(3) 本田飞度 CVT 电控系统部件检测标准结果，如表 8-2 所示。

表 8-2　本田飞度 CVT 电控系统部件检测标准结果

检测端子	检测项目	检测条件	标准数值
1-3	电源电压/V	打开点火开关	5
1-2	电阻/kΩ	节气门关闭	0.5～0.9
1-2	电阻/kΩ	节气门全开	4.5

2) 冷却液温度传感器

(1) 类型：负温度系数型。

(2) 工作原理：当被测对象的温度升高时，传感器阻值减小，热敏电阻上的分压值降低；反之，当被测对象的温度降低时，传感器阻值增大，热敏电阻上的分压值升高，如图 8-19 及图 8-20 所示。

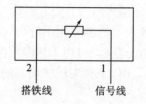

图 8-19　冷却液温度传感器原理图

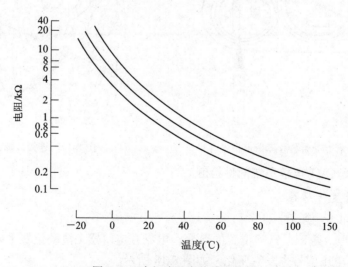

图 8-20　冷却液温度传感器特性

(3) 检测：

① 测量传感器信号电压：启动发动机，用万用表测量传感器信号线与搭铁线之间的电压值。标准值为 0.1～4.8 V，随着冷却液温度的升高，电压值将逐渐下降。

② 检测传感器电阻值：拔下冷却液温度传感器线束插头，拆下冷却液温度传感器，测量在不同温度下冷却液温度传感器两连接线端之间的电阻。

3) 进气歧管绝对压力传感器

(1) 类型：压阻效应式。

(2) 工作原理：在歧管压力作用下，硅膜片会产生应力。在应力作用下，应变电阻的电阻率就会发生变化而引起阻值变化，惠斯顿电桥上的电阻值的平衡就会被打破。当电桥输入端输入一定的电压或电流时，在电桥的输出端就可得到变化的信号电压或信号电流，如图 8-21 所示。

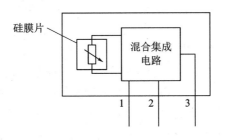

图 8-21 进气歧管绝对压力传感器原理图

(3) 检测：

① 检测进气歧管绝对压力传感器的电源电压：关闭点火开关，拔下传感器连接器，打开点火开关，测量 1 和 3 端子间电压，应为 5 V。

② 检测 2 和 3 端子信号电压。标准值如表 8-3 所示。

表 8-3

真空度/kPa	输出信号电压/V	真空度/kPa	输出信号电压/V
100	2.6	400	1.3
200	2.2	500	1.0
300	1.6	600	0.6

4) 转速传感器

(1) 类型：霍尔式转速传感器。

(2) 工作原理：当叶片进入气隙时，霍尔集成电路的磁场被叶片旁路，霍尔集成电路输出的三极管截止，信号发生器输出高电平信号(当电源电压 $U = 5$ V 时，信号电压 $u = 4.8$ V)；反之，当叶片离开气隙时，霍尔集成电路输出的三极管导通，传感器输出低电平信号(当电源电压 $U = 5$ V 时，信号电压 $U = 0.1 \sim 0.3$ V)，如图 8-22 及图 8-23 所示。

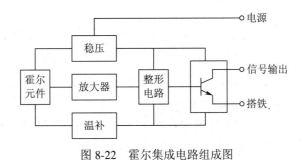

图 8-22 霍尔集成电路组成图

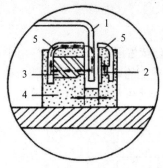 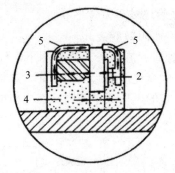

(a) 叶片进入气隙，磁场被旁路　　　　　　(b) 叶片离开气隙，磁场饱和

1—信号轮的触发叶片；2—霍尔集成电路；3—永久磁铁；4—底板；5—导磁板

图 8-23　霍尔效应原理

3．CVT 变速器故障诊断流程

无论是使用液力变矩器作为汽车动力连接装置的 CVT，还是使用多片式离合器作为起动装置的 CVT，其电子控制系统、机械液压控制系统的故障诊断流程基本有以下几个环节。

(1) 问诊。它主要是技术人员通过对车主的询问来了解故障信息的来源、故障发生前的故障征兆，故障发生的过程、时间及各种因素等，以便对下一步检测维修提供更有效的依据。

(2) 基本检查。主要是一些外围的检查，包括发动机转速的检查、变速器油面高度的检查、油质的检查、外围连接部件的检查以及利用专用检测仪器的诊断。特别是奥迪 0lJ 型 CVT，其电控单元与传感器集成在一起，因此对其传感器的检查只能利用专用检测仪器进行检测。

(3) 维修前的路试。它是进一步确认故障的最佳信息、最有效途径，同时还可以验证通过初步判断的故障信息是否与客户所描述的故障信息吻合。当然有必要利用采取随车诊断功能(通过专用检测仪器读取汽车行驶时的动态数据)为下一步维修提供有效的帮助。

(4) 电子液压控制系统的检修。某些少数 CVT 的液压控制系统是可以直接通过油压试验的方法来检查故障原因的。大多数 CVT 的液压系统是通过油压传感器来反应变速器内部工作油压的，因此必须使用专用检测仪器通过读取汽车运行状态下的动态数据来进一步确认故障信息。对于液压控制元件(阀体)和液压执行元件(离合器或制动器)可进行液压测试和解体检查。对于 CVT 电子控制系统的故障检修与当今电子控制自动变速器的故障检修几乎是一样的，可通过专用检测仪器进行故障的分析、动态数据流的分析、波形分析、电路以及对网络数据通信的分析。同时对电子元件(传感器、开关、电磁阀)可通过元件测试、对比试验等进行故障排除。

(5) 机械元件的检修。对于 CVT 机械元件的检修，只能作解体检查或故障部位的修理和更换。不同厂家的变速器的分解步骤也有所不同(详见各维修手册)。

4．本田飞度 CVT 常见故障分析

CVT 由于构造比齿轮式有级变速器的构造简单，其控制部分也较其他类别有级变速器的电控系统简单，常见的故障多集中在液压控制系统的堵、漏、卡和执行元件的磨损或失调等方面。因此其故障类别也较少，判断故障也比齿轮式有级变速器要容易得多。

(1) 主油压不足：主油压不足的主要原因有无级变速器油液不足，油泵磨损过甚，泵油量不足，主调压阀失控，电脑控制系统不良，离合器、制动器活塞缸泄油等。

(2) 无前进挡和倒挡：造成汽车不能行走的主要原因有起步离合器压力控制电磁阀失控，换挡限止阀卡死，起步离合器油压过低，起步离合器摩擦片打滑，起步离合器电控系统不良。

(3) 汽车只能低速行驶，不升挡：电脑起动保护功能，使主动带轮调压电磁阀断电，造成 DRC 油压升高至超限，致使换挡阀在 DRC 油压作用下左移，使离合器减压阀油压送入主动带轮压力控制阀的左侧，向右推动带轮压力控制阀，以减小主动带轮的压力。与此同时，电脑控制从动带轮油压，使其直径增大，以确保汽车只能低速行驶。由此可见，电控系统有故障或主动带轮控制电磁阀断电、搭铁不良等情况发生时，均会启动保护功能。

(4) 只有前进挡无倒挡：倒挡制动器磨损打滑，倒挡限止阀卡滞，倒挡限止装置电磁阀控制系统或电磁阀不良。

(5) 有倒挡无前进挡：前进挡离合器损坏、漏油，前进挡离合器控制系统或油路系统不良。

(6) D 位无爬行：电脑根据挡位信号和节气门位置信号控制主动带轮和从动带轮控制电磁阀，使主从动带轮直径调整到只能爬行的程度，若电控系统不良，则爬行失控，起步离合器压力控制电磁阀将失控。

检查评价

对任务实施过程以及结果进行检查、评价，评价指标建议如下：

① 工作的参与度情况	② 工作的规范性情况	③ 工作的效率情况	④ 工作的质量情况
⑤ 5S 工作制遵守情况	⑥ 工作态度情况	⑦ 工作创意创新情况	⑧ 团队协作情况

学习单元 9　双离合器变速器诊断维修

学习任务 1　双离合器变速器的基本认知及检修

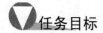任务目标

(1) 了解双离合器变速器的基本组成及工作原理。
(2) 掌握典型 DSG 双离合器变速器总成部件的检修方法。

任务描述

装备自动变速器的汽车在行驶时动力不足，经专业检查，需要对变速器电液控系统进行拆解检修。请根据实际需要，制订学习、检修工作计划并实施。

相关知识

双离合器变速器(Direct Shift Gearbox，DSG)作为一种设计理念非常先进的自动变速器，已被应用在奥迪、高尔夫、帕萨特等多种车型上，较大地提高了车辆性能。配备了 DSG 的车辆，由于快速的双离合器切换，在很大程度上减少了动力的中断，加速时间比手动变速器更短。

一、湿式双离合器变速器概述

湿式双离合器变速器主要由两套多片式离合器、三轴式齿轮变速器、自动换挡机构、电子控制系统、液压控制系统组成。DSG 采用了两个功能完整的手动变速箱的形式，它们并排连接，共用一个差速器。发动机动力由两个齿轮变速箱通过两个离合器来分摊，一个变速箱选择偶数挡位，另一个变速箱选择奇数挡位，每个挡位都配有一个传统的同步器和一个手动齿轮箱的挡位选择杆。图 9-1 为湿式 DSG 的基本工作原理。

K1 离合器内转鼓(内片支架)通过花键与输入轴 1 连接，当 K1 离合器被施压时发动机动力传递至输入轴 1 上，离合器 K2 负责将转矩传给输入轴 2。大众 0AM 变速器(干式)与

02E 变速器(湿式)的机械传动部分基本相同，区别在于双离合器部分。图 9-2 为干式 DSG 的基本工作原理。

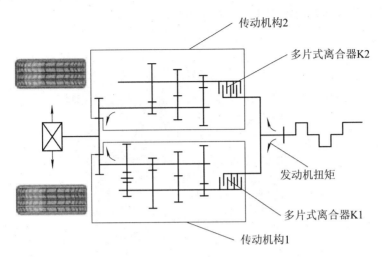

图 9-1　湿式 DSG 的基本工作原理

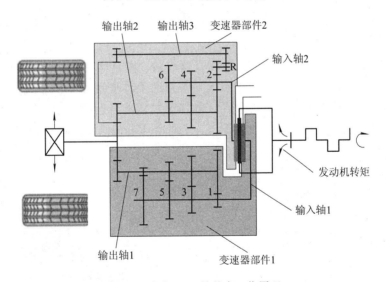

图 9-2　干式 DSG 的基本工作原理

DSG 变速器的工作原理可以想象为将两台手动变速箱的功能合二为一，并建立在单一的系统内。DSG 内含两台自动控制的离合器，由电子控制及液压推动，能同时控制两组离合器的运作。当变速箱运作时，一组齿轮被啮合，而接近换挡之时，下一组挡段的齿轮已被预选，但离合器仍处于分离状态；当换挡时一组离合器将使用中的齿轮分离，同时另一组离合器与已被预选的齿轮啮合，在整个换挡期间能确保最少有一组齿轮在输出动力，使动力没有间断。

DSG 系统的最大特色在于变速箱内设有两组离合器，而且可以依照行驶条件预先加载挡位，因此 DSG 系统的换挡时间短，换挡迅速。DSG 变速器既没有变矩器也没有离合器踏板，在传动过程中的能耗损失非常有限，大大提高了燃油经济性。

二、湿式 DSG 机械部分

大众多片湿式双离合器结构如图 9-3 所示。

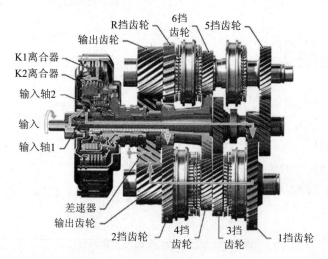

图 9-3　大众多片湿式双离合器结构

1. 离合器 K1、K2

多片湿式双离合器内部主要由两个离合器组成：离合器 K1 和离合器 K2。纵观 DSG 的工作原理，多片湿式双离合器的作用等同于普通手动变速器中机械式离合器的作用。对于有级的液力机械式自动变速器来讲，多片湿式双离合器的作用相当于液力变矩器的作用，为一个自动离合器。多片湿式 DSG 变速器 K1、K2 离合器的基本原理图，如图 9-4 所示。

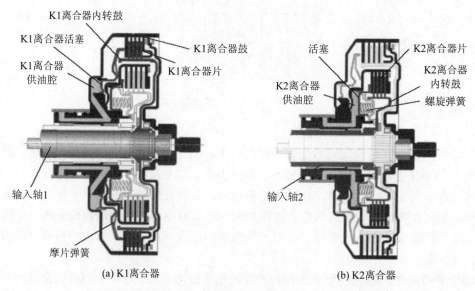

(a) K1离合器　　　　　　　　　　(b) K2离合器

图 9-4　多片湿式 DSG 变速器 K1、K2 离合器的基本原理图

离合器 K1 和离合器 K2 的实质作用是：离合器 K1 主要负责 1 挡、3 挡、5 挡和倒挡，

在汽车行驶中一旦用到上述挡位中的任何一挡，离合器 K1 是接合的；离合器 K2 主要负责 2 挡、4 挡和 6 挡，当使用 2、4、6 挡中的任何一挡时，离合器 K2 是接合的。DSG 变速器的多片湿式双离合器的结构和液压式自动变速器中的离合器相似，但是尺寸要大很多。它利用液压缸内的油压和活塞来压紧离合器，油压的建立是由变速器控制单元 ECT 接收与汽车行驶工况有关的传感器信号，按照设定好的换挡程序指令电磁阀来进行控制的。两个离合器的工作状态是相反的，不会发生两个离合器同时接合的情形。

2. 输入轴

输入轴共有两根，如图 9-5 所示。输入轴 1 和输入轴 2 可分别通过双离合器中的离合器 K1 和 K2 得到发动机输出的转矩。输入轴 1 在空心的输入轴 2 的内部，通过花键与离合器 K1 相连，输入轴 1 上有 1 挡/倒挡主动齿轮、3 挡主动齿轮及 5 挡主动齿轮；在 1 挡/倒挡和 3 挡主动齿轮之间还有输入轴 1 的转速传感器 G501 的脉冲轮。

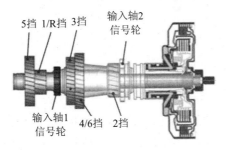

图 9-5 输入轴及齿轮结构

输入轴 2 为空心，套在输入轴 1 的外部，通过花键和离合器 K2 相连，输入轴 2 上安装有 2 挡、4 挡或 6 挡齿轮，在 2 挡齿轮附近还有输入轴 2 转速传感器 G502 的脉冲轮。

3. 输出轴及齿轮

输出轴 1 及齿轮机构如图 9-6 所示，输出轴 1 上有 1、2、3、4 挡换挡齿轮和各挡同步器组件，还有与差速器相连的输出齿轮。其中，1、2、3、4 挡使用三件式同步器，4 挡使用单件式同步器。输出轴 2 上有 5 挡、6 挡和倒挡、换挡齿轮以及各挡同步器组件、与差速器相连的输出齿轮。其中 5 挡、6 挡使用单件式同步器，倒挡使用单件式同步器。

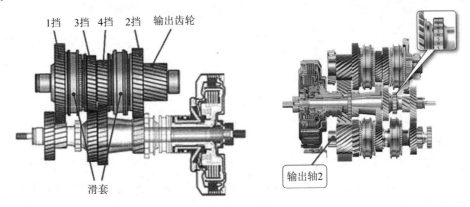

图 9-6 输出轴及齿轮结构

4. 倒挡轴

倒挡轴上安装有 2 个倒挡惰轮，如图 9-7 所示。倒挡惰轮随倒挡轴旋转而旋转，倒挡惰轮分别与位于输入轴 1 上的 1/倒挡主动齿轮、输出轴 2 上的倒挡从动齿轮经常啮合。

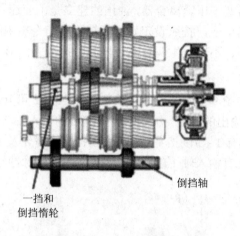

一挡和
倒挡惰轮

倒挡轴

图 9-7 倒挡轴及齿轮结构

5. 换挡机构

变速器的 4 个换挡轴由液压控制单元控制，由控制单元内的 4 个电磁阀完成，通过为换挡轴施加压力来控制拨叉动作。每个拨叉轴的两端由 1 个有轴承的钢制圆筒支撑，圆筒的末端被压入活塞腔。换挡油压通过油道传输到活塞腔内作用在圆筒后端，形成推力，完成换挡。换挡轴压力通过保持换挡轴持续的时间来进行调节。当一个挡位工作时，其相应推力一直存在。同时在每个拨叉上面都有一个独立的拨叉行程传感器，用以监测、反馈拨叉的行程以及所处的状态。为了保证挡位的固定，在每组拨叉的主臂上还有一个挡位锁止机构，用来锁止所在挡位。换挡机构结构如图 9-8 所示。

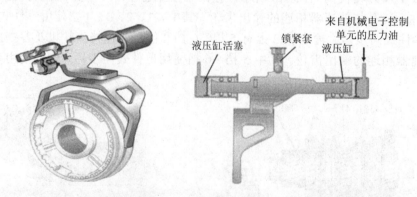

液压缸活塞   锁紧套   来自机械电子控制
单元的压力油
液压缸

图 9-8 换挡机构结构图

6. 三件式同步器

三件式同步器结构，如图 9-9(a)所示，带有钼涂层的黄铜同步环是转速同步的基础。三件式同步器与单件式同步器(见图 9-9(b))相比，所提供的摩擦面积要大得多，因此可提高同步效率。

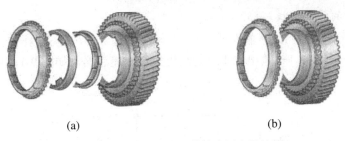

(a)　　　　　　　　　　(b)

图 9-9　三件式同步器和单件式同步器结构

▼任务准备

(1) 安全、整洁的汽车维修车间或模拟汽车维修车间。
(2) 齐全的消防用具及个人防护用具。
(3) 能正常使用的实训用整车(自动变速器)。
(4) 汽车举升设备、常用工具、量具。
(5) 专用工具、检测仪器，车型、设备使用手册或作业指导手册。

▼任务实施

1. 大众 02E 双离合器变速器动力传递路线分析

1) 1 挡动力的传递路线

发动机动力经离合器 K1→输入轴 1→输入轴 1 上的 1/R 挡齿轮→输出轴 1 上的 1 挡齿轮→1/3 挡接合套→输出轴 1→输出轴 1 上的输出齿轮→差速器，如图 9-10 所示。

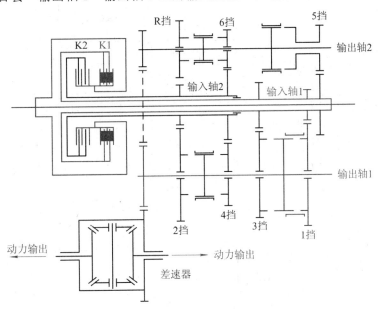

图 9-10　1 挡动力的传递路线

2) 2挡动力的传递路线

发动机动力经离合器 K2→输入轴 2→输入轴 2 上的 2 挡齿轮→输出轴 1 上的 2 挡齿轮→2/4 挡接合套→输出轴 1→输出轴 1 上的输出齿轮→差速器，如图 9-11 所示。

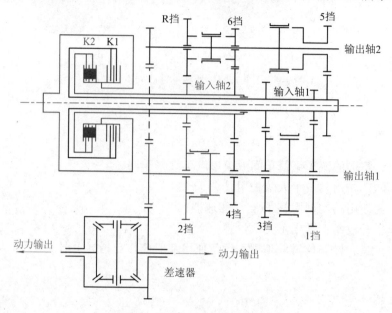

图 9-11　2挡动力的传递路线

3) 3挡动力的传递路线

发动机动力经离合器 K1→输入轴 1→输入轴 1 上的 3 挡齿轮→输出轴 1 上的 3 挡齿轮→1/3 挡接合套→输出轴 1→输出轴 1 上的输出齿轮→差速器，如图 9-12 所示。

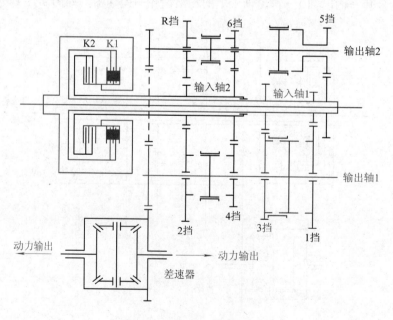

图 9-12　3挡动力的传递路线

4) 4挡动力的传递路线

发动机动力经离合器 K2→输入轴 2→输入轴 2 上的 2/4 挡齿轮→输出轴 1 上的 4 挡齿轮→2/4 挡接合套→输出轴 1→输出轴 1 上的输出齿轮→差速器，如图 9-13 所示。

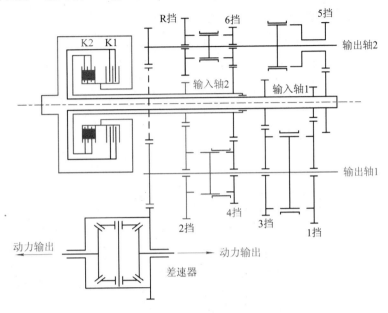

图 9-13　4 挡动力的传递路线

5) 5挡动力的传递路线

发动机动力经离合器 K1→输入轴 1→输入轴 1 上的 5 挡齿轮→输出轴 2 上的 5 挡齿轮→5/N 挡接合套→输出轴 2→输出轴 2 上的输出齿轮→差速器，如图 9-14 所示。

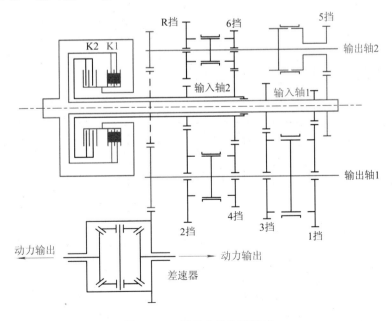

图 9-14　5 挡动力的传递路线

6）6 挡动力的传递路线

发动机动力经离合器 K2→输入轴 2→输入轴 2 上的 4/6 挡齿轮→输出轴 2 上的 6 挡齿轮→6/R 挡接合套→输出轴 2→输出轴 2 上的输出齿轮→差速器，如图 9-15 所示。

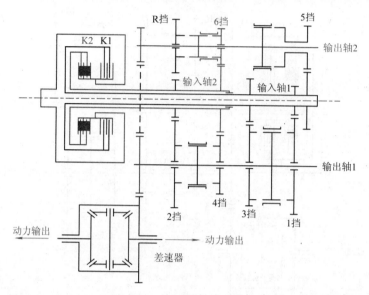

图 9-15　6 挡动力的传递路线

7）R 挡动力的传递路线

发动机动力经离合器 K1→输入轴 1→输入轴 1 上的 1/R 挡齿轮→倒挡轴上的倒挡齿轮 1→倒挡轴上的倒挡齿轮 2→输出轴 2 上的倒挡齿轮→6/R 挡接合套→输出轴 2→输出轴 2 上的输出齿轮→差速器，如图 9-16 所示。

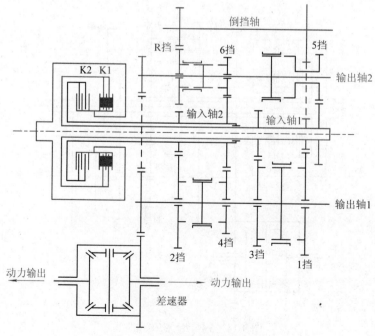

图 9-16　R 挡动力的传递路线

8) P 挡

将换挡杆推至 P 挡位，驻车锁即锁止，止动爪卡在驻车锁齿轮的齿间。定位弹簧卡入杠杆，将止动爪固定在该位置，如图 9-17 所示。

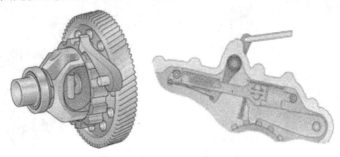

图 9-17　驻车锁结构图

2. 大众 02E 湿式 DSG 电控系统部件认知及检修

电子控制装置是整个 DSG 变速器控制系统的控制中心。它安装在变速器内部，其根据发动机、ABS 以及内部各传感器传递过来的信息和运动参数，再根据控制单元内部设置的程序，向各个执行元件发出指令，从而最终实现对变速器的各种控制。电控系统的组成如图 9-18 所示。

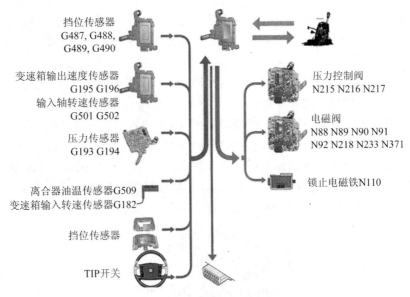

挡位传感器
G487, G488,
G489, G490

变速箱输出速度传感器
G195 G196
输入轴转速传感器
G501 G502

压力传感器
G193 G194

离合器油温传感器G509
变速箱输入转速传感器G182

挡位传感器

TIP开关

压力控制阀
N215 N216 N217

电磁阀
N88 N89 N90 N91
N92 N218 N233 N371

锁止电磁铁N110

图 9-18　变速箱电子控制系统组成图

1) 输入装置的检修

输入装置主要包括各种传感器和开关信号。

(1) 传感器 G182 和 G509。变速箱输入转速传感器(G182)用于计算离合器的打滑率，如图 9-19 所示。为实现该功能，控制单元还必须采集输入轴转速传感器 G501 和输入轴转速传感器 G502 的信号，如图 9-20 所示。根据离合器的打滑情况，控制单元可以精确地进一步打开或关闭离合器。

若该传感器失效，控制单元将以发动机的转速传感器信号来替代。

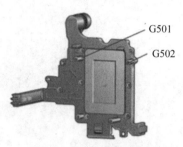

图 9-19　输入转速传感器 G182、G509 　　　图 9-20　输入轴转速传感器

　　但是这里需要注意，发动机的转速信号并不等于此传感器信号，任何连接都会造成轻微的转速差异，为了更加精确地进行控制，人们才设计出此传感器。控制单元利用来自油温传感器(G509)的信号，调节离合器冷却油的流量并采取其他措施来保护变速器，离合器温度也可通过控制单元在应急情况下变速器的运行参数运算出来。

　　失效影响(G509)：控制单元采用变速器油温传感器 G93 和变速器控制单元温度传感器 G510 的信号作为替代值。

　　(2) 传感器 G501 和 G502。输入轴转速传感器 1(G501)和输入轴转速传感器 2(G502)分别监测离合器 K1 和 K2 的输出转速，识别离合器的打滑率，与输出转速传感器配合，监测其是否挂上正确挡位。

　　如果该信号中断，变速器相应部分就会被切断，G501 失效时汽车只能以 2 挡行驶，G502 失效时汽车只能以 1 挡和 3 挡行驶。

　　(3) 传感器 G195 和 G196。如图 9-21 所示，两传感器都装在机械电子装置上，与控制单元始终连接在一起，用来检测输出轴的转速。根据此信号，控制单元可以识别车速和车辆行驶方向(通过两个传感器相位差的变化实现)。两个传感器安装在一个壳体内，由一个信号转子驱动，如果改变行驶方向，信号将以相反顺序到达控制单元。若该信号中断，控制单元将用 ABS 的车速信号和 ESP 中的行驶方向信号代替。

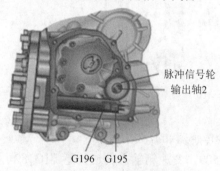

脉冲信号轮
输出轴2

G196　G195

图 9-21　输出轴转速传感器

　　(4) 传感器 G193 和 G194。离合器 K1 压力传感器 G193 和离合器 K2 压力传感器 G194 集成安装在"电子-液压"控制单元上，如图 9-22 所示。该压力传感器由一对层状结构的导电极板组成，上部极板附在陶瓷隔膜上，压力变化时该隔膜弯曲变形，另一个极板强力

黏结在陶瓷衬底上,对压力变化无反应。只要压力发生变化,上部隔膜就会弯曲变形,上下隔膜之间的距离就会改变,从而根据油压产生一个信号。控制单元利用该传感器信号来识别作用于离合器 K1 和离合器 K2 的液压油压力。如果传感器失效,变速器将以 2 挡或 1 挡和 3 挡行驶。

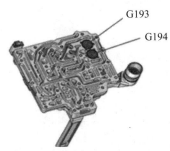

图 9-22 离合器压力传感器 G193、G194

(5) 传感器 G93 和 G510。变速器油温传感器 G93 和变速器控制单元温度传感器 G510 如图 9-23 所示。其作用是检测控制单元本身的温度和变速器油的温度,两者互相比较、检测,保证数据稳定和准确。当油温超过 138℃时,减小发动机输出转矩;当油温超过 145℃时,停止向离合器供油,离合器处于断开状态。

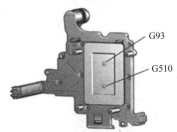

图 9-23 变速器温度传感器 G93、G510

(6) 换挡元件传感器。换挡元件传感器用来识别准确的拨叉位置,每个传感器监测一个换挡轴,控制单元以此利用油压来推动换挡轴运动,形成挡位,如图 9-24 所示。G487 监测 1/3 挡,G488 监测 2/4 挡,G489 监测 6/R 挡,G490 监测 5/N 挡。

若某个传感器失效,则受其影响的换挡装置将关闭,相应的挡位也无法接合。

图 9-24 换挡元件传感器

2) 执行机构

电子控制装置的执行元件里的电磁阀可分为占空比电磁阀和开关电磁阀两类。开关阀包括 N88、N89、N90、N91、N92,占空比阀包括 N215、N216、N217、N218、N233、N371。

(1) 开关电磁阀 N88、N89、N90 和 N91(换挡执行机构阀)。如图 9-25 所示,四个电磁阀都位于机械电子单元的电液控制单元内。这些阀是开关阀,阀门通过多路转换器滑阀控制至所有换挡执行机构的油压。未通电时电磁阀处于闭合位置,压力油无法到达换挡执行机构处。电磁阀 N88 控制 1 挡和 5 挡的选挡油压,电磁阀 N89 控制 3 挡和空挡的选挡油压,电磁阀 N90 控制 2 挡和 6 挡的选挡油压,电磁阀 N91 控制 4 挡和 R 挡的选挡油压。

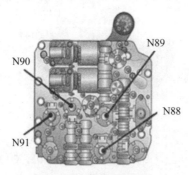

图 9-25　换挡执行机构阀

(2) 开关电磁阀 N92(多路转换器电磁阀)。如图 9-26 所示,开关阀 N92 控制液压部分接通不同的油道,即多路控制器。当该电磁阀未动作时,接通 1、3、6 和倒挡供油油路;当该电磁阀动作时,接通 2、4、5 和空挡供油油路。该电磁阀如失效,系统将处于关闭位置,无法被油压激活,会出现换挡错误,甚至车辆有熄火的危险。

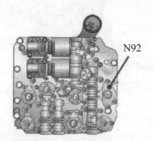

图 9-26　多路转换器电磁阀

(3) 调节电磁阀 N217(主油压力控制阀)。如图 9-27 所示,N217 主油压力控制阀控制整个液压系统内的压力,其最重要的任务是根据发动机转矩来控制离合器油压,其调节参数为发动机转矩及发动机温度,控制单元根据当前的工作情况连续地调节主油压。如果该阀失效,那么系统将在最大压力下工作。这将导致燃油消耗升高且换挡时有噪声。

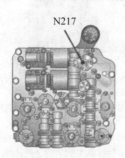

图 9-27　主油压力控制阀

(4) 调节电磁阀 N215/216(离合器压力控制阀)。如图 9-28 所示,调节阀 N215 控制多片式离合器 K1 的压力,调节阀 N216 控制多片式离合器 K2 的压力。离合器压力控制的基础是发动机转矩,控制单元将离合器压力值与当前摩擦系数相匹配。失效影响:如果某个阀损坏,那么相应的变速器部分将被切断,组合仪表上会有故障显示。

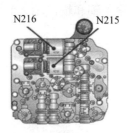

图 9-28 离合器压力控制阀

(5) 调节电磁阀 N218(离合器冷却压力控制阀)。如图 9-29 所示,通过滑阀控制冷却油的流量,控制单元通过采集 G519(离合器油温度传感器)的信号来控制该阀。失效影响:若该阀出现故障,系统将以最大流量对多片式离合器进行冷却,低温下出现换挡困难,油耗也会增加,有故障提示信息。

(6) 调节电磁阀 N233/N317(安全阀)。如图 9-30 所示,两个离合器各有一个安全阀,K1 对应的是 N233,K2 对应的是 N371。当变速箱部分出现与安全有关的故障时,安全滑阀将使该部分内的液压压力与系统隔开。

失效影响:失效后,相应的变速箱部分挡位将无法实现。N233 失效,变速箱只能以 2 挡行驶;N371 失效,变速箱只能以 1 挡或 3 挡行驶。

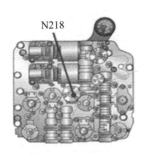
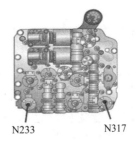

图 9-29 离合器冷却压力控制阀   图 9-30 安全阀

3) 控制单元

(1) 电子控制单元。电子控制单元与电动液压控制单元集成在一起,浸在变速器内部油中,是变速器控制的核心,所有的传感器信号和来自其他控制信号都由电子控制单元接收并进行监控。其作用如下:

① 能够根据需求情况调整液压系统压力。
② 精确控制双离合器的压力和流量。
③ 对双离合器进行冷却控制。
④ 根据传感器信号进行换挡点选择。
⑤ 和其他控制单元交换信息。
⑥ 激活应急模式。

⑦ 进行故障自诊断。

⑧ 根据发动机转矩、离合器控制压力、离合器温度等信号对离合器进行过载保护和安全切断。

⑨ 控制单元不断检测离合器输入轴和输出轴之间是否出现轻微打滑，对离合器进行控制。

大众 02E DSG 变速器电子控制单元实物如图 9-31 所示，电控系统说明如表 9-1 所示。

电脑

图 9-31　大众 02E DSG 变速器电子控制单元实物

表 9-1　大众 02E DSG 变速器电控系统说明

线束连接器		元件	
针脚	功　用	元件代码	名　称
针脚 1	诊断 K-线	G93	变速器机油温度传感器
针脚 2	未使用	G182	变速器输入转速传感器
针脚 3	3 tiptronic 方向盘 Tip-	G193	液压压力传感器 1
针脚 4 / 5	未使用	G194	液压压力传感器 2
针脚 6	车速信号(车速表/组合仪表)	G195	变速器输出转速传感器 1
针脚 10	驱动 CAN 总线 high	G196	变速器输出转速传感器 2
针脚 11 /30	接线柱	G487	1 挡位选择行程传感器 1
针脚 12	R-信号 (倒车灯控制)	G488	挡位选择行程传感器 2
针脚 13/15	接线柱	G489	挡位选择行程传感器 3
针脚 14	tiptronic 方向盘 Tip+	G490	挡位选择行程传感器 4
针脚 15	驱动 CAN 总线 low	G501	输入轴 1 的转速传感器
针脚 16 /31	接线柱	G502	输入轴 2 的转速传感器
针脚 17	P/N-信号(起动控制)	G509	多片离合器的机油温度传感器
针脚 18/30	接线柱	G510	控制单元内部温度传感器
针脚 19 /31	接线柱	J743	Mechatronik 控制单元
针脚 20	未使用		

(2) 02E 变速器电路图如图 9-32 所示。

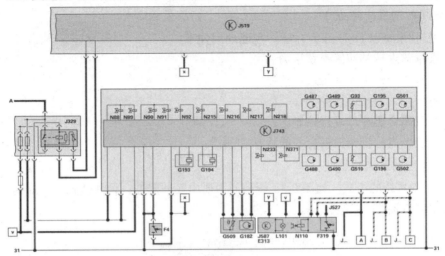

A—蓄电池；E313—换挡杆；F4—倒车灯开关；F319—换挡杆锁止开关；

J329—15 接线柱供电继电器；J519—供电控制单元；

J527—转向柱电子控制装置控制单元；J587—换挡杆传感器控制单元；

J743—机械电子装置；α—通过保险丝 SC21 的 30 号接线柱；

A—K 线；B—CAN-H；C—CAN-L

图 9-32　02E 变速器电路图

(3) CAN-数据总线连接，如图 9-33 所示，形象地表示出了直接换挡变速器的机械电子装置在 CAN-数据总线结构中的连接状况。

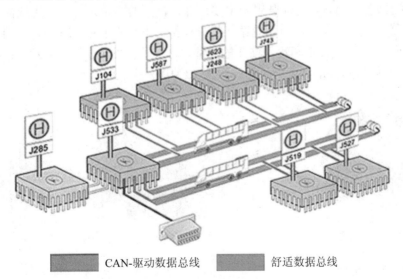

CAN-驱动数据总线　　　　　舒适数据总线

J104—带 EDS 的 ABS 控制单元；J248—柴油直喷装置控制单元；J285—带有显示屏的控制单元；

J51—供电控制单元；J527—转向柱电子装置控制单元；J533—数据总线诊断接口；

J587—换挡杆传感器控制单元；J623—发动机控制单元；J743—机械电子装置

图 9-33　02 变速器电路图

3. DSG 湿式双离合器变速器液压控制系统认知

1) 液压控制系统的功用

液压控制系统以 DSG 油为介质，主要功用如下：

(1) 根据需求调整液压系统压力。

(2) 对双离合器工作油压进行控制。

(3) 对换挡调节器进行控制。

(4) 对双离合器冷却进行控制。

(5) 对整个齿轮机构提供可靠的冷却和润滑。

2) 液压控制系统的组成

液压控制系统的组成，如图 9-34 所示，主要由变速器油、供油装置、冷却装置、过滤装置、电液控制装置和油路组成。

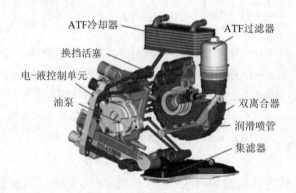

图 9-34　液压控制系统示意图

(1) 供油装置。油泵是供油装置的主要部件，油泵的作用是为整个系统提供压力油。该变速器采用的是月牙形内啮合齿轮泵，其结构和工作原理如图 9-35 所示。油泵由油泵轴驱动，油泵轴位于输入轴 1 和输入轴 2 的内部，由发动机飞轮驱动，以发动机转速运转，其最大输出量为 100 L/min，最大供油压力为 20 MPa。

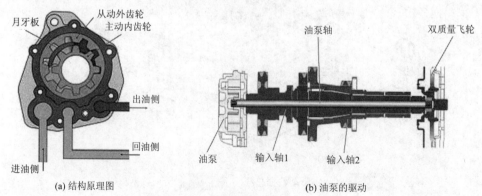

(a) 结构原理图　　　　　　　　　　　　　　(b) 油泵的驱动

图 9-35　油泵结构及工作原理

(2) 冷却装置。变速器油冷却装置安装在发动机冷却系统里，由发动机冷却液进行冷却，可将油温冷却到 135℃ 以下，以保证变速器正常工作。

(3) 液压控制系统的控制原理分析。液压油路的组成及功能如表 9-2 所示。液压控制系统中的油路，如图 9-36 所示。

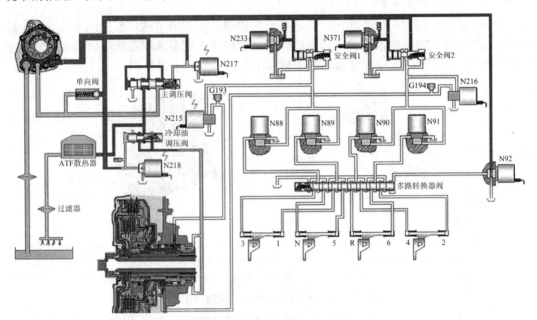

图 9-36 02E 变速器油循环示意图

表 9-2 液压油路的组成及功能

组　成	功　能
油泵	采用齿轮泵结构，最大输出量为 100 L/min，最大供油压力为 2 Mbar，油泵为多片离合器，润滑、选挡液压控制及齿轮润滑供油
电-液控制单元	电子液压控制系统集成 TCM 与液压控制阀体组合为一体，其根据各传感器传递过来的信息和运动参数，结合控制单元内部设置的程序，实现对变速器各目标下的控制
换挡活塞	由液压活塞、滚子轴承和液压缸组成，向液压缸内充注一定油压，可以使换挡拨叉移动
ATF 热交换器	与一般热交换器原理相同，用冷却水将 ATF 油降温
ATF 油滤清器	内部为纸质滤芯，用于过滤液压油中的杂质
双离合器	采用多片湿式离合器，内置离合器 K1/K2，由液压油控制其动力传递的切换，通过电-液控制单元控制，能实现不同形式下的目标控制
吸入滤清器	属于粗滤结构，用于过滤 ATF 油液中的杂质
飞溅油管	属于液压飞溅润滑方式，主要对平行轴机械传动齿轮进行冷却和润滑

　　机油泵经过滤器从机油槽中吸入机油，并将机油加压输送到主压力滑阀。

　　主压力滑阀由压力调节阀(即主压力阀)控制。主压力阀调节直接换挡变速器的工作压力。主压力滑阀下有一油道，机油通过该油道回流至机油泵吸油侧。另一油道分为两个分支：一个分支将机油输送至机油冷却器，再经压力滤清器流回机油槽。另一个分支将机油输送至离合器冷却机油滑阀。

　　变速器利用经压力调节阀 3(见图 9-37)调节的工作压力驱动多片式离合器并换挡。机油冷却器装在发动机的冷却系统环路里。压力滤清器装在变速器壳体外。卸压阀用于保证机油压力不超过 32 bar。机油喷油管将机油直接喷到齿轮上。

4．电-液控制单元认知

电-液控制单元如图 9-37 所示，其上装有电磁阀、压力调节阀、各种液压滑阀、多路转换器、泄压阀和印刷电路板等。其主要作用是通过压力调节阀和换挡电磁阀来控制两个离合器和挡位调节器中自动变速器油的流量和压力，以实现平稳换挡。

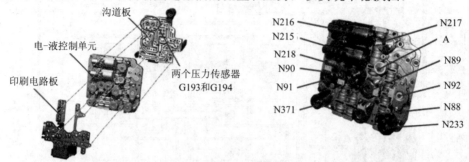

N88—电磁阀1(挡位调节阀)；N89—电磁阀2(挡位调节阀)；N90—电磁阀3(挡位调节阀)；N91—电磁阀4(挡位调节阀)；N92—电磁阀5(多路转换阀)；N215—压力调节阀1(用于K1)；N216—压力调节阀2(用于K2)；N217—压力调节阀3(主压力阀)；N218—压力调节阀4(冷却机油阀)；N233—压力调节阀5(安全阀1)；N371—压力调节阀6(安全阀2)；A—压力限制阀

图 9-37　电-液控制单元结构原理图

电动液压控制单元中包含的元件有：阀体、5 个液压操纵的换挡阀(滑阀)、压力限制阀、5 个电磁阀、6 个电动压力控制阀(EDS)、沟道板(带有 2 个压力传感器)和印刷电路板。

5．离合器过载保护控制策略

离合器过载保护控制策略如图 9-38 所示。

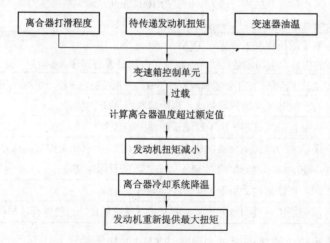

图 9-38　离合器过载保护控制策略

 检查评价

对任务实施过程以及结果进行检查、评价，评价指标建议如下：

① 工作的参与度情况	② 工作的规范性情况	③ 工作的效率情况	④ 工作的质量情况
⑤ 5S 工作制遵守情况	⑥ 工作态度情况	⑦ 工作创意创新情况	⑧ 团队协作情况

学习任务 2　双离合器变速器液压控制系统油路识图

▼任务目标

(1) 了解双离合器变速器液压控制系统油路的结构特点。
(2) 能够识读典型双离合器变速器液压控制系统油路图。

▼任务描述

根据实际需要，制定双离合器变速器液压控制原理图的学习、工作计划并实施。

▼相关知识

DSG 变速器 TCM 接收各传感器执行器等信号经过处理后，向各执行器发出指令，驱动执行器元件，控制液压控制阀使油液按照需要进入各离合器、换挡拨叉的操作液压缸，如图 9-39 所示。

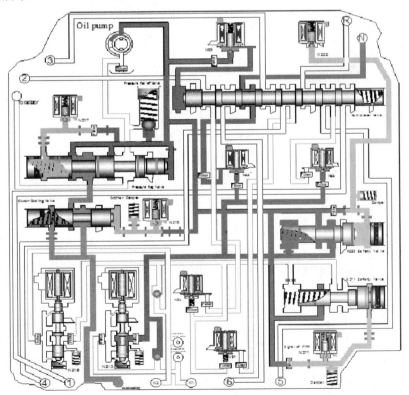

图 9-39　02E 变速器液压控制系统

一、1/5 挡状态下的液压控制原理

1 挡时，N88 通电、N215 被激活。变速器油从油泵经滤清器、安全阀 N233 调压后为电磁阀 N88、N89、N215 供油。

N88 为常闭阀，通电时打开，压力油液得以进入 1 挡/3 挡拨叉左侧液压缸，推动 1 挡/3 挡拨叉和接合套右移，1 挡主、被动齿轮啮合。

N215 激活后，另一路自动变速器油液经 N215 调解后为离合器 K1 供油，离合器 K1 接合工作。来自发动机的动力经离合器 K1 传至输入轴 1，再经输入轴 1 上的 1 挡/R 位齿轮、输出轴 1 上的 1 挡齿轮、1 挡/3 挡接合套、1 挡/3 挡花键毂，最终由输出轴 1 输出。1 挡油路，如图 9-40 所示。

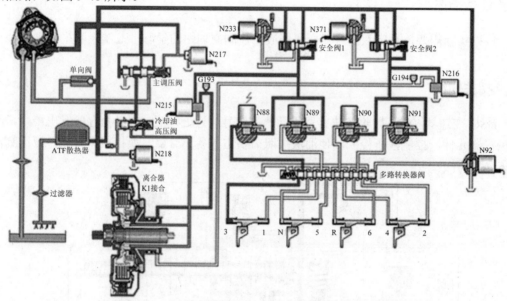

图 9-40　DSG 变速器 1 挡油路图

1/5 挡同属于离合器 K1 控制，如图 9-41 所示，换挡过程受控于 N88 换挡拨叉控制电磁阀，此时 N92 多路转换电磁阀断电情况下，液压油经过多路转换控制滑阀通向 1 挡换挡拨叉液压缸。N92 多路转换电磁阀通电情况下，液压油经过多路转换控制滑阀通向 5 挡换挡拨叉液压缸，如图 9-42 所示。

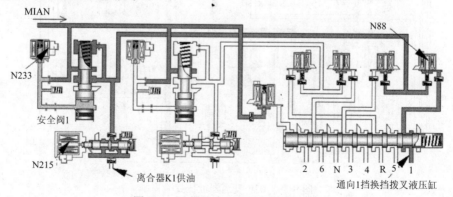

图 9-41　1 挡状态下的液压控制原理

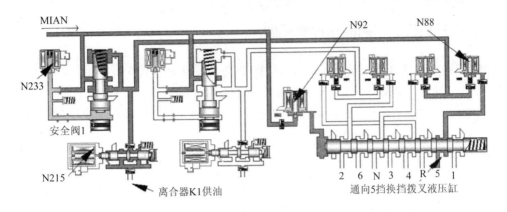

图 9-42 5 挡状态下的液压控制原理

二、2/6 挡状态下的液压控制原理

2/6 挡同属于离合器 K2 控制，换挡过程受控于 N90 换挡拨叉控制电磁阀，此时 N92 多路转换电磁阀在断电情况下，液压油经过多路转换控制滑阀通向 2 挡换挡拨叉液压缸，如图 9-43 所示。

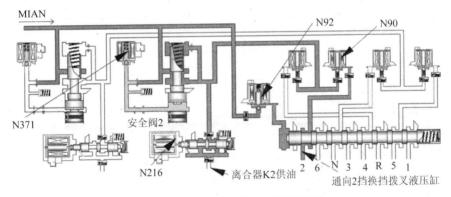

图 9-43 2 挡状态下的液压控制原理

N92 多路转换电磁阀在通电情况下，液压油经过多路转换控制滑阀通向 2 挡换挡拨叉液压缸，如图 9-44 所示。

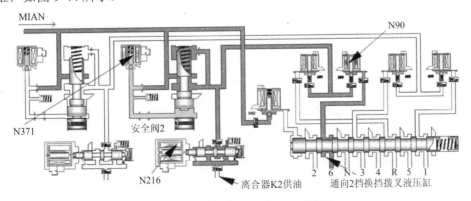

图 9-44 6 挡状态下的液压控制原理

三、3/N 挡状态下的液压控制原理

3/N 挡同属于离合器 K1 控制，换挡过程受控于 N89 换挡拨叉控制电磁阀，此时 N92 多路转换电磁阀在断电情况下，液压油经过多路转换控制滑阀通向 3 挡换挡拨叉液压缸，如图 9-45 所示。N92 多路转换电磁阀在通电情况下，液压油经过多路转换控制滑阀通向 N 挡换挡拨叉液压缸，如图 9-46 所示。

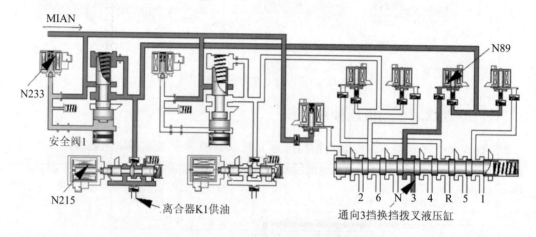

图 9-45　3 挡状态下的液压控制原理

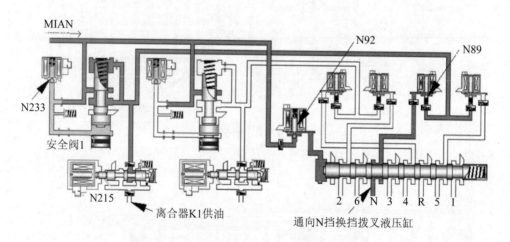

图 9-46　N 挡状态下的液压控制原理

四、4/R 挡状态下的液压控制原理

R 挡受控于离合器 K1，4 挡受控于离合器 K2，换挡过程受控于 N91 换挡拨叉控制电磁阀，此时 N92 多路转换电磁阀在断电情况下，液压油经过多路转换控制滑阀通向 R 挡换挡拨叉液压缸，如图 9-47 所示。N92 多路转换电磁阀通电情况下，液压油经过多路转换控制滑阀通向 4 挡换挡拨叉液压缸，如图 9-48 所示。

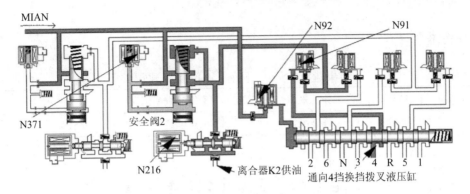

图 9-47 4 挡状态下的液压控制原理

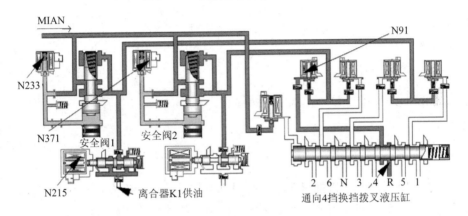

图 9-48 R 挡状态下的液压控制原理

五、02E DSG 双离合自动变速器各挡位下电磁阀工作情况

大众 02E DSG 双离合自动变速器各挡位下电磁阀工作情况，如表 9-3 所示。

表 9-3 双离合自动变速器各挡位下电磁阀工作情况

	N88	N89	N90	N91	N92	N215	N216	N217	N218
P 挡								*	*
R 挡				⊙		⊙		*	*
N 挡		⊙			⊙			*	*
1 挡	⊙					⊙		*	*
2 挡			⊙		⊙		⊙	*	*
3 挡		⊙				⊙		*	*
4 挡				⊙	⊙		⊙	*	*
5 挡	⊙				⊙	⊙		*	*
6 挡			⊙				⊙	*	*

注：⊙ 表示电磁阀工作；* 表示电磁阀实时动作。

▼任务准备

对任务实施过程以及结果进行检查、评价，评价指标建议如下：

① 工作的参与度情况	② 工作的规范性情况	③ 工作的效率情况	④ 工作的质量情况
⑤ 5S 工作制遵守情况	⑥ 工作态度情况	⑦ 工作创意创新情况	⑧ 团队协作情况

学习任务3　大众 02E 变速器拆解

▼任务目标

(1) 了解 DSG 变速器拆解规范。
(2) 能够按照要求进行 DSG 变速器拆解。

▼任务描述

装备双离合器自动变速器的汽车在行驶时部分挡位缺失，经专业检查，需要对变速器进行拆解检修。请根据实际需要，制定拆解、检修工作计划并实施。

▼任务准备

(1) 安全、整洁的汽车维修车间或模拟汽车维修车间。
(2) 齐全的消防用具及个人防护用具。
(3) 能正常使用的实训用整车(自动变速器)。
(4) 汽车举升设备、常用工具、量具。
(5) 专用工具、检测仪器；车型、设备使用手册或作业指导手册。

▼注意事项

(1) 在进行拆卸之前，应先对自动变速器外部进行彻底清洗，防止变速器内部零件被灰尘或其他杂质污染。
(2) 拆卸时应在干净的工作区内进行。
(3) 应使用尼龙布(无纺布)把零件擦干净，禁止使用一般棉丝。
(4) 拆卸零件时，应按顺序将零件排放在零件架上，这样才能保证按正确的位置装复。
(5) 所有零件在检查和重新装配之前都要进行仔细清洗。
(6) 密封衬垫、密封圈和密封环一经拆卸都应更换。

（7）阀体内装有许多精密的零件，在对它们进行拆卸和检修时，需要特别小心，防止弹簧、节流球阀和小零件丢失或散落。

（8）在装配之前，给所有零件涂一层自动变速器油(ATF)，密封环和密封圈上可涂凡士林，切记不要使用任何种类的黄油。

（9）严格按照厂家维修手册进行拆解、检测及装配。

换挡执行元件的检修主要是各离合器和制动器的检修，其主要的检修工作包括离合器及制动器的分解、检验，以及离合器及制动器中所有损坏零件的更换，所有的 O 形密封圈和密封环也要更换。

任务实施

以大众 02E 变速器为例，用图示法讲解从车上拆卸变速器，以及如何拆解 02E 变速器。

1. 从车上拆卸变速器

1）读取变速箱型号代码

02E 型直接换挡变速箱的标识为 GKF 10.05.2 14 14 15 001，如图 9-49 所示。其中各项代码含义如下：

GKF——变速箱型号代码。

10.05.2——2002 年 5 月 10 日。

14——车间扳手。

14 15——时间。

001——序列号。

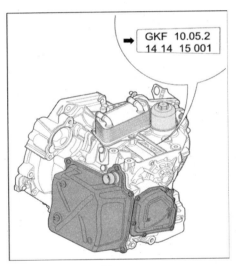

图 9-49

2）排出变速器油

排出变速器油的过程如下：

（1）拆下放油螺栓和溢流管，如图 9-50 所示。提示：在制造日期"2004 年 9 月 20 号"以前制造的变速箱上装有两个螺栓。

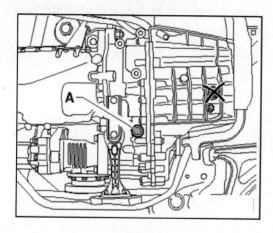

图 9-50

（2）流出约 5 L 的变速器油。使用旧油收集装置 V.A.G 1782——放置在变速箱下面。

3）所需要的专用工具和维修设备

拆卸大众 02E 变速器所需的工具和维修设备如图 9-51 所示。

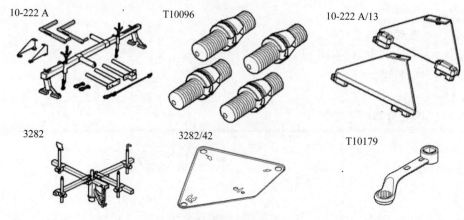

图 9-51　拆卸工具和维修设备

- ◆　支撑工装：10-222A　　◆　固定工装：T10096　　◆　辅助挂钩：10-222A/13
- ◆　变速箱支架：3282　　◆　调整板：3282/42　　◆　插入工具：T10179

无图展示的工具：

- ◆　销子：3282/29　　　　　　　　　◆　固定定位件：3282/59
- ◆　两个直径达 ϕ40 mm 的软管夹：3093　　◆　两个直径达 ϕ25 mm 的软管夹：3094
- ◆　发动机和变速箱举升装置：V.A.G 1383 A

4）变速器拆卸步骤：

（1）请在拆卸前打印该车的诊断报告。在将变速器送至维修工厂之前，请将此报告固定在变速箱上，以便运输途中不会丢失。

（2）抬升汽车，升降台的所有 4 个定位架都要保持相同高度。

（3）选挡杆置于 P 位。

（4）拆卸整个空气滤清器壳，如图 9-52 所示。

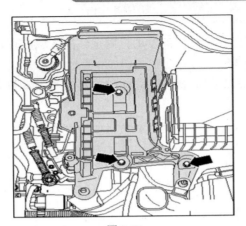

图 9-52

(5) 拆下蓄电池和蓄电池箱。

(6) 拆下上部起动机螺栓。

(7) 小心地从变速箱底座中取出拉线。不要将其弯折，也可将拉线从底座中稍向后推，然后在变速箱下降时将其取出，如图 9-53 所示。

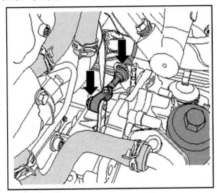

图 9-53

(8) 用软管夹 3093/3094 夹住冷却液软管并将其拆下，如图 9-54 所示。

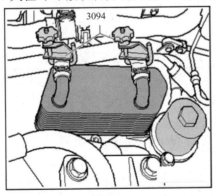

图 9-54

(9) 拧下前部"黑色"变速箱盖上的电缆夹(2 个 M6 螺母)。

(10) 通过旋转将直接换挡变速箱控制单元的插头锁止件解锁并拔下插头。

(11) 这时拧出所有发动机/变速箱上部的连接螺栓。插入工具 SW18-T101179——对此特别适用。

(12) 如果在支撑工装 10-222A 的发动机固定环的区域内有软管和电缆连接或软管管路，那么必须把它们拆下来。

(13) 用支撑工装 10-222A 和适配接头 10-222A/8 支撑发动机和变速箱。不要升高发动机和变速箱，如图 9-55 所示。

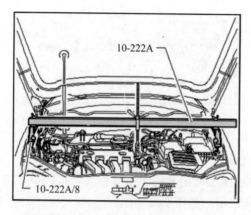

图 9-55

(14) 从托架 A 上拆下所有的螺栓 1 和 2。之后，通过支撑工装 10-222A 的螺杆将发动机/变速箱稍微下降，直至可以取出托架，如图 9-56 所示。

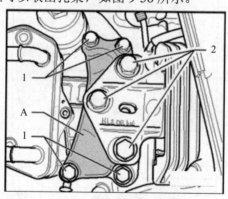

图 9-56

(15) 从副车架上拆下导线支架，拆下隔音底板和左前轮罩内板下部件，如图 9-57 所示。

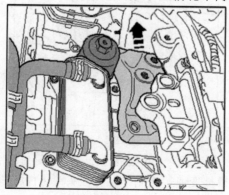

图 9-57

(16) 从变速箱上拧下传动轴，然后小心地将其放置在一旁，同时不得损坏轴的表面保护层。如果要立即拆卸副车架，那么可晚些取出左侧万向传动轴。

(17) 拆卸下面的起动机螺栓并取出起动机。"从上面"更容易取出起动机。将车辆平稳放下。

(18) 还有一个工序要"从上面"进行。拆下起动机孔内的螺栓。拆卸摆动支承，如图9-58 所示。

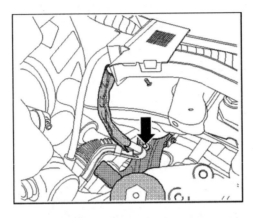

图 9-58

(19) 这时拆卸副车架和两个控制臂。拧出螺栓后立刻旋入并固定 T10096。

(20) 在发动机/变速箱的垫板上还有一个附加的小盖板(在右侧万向节法兰上方)。拆下此盖板 A。

(21) 用调整板 3282/42 A 调整变速箱支架 3282，如图 9-59 所示。

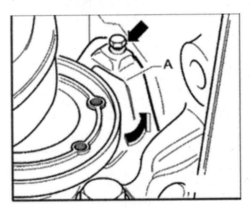

图 9-59

(22) 在变速箱下方运行发动机和变速箱举升装置 V.A.G 1383 A 并支撑变速箱。不要升高变速箱。

(23) 在这个位置分开变速箱与发动机。拆下其余的发动机/变速箱连接螺栓。把变速箱从发动机上压下，"同时注意换挡杆拉线"并降下变速箱。

(24) 出于分析目的，该变速箱的诊断报告不得丢失，并附带在可发送的变速箱上，如图 9-60 所示。

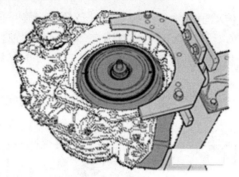

图 9-60

(25) 运输变速箱并将其固定在安装台上。

2．拆解 02E 变速器

拆解 02E 变速器的步骤如下：

(1) 变速器前部是双质量飞轮驱动输入轴端部，端部有一个较长的导向轴。拆下用于固定变速器前部由双离合器盘盖密封的内外卡环，如图 9-61 所示。

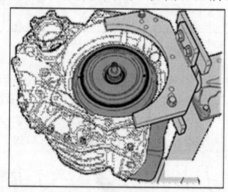

图 9-61

(2) 拆下卡环后，就可以取出前盖，就可以看到整个离合器的外壳。该离合器外壳带有大的导向端轴，该盘盖由内外卡环定位于壳体上，如图 9-62 所示。当卸掉 K1 和 K2 离合器轮毂时，就可以取出油泵驱动轴。K1 和 K2 离合器毂被卡环定位于双输入轴上。拆卸掉卡环和油泵驱动轴后，离合器毂就会从输入轴上拆下来。

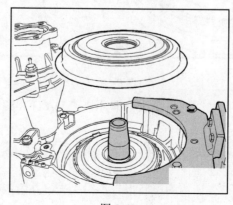

图 9-62

（3）两根输入轴中，长轴为 1 号输入轴，短轴为 2 号输入轴。外部大离合器为 K1 离合器，K1 离合器驱动 1 号输入轴；内侧小离合器为 K2，K2 驱动 2 号输入轴，如图 9-63 所示。

图 9-63

（4）把电液控制单元密封盖拆下。就会看见阀体了，阀体上共有 11 个电磁阀，电子控制单元也集成于其中。在拆卸阀体之前，需要从线束保持架上拆下线束连接器的插头，并拆下 9 个六角头螺栓。螺栓全部拆下后，应小心地取出电液控制单元，注意电液控制单元上的长传感器臂，折断传感器臂则应更换电液控制单元总成，如图 9-64 所示。

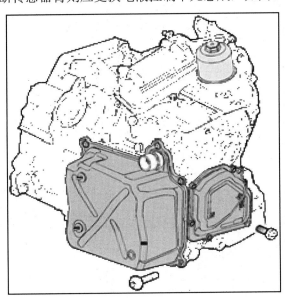

图 9-64

（5）电液控制单元总成拆卸后，就可以从箱体上取出传感器线束。该传感器包括输入转速传感器和双离合器油温传感器。油温传感器监测 K1 和 K2 离合器的冷却油温度，通过给变速器控制单元一个信号，控制阀体上的离合器冷却油电磁阀区控制冷却油液流量。输入轴转速传感器用来计算离合器的打滑率，如图 9-65 所示。

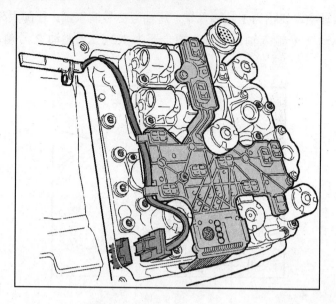

图 9-65

(6) 拆下变速器背部的油泵密封盖罩。此时就可以看到 ATF 油泵和输出轴上的传感器信号轮，如图 9-66 所示。这个输出轴信号轮用来激发 2 个霍尔传感器。这两个转速传感器既用作车速传感器，又用作判断车辆的运行方向，该信号的备用信号为 ABS 信号。注意，不要损坏输出轴信号轮。

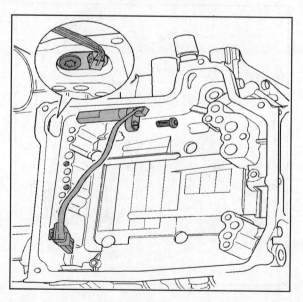

图 9-66

(7) 取下信号轮后，再取下一道卡环。半轴法兰是六角头螺栓的，要拆掉。拆下内部的半轴法兰后还要拆下两个螺栓。分解箱体时，该螺栓必须拿掉，不然的话就会损坏内部的塑料润滑管道。下一步拆掉变速器上部的冷凝器及 22 个箱体螺栓，然后小心分解即可，如图 9-67 所示。

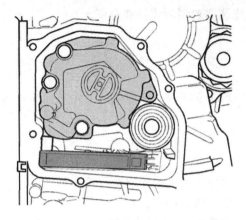

图 9-67

(8) 转动台架摇动手柄，将变速器后壳体朝上，拧下连接前后壳体的所有螺栓。用专用工具将变速器后壳体压出，两手同时端起变速器后壳体，水平取出变速器壳体，注意切勿损坏定位销，如图 9-68 所示。

图 9-68

检查评价

对任务实施过程以及结果进行检查、评价，评价指标建议如下：

① 工作的参与度情况	② 工作的规范性情况	③ 工作的效率情况	④ 工作的质量情况
⑤ 5S 工作制遵守情况	⑥ 工作态度情况	⑦ 工作创意创新情况	⑧ 团队协作情况

学习任务 4　大众 02E 变速器综合故障检修

任务目标

(1) 了解 DSG 变速器故障检修方法。

(2) 能够进行 DSG 变速器典型故障诊断分析。

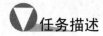 **任务描述**

根据实际需要，制定 DSG 变速器故障检修、工作计划并实施。

任务准备

(1) 安全、整洁的汽车维修车间或模拟汽车维修车间。
(2) 齐全的消防用具及个人防护用具。
(3) 能正常使用的实训用整车(自动变速器)。
(4) 汽车举升设备、常用工具、量具。
(5) 专用工具、检测仪器；车型、设备使用手册或作业指导手册。

任务实施

1. DSG 变速器故障检测一般程序

检查变速器故障一般按以下程序进行，如图 9-69 所示。

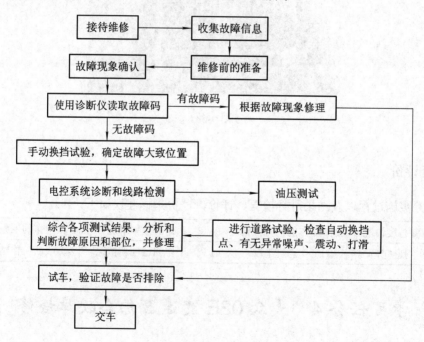

图 9-69　故障检测流程图

DSG 自动变速器的故障往往是由发动机和电控系统引起，也有由变速器本身引起的，在进行检修之前，根据由简入繁、由易到难的原则，应先将故障部位大致分清(即是发动机故障，还是变速器故障)。

2．02E 变速器主要故障表现

1) 死亡闪烁

车辆使用一段时间后，各部件因功能下降会造成与电脑设计数值不匹配的问题。一旦不匹配，电脑对车辆发出的指令便会出现误差值，轻者变速箱换挡有明显顿挫感，重者变速箱持续高温，发动机动力传输损失较大，更有甚者，变速箱动力完全切断，出现"死亡闪烁"。

2) 异响

装有 DSG 的车辆在 1、2、3 挡来回切换的时候有哐唧哐唧的声音，在过减速带的时候也会发出同样的声音，不久又会发出叽叽叽叽的声音。反复试听发现：刚发动的冷车，踩下刹车，变速杆拉到前进 D 或 S 挡，叽叽叽叽的声音就会响起。车跑热后无论是在前进挡，还是在怠速挡，叽叽声便会一直响个不停，甚至出现失速、指针乱跳、油耗里程清零等问题。

3．02E 变速器常见的故障及原因

(1) 润滑油变质或变色。使用中，润滑油变质或变色的原因是高温、氧化和磨料污染，应查明摩擦(引起高温)或磨料(产生磨料)的部位；一般每行驶到规定公里数应更换变速器油。

(2) 漏油。漏油多属于传动轴侧密封不良所致，更换密封件时，尤其注意清洁。若在变速器与发动机一侧漏油时，应更换泵轮凸缘上的垫片。为避免凸缘歪斜，安装时应交替、均匀地拧紧固定螺栓，并使其达到规定的转矩。

(3) 离合器油缸供油压力过低。挂挡和换挡后不能顺利提高车速，主要原因是油面太低，离合器调压阀失灵、滑阀卡滞或调整不当，应予及时检修调整或更换部件。

(4) 离合器摩擦盘烧蚀。因使用不当，使主、从动盘同步时间过长使摩擦盘烧蚀。

(5) 挂入行车挡无驱动反应。应分解自动变速器，检查双离合器是否损坏；分解阀体，检查油路是否堵塞、油压失调或油泵失效等。

(6) 行车挡无力。行车挡无力多因直接双离合器打滑造成。应检查离合器片是否磨薄，控制油压是否过低，密封件是否漏油。

(7) 工作油温过高。工作油温过高多因离合器滑转或分离不彻底、滤清器或冷却器堵塞、油温传感器故障、冷却风扇不转动等造成。

4．系统主要部件的检查

1) 离合器片的故障表现

(1) 正常摩擦片的表面上开有沟槽，这种沟槽主要用来控制工作液及蒸汽的流向，以及加大摩擦系数的功能。当这些沟槽磨损后，上述功能就会减弱。

(2) 摩擦片出现打滑现象后，摩擦片与钢片之间的摩擦将会变得异常剧烈，非常容易导致离合器片变成黑色，即离合器片烧蚀。

(3) 没使用过的摩擦片在 ATF 中浸泡 40 min 后呈暗红色，使用较短时间(一般 5000～20 000 km)的摩擦片表面颜色不应改变。随着使用时间的加长，摩擦片与钢片之间相互摩擦，摩擦片的颜色就要有所改变，一般变成浅褐色。

2) 离合器活塞行程检查方法

离合器活塞行程的检查方法，如图 9-70 所示。

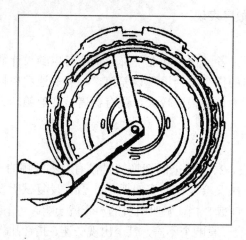

图 9-70　离合器活塞行程的检查

3) 系统其他主要部件的检查

(1) 检查钢片，如有磨损或翘曲变形，应更换。

(2) 检查挡圈的摩擦面，如有磨损，应更换。

(3) 检查离合器和制动器的活塞，其表面应无损伤或拉毛，否则应更换新件。

(4) 检查离合器鼓，其液压缸内表面应无损伤或拉毛，与钢片配合的花键槽应无磨损。如有异常，应更换新件。

(5) 检查 K1 膜片弹簧以及 K2 螺旋弹簧。若弹簧有变形或自由长度过小，应更换新弹簧。

(6) 更换所有离合器和制动器液压缸活塞上的 O 形密封圈及轴颈上的密封环。新的密封圈或密封环应涂上少许液压油后装入。

液压试验是故障诊断的重要手段之一，而机理分析是正确诊断的前提，熟知结构是正确诊断的关键。一旦确定引起故障的原因，排除故障的具体方法一般是调整或更换元件即可。

5. DSG 变速器油液更换

1) 注意事项

以大众 02E 为例：

(1) DSG 变速箱要求专用的 ATF 油。

(2) 定期更换油液的周期为 60 000 km。但是当冷却液进入 DSG 油中，或油中有金属屑，或离合器烧毁、机械损坏时，也必须更换变速器油液。

(3) 在维修变速箱或滑阀箱之后，必须进行换挡拨叉的基本设定。

2) 油液更换步骤

(1) 将发动机熄火，不要起动发动机，将接油盘 VAS1306 放到变速箱下面。

(2) 拧下滤清器壳体，取下前轻轻敲击壳体，以使壳体内的油流回变速箱。

(3) 更换滤芯后，以 20 N·m 力矩拧紧壳体。

(4) 拧下箭头处的放油螺栓及放油孔内的溢流管。溢流管的长度决定了变速箱油的液面高度，如图 9-71 所示。

(5) 将专用工具 VAS6262 的螺纹接头 A 用手拧紧到放油孔内,打开变速箱油前晃动几下;添加 5.2 L 左右的 DSG 油;专用工具必须高于变速箱,如图 9-72 所示。

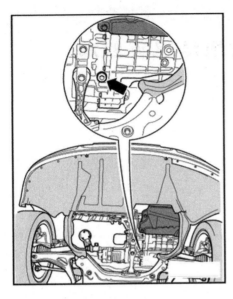

图 9-71　变速器放油

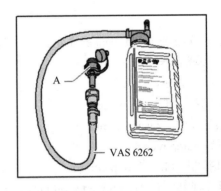

图 9-72　专用加油工具 VAS6262

(6) 接上 VAS505X,阅读变速箱油温。

① 起动发动机,踩下制动踏板,挂所有挡位,并在每个挡位停留 3 s,将换挡杆置入 P 挡。

② 当变速箱油温达到 35~45℃时,拆下 VAS6262 的快速接头,让多余的变速箱油流出。当变速箱油开始滴出时,拧下 VAS6262 接头 A,拧上放油螺栓,注意更换新的密封垫。

(7) 拧紧放油螺栓,拧紧力矩 45 N·m。

 检查评价

对任务实施过程以及结果进行检查、评价,评价指标建议如下:

① 工作的参与度情况	② 工作的规范性情况	③ 工作的效率情况	④ 工作的质量情况
⑤ 5S 工作制遵守情况	⑥ 工作态度情况	⑦ 工作创意创新情况	⑧ 团队协作情况

附录 本书专业用语汉英双解

ATF 热交换器　ATF heat exchanger

ATF 油滤清器　ATF oil filter

安全阀　safety valve

安全防护　safety protection

摆线转子泵　cycloidal pump

泵轮　pump wheel

闭环控制　closed-loop control

变矩器油压　torque converter oil pressure

变速杆位置的检查和调整　check and adjust gear lever position

变速器液压控制系统　transmission hydraulic control system

变速器油面过低，油液中渗入空气会降低管路的油压，使控制滑阀和执行元件动作失准。
The transmission oil level is too low, the leakage of air into the oil will lower the oil pressure of the pipeline, making the control valve and actuator misoperate.

冰雪路面行车　snow and ice road driving

常规模式　conventional mode

超速挡　overspeed

超速挡开关　overspeed switch

超速挡开关的检查　check the overspeed switch

超越离合器　overrunning coupler

车辆防护　vehicle protection

车辆检查　vehicle inspection

车速　speed of a motor vehicle

车速传感器　VSS(vehicle speed sensor)

衬套　bushing

齿轮变速机构　gear transmission

齿轮啮合　gear engagement

齿圈　gear ring

出油道　oil outlet channel

储能减振器　energy storage shock absorber

传动板　driver plate

传动比　transmission ratio

传动比调节系统　transmission ratio control system

传动效率　transmission efficiency

传感器　sensor

从动带轮　driven belt wheel

从动件　driven part

DSG 变速器 TCM 接收各传感器执行器等信号经过处理后，向各执行器发出指令，驱动执行器元件，控制液压控制阀使油液按照需要进入各离合器、换挡拨叉的操作液压缸。 After processing, DSG transmission TCM receives signals of various sensor actuators and so on, sends out instructions to each actuator, drives the actuator component, and controls the hydraulic control valve to enable the oil to enter the operating hydraulic cylinder of each clutch and shift fork as required.

带式制动器　belt brake

单级行星齿轮　single-stage planetary gear

单向阀　non-return valve

单向离合器　one-way clutch

挡位调节阀　gear adjusting valve

挡位开关的检查和调整　check and adjust the stop switch

挡位指示灯　gear position light

导轮　guide wheel

倒车挡　reverse

倒挡制动器　reverse brake

道路实验　road test

低速挡　low gear

低温流动性　low temperature fluidity

点火开关　ignition lock

电磁阀　solenoid valve

电磁阀通过通电及断电两种状态实现对换挡阀进行控制，进而实现自动变速器自动换挡。 The solenoid valve can control the shift valve through on and off, and then control the automatic transmission shift.

电磁线圈　electromagnetic coil

电控自动变速器　electronic automatic transmission

电-液控制单元　electrical and hydraulic control unit

电子节气门　electronic throttle valve

电子控制　electronic control

电子控制系统　electronic control system

电子控制自动变速器　electric automatic transmission

电子油门　electronic throttle

调整垫片　adjusting shim

动力传递　power transmission

动力模式　power mode

动平衡　dynamic balance

多功能开关　multi-function switch

发动机怠速检查调整　check and adjust engine idling

发动机辅助制动　engine assisted braking

发动机水温的检查调整　check and adjust the temperature of engine

发动机制动控制　engine brake control

发动机转速传感器　engine speed sensor

阀板　valve plate

阀球　valve ball

阀芯　valve core

防护用具　safety device

丰田混合动力汽车传动桥　toyota hybrid transmission bridge

辅助调压阀　auxiliary pressure regulating valve

负温度系数型电阻　negative temperature coefficient type resistance

干式(湿式)双离合变速器　dry (wet) dual clutch transmission

钢片　steel disc

高速挡　top gear

高速行车　high-speed driving

高原行车　plateau driving

更换自动变速器阀板总成　replace automatic transmission slide valve box

供油装置　oil supply device

故障代码　fault code

故障排除流程图　troubleshooting flow chart

故障诊断流程　fault diagnosis process

故障指示灯　fault indicating lamp

故障自诊断　fault self-diagnosis

滚柱斜槽式单向离合器　roller slotted one-way overrunning clutch

后驱自动变速器　rear drive automatic transmission

滑动轴承　sliding bearing

滑阀　slide valve

滑转状态　sliding state

环流　circumfluence

换挡　shift

换挡电磁阀　shift solenoid valve

换挡杆　shift lever

换挡杆传感器控制单元　rod sensor control unit

换挡杆位置　shift lever position

换挡活塞　shifting the piston

换挡控制　gear-shifting control

换挡品质控制　shift quality control

换挡手柄　shift knob

换挡延迟实验　shift delay test

换挡执行机构　shift actuator

换挡质量检查　shift quality inspection

回位弹簧　return spring

混合集成电路　hybrid integrated circuit

活塞　piston

霍尔式转速传感器　hall speed sensor

霍尔效应　hall effect

集成(独立)式冷却系统　integrated (independent)cooling system

间隙　gap

减速运动　decelerated in the movement

减震弹簧　damping spring

减转矩控制　torque reduction control

检测仪器　detecting instrument

检查单向离合器　check the one-way clutch

检修手段：观察、检查、异响听诊、用户询问、温度检测　Troubleshooting: observation, inspection, acoustic auscultation, user inquiries, temperature detection.

角速度　angular velocity

节气门阀　throttle valve

节气门开度　throttle percentage

节气门位置传感器　throttle position sensor

节气门位置检查调整　check and adjust throttle position

金属零件过度磨损　excessive wear on metal parts

进油道　oil inlet channel

经济模式　economic mode

举升机　lifting machine

卡簧　jump ring

开关　switch

开关电磁阀　switch solenoid valve

抗磨性　wear resistance

抗泡性　foam resistance

空挡　neutral

空挡起动开关　neutral start switch

控制单元　control unit

控制油道　control oil channel

拉维娜结构　Lavina structure

冷却机油阀　oil cooler valve

冷却装置　cooling device

离合器　clutch

离合器间隙　clutch gap

离合器烧蚀　clutch ablation

离合器转速传感器　clutch speed sensor

了解 DSG 变速器拆解规范　understand the specification of DSG transmission dismantling

漏油　oil leak

滤网　strainer

脉冲电磁阀　pulse solenoid valve

美国材料试验学会　ASTM(american society for testing materials)

美国石油学会　API(american petroleum institute)

密封件老化　aging of seal

密封圈　seal ring

模拟汽车维修车间　simulate car maintenance workshop

模式选择开关　mode selector switch

膜片弹簧　diaphragm spring

摩擦材料剥落　the friction material is spalling

摩擦片　friction plate

摩擦片打滑　the friction plate　sliding

磨损　abrasion

内啮合齿轮泵　internal gear pump

黏度　viscosity

黏温性　viscosity temperature property

旁通阀损坏　damage of by-pass valve

偏摆　deflection

普通齿轮式自动变速器　gear　automatic transmission

歧管压力传感器　manifold pressure sensor

起动　start

起步　starting

起步离合器　start clutch

汽车不能行驶故障诊断　the vehicle cannot run for fault diagnosis

汽车维修车间　automobile maintenance workshop

汽车无超速挡故障诊断　no overspeed gear fault diagnosis

前进挡　drive

前进挡离合器　forward clutch

前驱动自动变速器　front drive automatic transmission

强制降挡功能检查　forced downshift function inspection

强制降挡开关 forced downshift switch

切割机 cutting

清洗机 cleaning machine

球阀 ball valve

燃油经济性 fuel economy

热氧化安定性 thermal oxidation stability

熔断器 fuse

熔断丝 fuse wire

蠕动状态 peristaltic state

润滑油压 lubricating oil pressure

散热器堵塞 the radiator is blocked

上坡 uphill

烧蚀 erosion

失速实验 stall test

失效防护 failure protection

湿式制动器 wet brake

市区行车 urban driving

适应性 adaptability

手/自动一体式变速器 manual/automatic all-in-one transmission

手动变速箱 manual transmission，简称 MT

手动阀 manual valve

手动换挡试验 manual shift test

手动模式 manual mode

手动模式 manual mode

手自动一体式变速器 manual automatic all-in-one transmission

输出轴 output shaft

输入(出)轴 input(output) axis

输入轴 input shaft

双级行星齿轮 two-stage planetary gear

双离合变速器 double clutch transmission, 简称 DCT

双离合器变速器 direct shift gearbox，简称 DSG

水温传感器 water temperature sensor

四轮驱动 four-wheel drive

锁定控制 locking control

锁止方向 locking direction

锁止离合器 lock-up clutch

锁止离合器工作状况检查 lock clutch working condition inspection

台架试验 bench test

太阳轮 sun gear

贴片机　chip mounter

停车挡　parking

弯道行车　curve driving

维修手册　service manual

涡流　eddy current

涡轮　turbine

无级变速器　constantly variable transmission，简称 CVT

无级变速器钢带　steel-band of CVT

无级变速器链条　CVT chain

无级变速器主动带轮　active belt wheel of CVT

无锁止离合器自动变速器　automatic transmission without locking clutch

吸油腔　oil suction chamber

下坡　downhill

纤维堵塞　fibre jam

衔铁　armature

消防用具　fire fighting equipment

楔块式单向超越离合器　wedge block overrunning clutch

泄油孔　drain hole

辛普森结构　simpson structure

行星齿轮　planetary gear

行星齿轮式自动变速器　planetary gear type automatic transmission

行星架　planet carrier

型号　type

蓄电池负极　battery terminal negative

雪地模式　snow mode

巡航控制　cruise control

循环换油法　cycle oil change method

压力传感器　pressure sensor

压力修正阀　pressure correction valve

压盘　pressure plate

压油腔　oil pressure chamber

液力变矩器　torque converter

液力控制自动变速器　hydraulic control automatic transmission

液力耦合器　hydrodynamic coupling

液力自动变速器　automatic hydraulic transmission

液压缸　hydraulic cylinder

液压控制　hydraulic control

液压控制系统　hydraulic control system

液压系统压力传感器　hydraulic pressure sensor

溢流孔　overflow hole

油泵　oil pump

油尺　oil gauge

油封　oil seal

油温传感器　oil temperature sensor

油压电磁阀工作的测试　pressure solenoid valve test

油压控制　hydraulic control

油压试验　oil pressure test

油液变质　the oil metamorphism

油液进水　the oil is flooded、

有锁止离合器自动变速器　automatic transmission with latch clutch

圆周运动　circular motion

约束　constraint

月牙形隔板　swing link

运动方程　equation of motion

增速运动　growth in the movement

占空比控制　duty ratio control

诊断程序：车辆登记、问诊、故障验证、常规检查、故障自诊断、波形的分析、检修、装复、道路试验、匹配和自适应、交车、跟踪　diagnostic procedures: vehicle registration, inquiry, fault verification, routine inspection, fault self-diagnosis,waveform analysis, overhaul, assembly, road test, matching and adaptive, car delivery, tracking .

诊断原则：故障性质与原因、简单到复杂、多种检验项目结合、自诊断功能、不轻易解体、充分利用维修信息和资料　Diagnostic principles: fault nature and cause, simple to complex, combination of multiple inspection items, self-diagnosis function, not easy to disintegrate,making full use of maintenance information and data.

正确使用专用工具　proper use of special tools

执行器　actuator

执行元件　actuating element

直接挡　direct gear

直接换挡变速器　direct shift gearbox.，简称 DSG

止回阀　check valve

止推垫片　thrust washers

制动　braking

制动灯开关　stop lamp switch

制动器　brake

制动器间隙　brake gap

重负荷　heavy load

重力换油法　gravity oil change method

轴颈　journal

轴套　axle sleeve

主调压阀　main pressure regulating valve

主动件　driving part

主油道　main oil channel

主油压　main oil pressure

专用工具　special tools

转毂　basket hub

转矩　torque

转速　rotate speed

转向柱电子控制装置控制单元　steering column electronic control unit

装配间隙　assembly clearance

自动变速器过热保护控制策略、匹配和自适应　Automatic transmission overheat protection control strategy, matching and adaptive.

自动变速器控制策略　automatic transmission control strategy

自动变速器液压油易变质故障的诊断　automatic transmission hydraulic oil perishable fault diagnosis

自动变速器油　automatic transmission fluid，简称 ATF

自动变速器油面高度检查　automatic transmission oil level check

自动变速器油液具有传递能量、控制、润滑和冷却等多种作用　The ATF has many functions such as energy transfer, control, lubrication and cooling .

自动变速器油质检查　automatic transmission oil quality check

自动变速箱油长时间不更换会导致变速器油黏度会变稀、润滑性能下降、密封性能下降　If the ATF is not replaced for a long time, the ATF viscosity of transmission will become thinner, the lubrication performance will decline, the sealing performance will decline.

自动模式选择控制　automatic mode selection control

自诊断系统　self-diagnosing system

组合行星齿轮结构　combined planetary gear mechanism

遵守拆解步骤　follow the disassembly steps

参 考 文 献

[1]　姜绍忠. 汽车底盘电控系统原理与维修[M]. 北京：机械工业出版社，2016.

[2]　陈勇. 汽车变速器理论、设计及应用[M]. 北京：机械工业出版社，2018.

[3]　薛庆文. 汽车自动变速器原理与检修教程[M]. 北京：机械工业出版社，2016.

[3]　鲁民巧. 新型自动变速器结构原理[M]. 沈阳：辽宁科学技术出版社，2017.

[4]　王宏宇. 汽车自动变速器原理及研发[M]. 北京：机械工业出版社，2015.

[5]　赵计平. 自动变速器维护与维修[M]. 2版. 北京：机械工业出版社，2015.

[6]　周晓飞. 汽车实用维修手册系列：大众宝来维修手册[M]. 北京：化学工业出版社，2012.

[7]　文恺. 品牌汽车维修必备资料丛书：新型丰田汽车维修技师手册. 机械维修[M]. 北京：
　　　化学工业出版社，2016.

[8]　姜绍忠. 汽车维护与保养[M]. 北京：机械工业出版社，2016.

[9]　张光复.中华人民共和国交通行业标准《汽车自动变速器维修通用技术条件（JT/T 720
　　　—2008）》[M]. 北京：中华人民共和国交通运输部，2008.